令和5年 絶対合格 ITパスポート

小菅 賢太 著

エムディエヌコーポレーション

はじめに

　筆者は普段、企業や大学で情報処理の講師をしています。ITパスポート試験対策講座の依頼はこの5～6年で急増しています。特に増えているのが非IT系会社の若い社会人向けの研修、また理工系でない大学生への講習です。IPA（情報処理推進機構）の発表では受験する社会人の78％は非IT系の人たちだそうです（令和3年度）。これは、名前にこそITという言葉は入るもののIT業界に関わるだけの試験ではなく、この試験で学ぶことはだれもが必要な知識であることを実証しているのだと感じます。受験者数も年間148万人を超えています（令和3年度）。ITパスポートはまさに「現代の一般常識テスト」といえます。

　筆者は試験開始当初からこの試験の重要性を感じていました。情報セキュリティも含めたITの「テクノロジー」の知識と、日々進歩する「IT社会」の知識が身につくからです。最新のビジネスキーワードも覚えられるため、学生や若い社会人の方には特におすすめです。国家試験であり、また最近の企業は社員の情報セキュリティ教育に力を入れているため、有資格者は就職・転職に有利となるでしょう。

　ITパスポートの試験対策本はたくさんあります。また今どきはスマートフォンなどネットを使った勉強が当たり前です。この本の特徴は書籍と講義動画の両方で勉強できる点です。各章末の「過去問にTry！」コーナーの解説は、全問を動画で解説しています。講師が「テキストの〇ページに載っています」といったように、あたかも教室で勉強しているようなコンテンツにしてあります。またオンラインで実際に100問の模擬試験が受験できます。全問解説付きで動画で解説しているものもあります。

　この本はIoTやAI、情報デザインなど最新のITの内容が盛り込まれているIPAのシラバスVer6.0（2021年10月改訂）にも対応させ、苦手な人が多い擬似言語についても深く触れています。

　この本を手にした皆さんが、試験に1回で合格していただくことを切に願っています。

2023年2月
小菅賢太

CONTENTS

第2部 ストラテジ系

本書の使い方

この本は、ITパスポートの最新シラバスに基づいた構成になっています。各章ではそれらの内容をわかりやすく解説しています。各章の最後には、その章に関連する「ここが重要！」と「過去問にTry！」を掲載しています。これらを繰り返し読む、覚える、解いていくことで効率的に理解を深めて、最短の合格を目指してください。

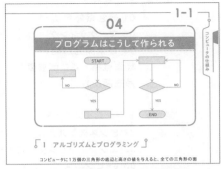

最新シラバスに基づいた、メインの解説ページです。まずはこの解説をしっかり読むことから始めましょう。

それぞれの章の重要事項をまとめた「ここが重要！ 絶対暗記！ 試験に出やすいキーワード」です。ここに掲載の項目は必ず覚えておきましょう。わからないところがあったら、解説ページに戻って復習します。試験直前の見直しにも便利です。

それぞれの章に関連する解説動画へのリンクです。視聴と合わせて勉強することでより理解を深めましょう。

このコードのURL
https://books.mdn.co.jp/down/3222303054/

「ここが重要！」まで学習したら、過去問にトライ！ 自分の苦手なところが見えてきたら、また繰り返し復習します。自分の弱点が無くなるまでがんばりましょう。

この本を最後まで勉強したら、実力を試してみよう！　パソコン、スマホで使える

令和5年 絶対合格 オンライン模擬試験　全問解答付き！

模擬試験URL　**https://www.clebute.jp/ip/**
パスワード　**zettai05mogi**

ITパスポート試験の概要

01

試験について

　ITパスポート試験は、「ITを利活用するすべての社会人・これから社会人となる学生が備えておくべき、ITに関する基礎的な知識が証明できる国家試験」です。試験を主催しているIPA（独立行政法人　情報処理推進機構）では、

- どのような業種・職種でも、ITと経営全般に関する総合的知識が不可欠です。
- 事務系・技術系、文系・理系を問わず、ITの基礎知識を持ち合わせていなければ、企業の戦力にはなりえません。
- グローバル化、ITの高度化はますます加速し、「英語力」とともに、「IT力」を持った人材を企業は求めています。

としています。時代にマッチしている試験であるため、受験者数は年々増えています。

{ITパスポート試験の特徴}

　国家試験である、受験しやすい、受験料が手ごろなど、以下の点が挙げられます。

1. 国家試験である。合格すれば国家試験合格者になれる
2. IT業界以外の多くの企業が注目しているため、就職に有利
3. IT企業への就職にも当然有効
4. 社会で役立つ知識を覚えられる。IT用語やビジネス用語がたくさん身につく
5. 合格率40〜50%。比較的合格しやすい試験
6. 試験日が限定されていないため受験しやすい。仮に不合格でも、またすぐに申し込んで受験できる
7. インターネットで、都合のいい日と試験会場を選んで申し込める
8. 受験料7,500円は、IT企業が主催する他の試験（ベンダ系試験）に比べると格段に安い

{試験会場のパソコンで、100問の四択問題に答えていく試験}

　パソコンの操作技術の試験ではありません。画面に表示される問題を読み、ア・イ・ウ・エの解答群の中で正解だと思うものをクリックしていくだけです。試験時間は2時間。100問に答えます。ストラテジ、マネジメント、テクノロジの3つの分野から出題されます。

{合格ラインは、全体の点数が1000点満点中600点以上であること。ただし、3つの分野それぞれが300点以上であること}

試験終了から間もなくして、インターネットで点数に関する情報は確認できますが、正式な合否の発表は、受験した翌月中旬にインターネットで確認できます。全体の60％以上正解していて、ストラテジ、マネジメント、テクノロジの3つの分野で、それぞれ30％以上正解していれば合格です。合格すると合格証書が郵送されます。

では、ITパスポート試験の特徴について、説明していきます。

国家試験である。合格すれば国家試験合格者になれる

こんなに身近な国家試験は他にあるでしょうか。合格すると経済産業大臣の名前入りの立派な合格証書が送られてきます。

IT業界以外の多くの企業が注目しているため、就職に有利

IT業界以外の一般の企業の多くがこの試験に関心を持っています。採用の基準にしたり、内定したあとの内定者研修に取り入れたり、新入社員研修期間中に受験させたりしています。

なぜ、IT企業でない企業が関心を持っているのでしょうか。最近、顧客の個人情報が何万件も流出したといったニュースをよく耳にします。企業にとって、これは大変な損害です。というよりも、死活問題です。こうした事件が起こる原因の1つが社員1人ひとりのIT知識、特に情報セキュリティに関する知識の低さにあります。受信したメールの添付ファイルを何も確認せずに開いてしまい、それがウイルスプログラムで会社中にウイルスが蔓延し、悪意のある第三者による遠隔操作で顧客のデータが盗み取られてしまったなど、社員の知識不足や不注意が原因で大きな事件につながっています。これはIT企業も、そうでない企業も関係ありません。社会人として最低限必要なIT知識を社員に持たせることを、今、多くの企業が重要視しているのです。

IT企業への就職にも当然有効

もちろんIT企業への就職にも有効です。最近のIT企業は、文系の学生も男女関係なく採用するところが増えています。入社させてからITの教育をするということです。システム開発会社などは、新入社員研修でIT基礎からプログラミングまでを数か月かけて教育します。

しかし多くのIT企業が新人たちに合格させたい試験は、ITパスポートよりも少し難しい「基本情報技術者」です。実はこの試験は、ITパスポート試験と内容が大きく重なっています（もちろんITパスポートの試験範囲に含まれない難しい問題も出ます）。ですからITパスポートに合格していると、勉強の総時間数が減らせます。基本情報技術者を取得させたい企業は、ITパスポート合格者の学生に興味があるのは当然といえます。

社会に出てから役立つ知識を覚えられる。IT用語やビジネス用語がたくさん身につく

PDCA、プロジェクト、経常利益、損益分岐点、ブレーンストーミング、アウトソーシング、SEO対策…。社会ではこのような言葉が日常的に使われています。どれもITの専門用語ではありません。ITパスポートの勉強は、こうした当たり前のビジネス用語や知識を勉強できるまたとないチャンスです。もちろん、IT用語やITの知識もたくさん身につきます。特に、学生や新社会人には役立つ試験です。

合格率40〜50％。比較的合格しやすい試験
試験日が限定されていないため受験しやすい。仮に不合格でも、また申し込んで数日後には受験できる

気になる合格率ですが、最近では40〜50％で安定しています。合格しづらい試験ではないといえます。暗記が勉強の中心になります。また、この試験は「年に2回だけ」というように開催回数が限定されていません。ですから得点が合格点に達していなかったら、再度申し込んで数日後には受験できます。就職活動のためにエントリーシートに記載したいからすぐにでも合格したいときなど、大変便利な受験のシステムだといえます。

インターネットで、都合のいい日と試験会場を選んで申し込める
受験料7,500円は、IT企業が主催する他の試験（ベンダ系試験）に比べると格段に安い

公式サイトで都合のいい試験会場、受験日時を選んで申し込めます。受験申込内容（試験会場、受験日時）は、試験日の3日前まで変更できます。勉強が間に合わなければ、先に延ばすこともできます。受験料7,500円は決して安くはないのですが、他のIT系の試験、特にIT企業が主催している試験（ベンダ系試験）と比べると格段に安

いです。ベンダ系試験は10,000円以上が普通で、高いものだと30,000円以上の試験もあります。ITパスポート試験の受験料の支払いは、クレジットカードでもコンビニでもできます。

くわしくはITパスポートの公式サイトへ
（IPA：情報処理推進機構）
https://www3.jitec.ipa.go.jp/JitesCbt/index.html

02
ITの試験なのに経営も勉強する理由

ITと経営は切り離せない

コンピュータに関する技術（IT技術）は日々進化しています。例えば、以前は駅の窓口まで行って新幹線の座席を予約しチケットを買っていましたが、今はスマートフォンで簡単に予約でき、チケットも必要なくスマートフォンを自動改札にかざすだけで入場できます。このシステムを導入するコストはかかったでしょうが、長期的に見れば窓口の職員の人件費に比べて小さいものです。つまりITによって鉄道会社の利益が向上し、業務の効率化が図れたのです。このように企業の利益とITは大きく関係しています。最近では多くの会社で「コンピュータの力で利益を上げられる方法はないか」ということを考えるようになりました。

ストラテジ系問題（約35問）は経営戦略に関するもの

ITパスポートの試験範囲の3分野の問1〜問35ぐらいまではストラテジ系、つまり経営戦略の問題です。では、経営戦略について簡単に説明します。
01 の図（015ページ）は、企業とITシステムについてまとめたものです。インターネットによる販売を始めようという社員100人の小さなスポーツ自転車メーカ「ケンタサイクル工業」（架空の会社）を例にしています。この会社は、特定の大手自転車メーカに自社製品のマウンテンバイクやロードバイクを供給しています。つまり、同社の製品は大手メーカのブランド名を冠して、自転車店やホームセンター、スポーツ用品店で売られています。

ケンタサイクル工業には経営の根幹となる企業理念があります。

● **経営理念：「健康な人づくり、社会づくりに貢献しよう」**

そして具体的な来年度の経営目標があります。

● **売上目標：「100億円」**

来年度、この売上目標を達成するために必要なのが「経営戦略」、つまり目標を達成するための「作戦」です。作戦なしで「100億円達成」といっても、どうすればいいのかわかりません。

戦略の前に必要な分析

経営戦略の立案には、まず現状や将来の分析が必要です。自社製品の市場でのシェアや市場が成長する可能性、自社の強み、弱み、自転車に関するマーケティング調査…。ITパスポート試験のストラテジ系問題にはSWOT分析（328ページ）やプロダクトポートフォリオマネジメント（329ページ）といった各種の分析の方法も出題されます。

ケンタサイクル工業では、分析の結果、次のような経営戦略の基本方針が決定しました。

● **経営戦略の基本方針：「販売の間口を広げる」**

来年度は、経営理念を行動のベースとしながら、この経営戦略で売上目標100億円を達成するよう努力していくことに決めたのです。

システム戦略とは

経営戦略の基本方針に沿う形で、営業部長は「これまで大手メーカ1社にしか製品を供給していなかったが、来期は新規の取引先を開拓する」という営業戦略を立てました。また、技術部長は「新技術を駆使し、これまでスポーツ自転車に乗らなかった高齢者向けに安全性の高いロードバイクを開発し売上をアップさせる」という技術戦略を立てました。

そして、システム部の部長は以下のようなIT技術を使った戦略「システム戦略」を

立てました（情報化戦略・IT戦略ともいいます）。システム戦略とはコンピュータの力、つまりIT技術を使って経営戦略の基本方針に沿った形で、利益を上げたり業務の効率化をアップさせることです。

● **システム戦略：「インターネットのショッピングサイトを立ち上げて消費者に直接販売する」**

「販売の間口を広げる」という経営戦略に沿ったITを駆使した戦略といえます。

①システム企画→②要件定義→③調達

　システム戦略が経営会議で承認され、システム部長はシステム部のメンバとインターネット販売システムの企画に入ります。

{システム企画とは}
　いつまでにいくらで、どんな業務をシステム化するのかを決めるのがシステム企画です。

{要件定義とは}
　システム企画の次は、システムにどのような機能を盛り込むのか、社内・社外の関係者（ステークホルダ）の声を聞いて決めていきます。例えば、営業部長は「インターネット販売システムを作るなら、今ある売上管理システムとリンクさせてほしい」、物流センターの所長は「在庫管理システムともリンクさせてほしい」といったことを言うでしょう。このように、システムにどのような機能を盛り込むか決めることを「要件定義」といいます。

{調達とは}
　要件定義が終わると、システムを作る専門の会社である「システム開発会社」に開発を依頼します。これを「調達」といいます。この調達までがストラテジ系の試験範囲です。

{社会人としての一般常識}
　ストラテジ系の問題はこの他に、企業が守らなければいけない各種法令、企業の会計の知識、人材に関するもの、さまざまな業務用システムに関する知識など、社会人として必要な一般常識的な問題が出題されます。

マネジメント系問題（約20問）はシステム開発やマネジメントに関するもの

　さて、次は100問のうちの問36〜問55ぐらいまでの約20問を占めるマネジメント系の問題についてです。

｛システム開発とは｝

　システムを作ることです。ITパスポート試験のマネジメント系問題には、このシステム開発の基礎知識的な問題が出題されます。システム開発は大雑把に言うと、図のように設計→プログラミング→テストの順で行われます。

｛プロジェクトマネジメントとは｝

　システム開発を依頼されたシステム開発会社は、決められた期間と予算内で、決められた機能を持ったシステムを作らなければなりません。これを「プロジェクトマネジメント」といいます。この言葉はIT用語ではありません。プロジェクトとは、期間と目的のはっきりした仕事のことで、これを管理する意味のプロジェクトマネジメントは、多くの業界で行われていることです。試験では、プロジェクトマネジメントに関する問題も出題されます。

｛サービスマネジメントとは｝

　さて、プロジェクトマネジメントにより、計画どおりにインターネットのショッピングシステムが完成しました。しかし、これで終わりではありません。このシステムを毎日24時間使って事業を行っていくからです。不具合が出たり、改良したくなったり、ハッカーに攻撃されたりと、使っているといろいろなことが起きます。ケンタサイクル工業は、このシステムの運用を「システム運用会社」に依頼しました。システムを使いたいときにいつでも使えるように管理するのがサービスマネジメント（または、ITサービスマネジメント）です。試験では、サービスマネジメントに関する問題も出題されます。

｛システム監査とは｝

　マネジメント系の問題はこの他にも、システムが適正に作られ、運用されているかをチェックする「システム監査」に関係する問題などが出題されます。

　ITの試験なのになぜ経営の勉強をするのか、わかっていただけましたでしょうか。ストラテジ系、マネジメント系の問題は試験前半の半分以上を占めます（この本は、試験とは逆に前半をテクノロジ系、後半にストラテジ系、マネジメント系という構成にしています）。本番の試験で、ア・イ・ウ・エの選択肢に迷ったとき、この章の知識が

基礎として頭に残っていたおかげで正解できた、ということを期待しています。

01 企業活動と IT システム

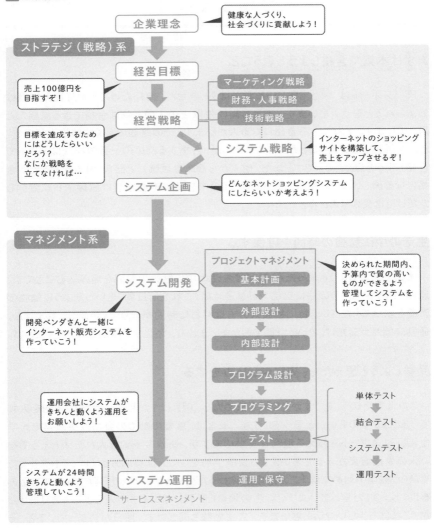

企業理念
　健康な人づくり、
　社会づくりに貢献しよう！

ストラテジ（戦略）系

経営目標
　売上100億円を
　目指すぞ！

経営戦略
　目標を達成するため
　にはどうしたらいい
　だろう？
　なにか戦略を
　立てなければ…

マーケティング戦略
財務・人事戦略
技術戦略
システム戦略
　インターネットのショッピング
　サイトを構築して、
　売上をアップさせるぞ！

システム企画
　どんなネットショッピングシステム
　にしたらいいか考えよう！

マネジメント系

システム開発
　開発ベンダさんと一緒に
　インターネット販売システムを
　作っていこう！

プロジェクトマネジメント
基本計画
　決められた期間内、
　予算内で質の高い
　ものができるよう
　管理してシステムを
　作っていこう！
外部設計
内部設計
プログラム設計
プログラミング
テスト

単体テスト
結合テスト
システムテスト
運用テスト

運用会社にシステムが
きちんと動くよう運用を
お願いしよう！

システムが24時間
きちんと動くよう
管理していこう！

システム運用
サービスマネジメント

運用・保守

03
合格するには

まずは本気で合格しようと思うこと

　ITパスポートは、決して難しい試験ではありません。暗記だけで5割程度の問題は答えられると言う人もいます。筆者も高校生以上の人であれば合格できる試験だと思っています。それでも不合格になる人がいます。その原因の多くは勉強不足です。どんな試験でもいえることかもしれませんが、合格するための一番の秘訣は「本気で合格しようと思うこと」です。また、他人から簡単な試験だと聞き、甘く見すぎて不合格になる人もいます。簡単といっても、ITの未経験者や初学者は試験前日に勉強しただけでは受かりません。

生活の中に勉強の時間を確保する

　本気で合格しようと思ったら、まずは生活の中に勉強の時間を組み込むことです。通勤・通学時間、その他に自宅で最低2時間、これを何日間、といったように勉強の時間を割いてください。特に社会人の方は平日に時間が取りにくいかもしれません。通勤時間と土日だけ、という計画でもかまいません。勉強する時間を作ってください。

受験しようと思ったら、先に申し込みをする

　これは筆者の私見ですが、受験を決めたら、例えば1か月先に受験の予約を入れてしまうというのもいいと思っています。筆者は、就職のための資格取得講座で大学生にITパスポートを教える機会が多いのですが、受験の予約を入れた人とそうでない人の受講態度がまるで違います。受験予約をした人は質問も多くしてくれます。ですから、講座の始めには「この講座が終わった少しあとぐらいの日程で先に申し込みをしましょう」と言っています。学生の場合、受験しないままの人も少なくありませんが、これはもったいないと思います。自主勉強も同じです。期日が決まっていると、そこへ向けて頑張ろうという気になるものです。もしも試験日までに勉強が間に合わなくても、3日前までであれば別の日に変更できます。

過去問題をたくさん解く

　実は、この章を設けたのは、「過去問題をたくさん解く」が言いたかったからです。「本を書いておいて無責任な！」と思うかもしれませんが、この本を勉強すれば絶対に合格できるとは思っていません。絶対に合格しようと思ったら、この本を一通り勉強したあとに過去問題をたくさん解くことです。試験を主催しているIPAのITパスポートのサイトには、過去問題と答えが全部載っています（解説はありません）。また、過去問題集もたくさん出版されていますし、インターネットで過去問題を全問解説している有名なサイトもあります。

　過去問題は、1回分が100問です。そのうち正解が60問以上安定して出るようになるまで過去問題を実践する、それが合格への近道です。過去問題を解いていればわかりますが、頻出問題というのがあって、全く同じもしくは多少変えてある問題がいくつもあることに気づきます。全体の問題の5割ぐらいは過去に出た問題かそれに近い問題と言う人もいます（著者は正確に数えたことはありません）。「過去問題を解かずに受験してはいけません」と言いたいです。

総勉強時間の目安

　ITの未経験者・初学者が勉強計画を立てる際の目安ですが、まずは、この本を一通り勉強します。そのあとに過去問題を繰り返します。1回分は実践で2時間、解説を読んで2時間の4時間です。最初のうちは4時間かかりますが、数回行うと解説を理解することも含めて3時間ぐらいでできるようになってきます。過去問題5〜6回分ぐらいを解くと点数が安定してくる人が多いようです。40時間程度の勉強時間を自分のスケジュールの中にうまく組み込むようにするといいと思います（人によって理解度は違うのであくまでも目安です）。

間違った選択肢の解説も読む

　過去問題を実践するときのコツです。例えばその問題の答えが「ア」であった場合、間違っている選択肢の解説も全て読むということです。「イ・ウ・エ」は間違っていますが、ほとんどの場合、間違った選択肢の内容は試験範囲に入っています。ですから、1問で4つのことが勉強できます。これを行うことで、暗記しなくてはいけない単語が頭に定着していきます。

問題のタイプを把握する

　過去問題を解いているとわかりますが、問題には「直球問題」と「考えさせる問題」、そして「未知の問題」があります。直球問題は、暗記した内容がそのまま問題になっているものです。これは暗記していけばいいのでラクです。この本でも、各セクションの最後に「ここが重要！ 絶対暗記！ 試験に出やすいキーワード」というコーナーを設けています。このコーナーの内容は絶対に暗記しましょう。直球問題に正解できないのはもったいないですから。

　「考えさせる問題」は、勉強した知識を活かしてその場で考える問題です。選択肢4つのうち2つは完全に間違っているとわかるのですが、残りの2つで悩むような問題です。この手の問題を制覇するのに必要なのが、暗記だけでは得られないしっかりとした基礎知識です。この本では、そのために基礎的なことを丁寧に書いたつもりです。この本で学んだ基礎知識を活かして解いてください。

　「未知の問題」は文字どおり、過去問題にも本にも載っていなかった単語などについて問う問題です。全く知識がないのだからとりあえず「ウ」にしておこう、当たったらラッキー！というのもわかりますが、例えば「CSRはなにか」という問題だったら、「Cはカスタマー（顧客）のCかな、それともコーポレート（会社）のCかな」と、これまで暗記した内容から推測してみてください。案外、選択肢にそれっぽいのがあったりします。

　みなさんが1回の受験で合格することを願っています。

第1部
テクノロジ系

01

ビットとバイトと2進数

10進数		2進数
	0	0
	1	1
	2	10
	3	11
	4	100
	5	101
	6	110
	7	111
	8	1000

1 コンピュータは2進数。その1桁が1ビット

　複雑な計算から動画の再生まで、コンピュータにはさまざまなことができます。しかし、電気製品であることには変わりありません。どんな複雑な処理も、電気が「ある状態」と「ない状態」の組合せで行っているのです。電気がある状態が1、ない状態を0とします。例えば「1011」であれば、「ある、ない、ある、ある」です。実際にデジタルの写真のデータは「10111010101011010100011…」と長々と1と0が並んでいます。コンピュータは1と0の組合せ、つまり電気のある・なしで、文字も数値も画像も音楽も処理します。

　0と1しか登場しない数の表し方を2進数といいます。コンピュータは、まさに2進数そのものです。2進数の場合、0の次は1、その次は2ではなくて桁上がりして10（イチゼロ）、その次は11（イチイチ）、その次は12ではなくて桁上がりして100（イチゼロゼロ）というように、0と1だけで数を表します。ビットとは、この2進数の1桁のことです。「10110111」であれば、8桁なので8ビットです。

10進数と2進数の対応表

10進数	0	1	2	3	4	5	6	7	8	9	10	...
2進数	0	1	10	11	100	101	110	111	1000	1001	1010	...

1 1バイトは8ビット。8ビットは0〜255の256通り

　1バイト 01 とは、8ビット（8桁の2進数）のことです。00000000、00000001、00000010、00000011…というように8ビットの2進数を全種類書き出していくと、最後の11111111まで、全部で256通りの0と1の組合せがあります。1ビットにつき0か1かの2通りがあり、それが8桁あるので2の8乗、256通りとなります。したがって、8ビットの2進数で10進数の数を表そうとすると0〜255の256個の数値が表現できます（0が入るので255までとなり、1つ少なくなります）。2バイト（16ビット）ならば2の16乗通り（65536通り）なので、10進数の0〜65535までを表現できます。

01 1バイト

2進数の1桁が1ビット

8ビット＝1バイト

2 情報量の単位、k（キロ）→M（メガ）→G（ギガ）→T（テラ）

　多くの情報を扱うコンピュータではキロバイト、メガバイト、ギガバイトといった補助単位を使います。

情報量の単位

単位記号	読み方	データの大きさ	
1kバイト	1キロバイト	1,000バイト	10^3バイト
1Mバイト	1メガバイト	1,000kバイト	10^6バイト
1Gバイト	1ギガバイト	1,000Mバイト	10^9バイト
1Tバイト	1テラバイト	1,000Gバイト	10^{12}バイト
1Pバイト	1ペタバイト	1,000Tバイト	10^{15}バイト

3 小さな時間の単位、m（ミリ）→μ（マイクロ）→n（ナノ）→ p（ピコ）

コンピュータは処理速度が速いので、小さな時間の単位がよく使われます。

小さな時間の単位

単位	読み方	データの大きさ
ms	ミリ秒	10^3分の1秒（10^{-3}）
μs	マイクロ秒	10^6分の1秒（10^{-6}）
ns	ナノ秒	10^9分の1秒（10^{-9}）
ps	ピコ秒	10^{12}分の1秒（10^{-12}）

2 2進数・16進数と基数変換

1 2進数の加算・減算

　コンピュータは、人間が10進数で与えた値を2進数に変換し、2進数の計算結果を10進数に変換して答えを返しています。2進数の加算 02 と減算 03 は以下のように行います。1と1を足すと10（イチゼロ）、10（イチゼロ）から1を引くと1ということを意識しながら計算します。10進数の13＋7と13－7を計算します。13と7をそれぞれ2進数にすると1101と111です。

02 2進数の加算

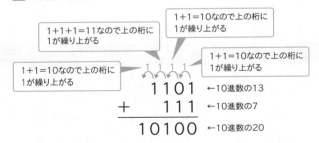

03 2進数の減算

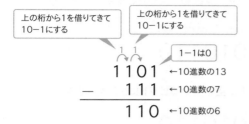

上の桁から1を借りてきて
10−1にする

上の桁から1を借りてきて
10−1にする

1−1は0

$$1101 \quad ←10進数の13$$
$$- \quad 111 \quad ←10進数の7$$
$$110 \quad ←10進数の6$$

2 基数変換

{2進数から16進数への基数変換}

　16進数とは、0〜9とその続きとなるA〜Fの全部で15種類の"数字"を使って表す方法です。A〜Fも数字です。コンピュータは2進数が基本ですが、16進数を使うと2進数の桁数を減らすことができます。例えば、15桁の2進数「101101011010110」を16進数に変換すると次のようになります。ある進数から異なる進数に変換することを基数変換といいます。

10進数・16進数・2進数の対応表

10進数	16進数	2進数	10進数	16進数	2進数
0	0	0	9	9	1001
1	1	1	10	A	1010
2	2	10	11	B	1011
3	3	11	12	C	1100
4	4	100	13	D	1101
5	5	101	14	E	1110
6	6	110	15	F	1111
7	7	111	16	10	10000
8	8	1000	17	11	10001

① 小数点から左へ向かって、4ビットずつ区切っていきます。

←

101|1010|1101|0110

② 最後が4ビットにならない場合は、空いているビットに0を入れます。

0101|1010|1101|0110

③ 4ビットずつに区分けされた2進数を16進数の数字に変換します。例えば、一番右の区画は0110なので先頭ビットの0は無視して110、これを16進数にすると6になります（慣れないうちは前ページの表を参照）。

0101|1010|1101|0110　2進数
5　A　D　6　16進数

④ 16進数「5AD6」となります。

{16進数から2進数への基数変換}
① 16進数を1桁ずつ4桁の2進数に変換します。
② 1011010011010110になりました。

5　A　D　6　16進数
101|1010|1101|0110　2進数

{2進数から10進数への基数変換}
　小学生のときに、1の位、10の位、100の位、1000の位…というのを習いました。1の位は、10^0の位（どんな値も0乗は1です）という言い方もできます。10の位は10^1の位、100は10^2の位、1000は10^3の位…となります。なぜ10のべき乗かというと、10進数だからです。2進数も同じです。例えば2進数「1010」なら、一番右の桁から左に向かって2^0の位（1の位）、2^1の位（2の位）、2^2の位（4の位）、2^3の位（8の位）となっているのです。2進数から10進数に基数変換する際は、この1、2、4、8、…の桁ごとの「重み」をそれぞれの値に掛けていき、それを合計します。

　例えば2進数「1010」04 は、一番左の桁の重み「8」を先頭ビットの1に掛けて8×1、その次の桁の「重み4」×0、次の桁は「重み2」×1、一番右の桁は「重み1」×0で、この答えを足し合わせると10になります。つまり、1になっているビットの桁の重みを足していけばいいのです。

04 　2進数の中の「1」の桁の、それぞれの桁がもつ重みを足し合わせる

2^3 2^2 2^1 2^0 の位
(8) (4) (2) (1) の位
× × × ×

1 0 1 0 (2進数)

↓ ↓ ↓ ↓
8　0　2　0 → 8+0+2+0= 10 (10進数)

{10進数から2進数への基数変換}

　10進数を2進数にする方法の1つに、2で割った余りを下からひろっていき、左から順に並べていく方法があります。10進数の65で説明します 05。2で割ることを商が0になるまで繰り返し、余りを下からひろっていき、左から順に並べていくのです。

05 　10進数 65 を 2 進数に変換する例

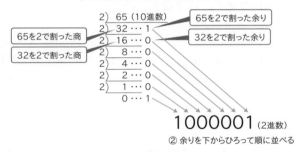

① 65を商が0になるまで2で割り続ける

65を2で割った商
32を2で割った商

```
2) 65 (10進数)
2) 32 ··· 1
2) 16 ··· 0
2)  8 ··· 0
2)  4 ··· 0
2)  2 ··· 0
2)  1 ··· 0
    0 ··· 1
```

65を2で割った余り
32を2で割った余り

1000001 (2進数)

② 余りを下からひろって順に並べる

［ 3　文字コード ］

　Webページなどに表示される文字は、文字そのものがネットの中を流れてきているわけではありません。コンピュータは0と1の世界です。文字にも文字ごとに0と1が並んだコード番号があり、そのコード番号をコンピュータが文字に変換して画面に映し出しているのです。ネットを流れているのは0と1の並びです。例えば、アルファベットの大文字のAは「01000001」のように、全ての文字に文字コードがあります。

1 英語は8ビット、日本語はなぜ16ビット？

　アルファベットの大文字のAは「01000001」ですが、日本語のひらがなの「あ」は「0011000001000010」です **06**。アルファベットは8ビットなのに日本語が16ビットなのは、2の8乗は256、つまり8ビットでは最大で256文字にしか0と1が並んだコード番号を振ることができないからです。英語はアルファベットの大文字と小文字、その他の文字を入れても256文字以内です。しかし、日本語は漢字、ひらがな、カタカナなど256文字では到底足りません。そこで16ビットになっているのです。16ビットなら最大で2の16乗、65536文字にコード番号を振ることができます。16ビットで表す文字を 2バイト文字 といいます。

> **06** 1 バイト文字と 2 バイト文字
>
> A … 01000001　　　　　　8ビット（1バイト）
> あ … 0011000001000010　　16ビット（2バイト）

2 文字化けの原因は文字コード体系の違い

　ネット閲覧中、「文字化け」が起こる場合があります。これは、送る側と受ける側の文字コード体系の違いが引き起こす現象です。文字コードは、世界中で統一されているわけではありません。代表的な文字コードを紹介します。

{ASCII（アスキー）}

　ANSI（米国規格協会）が定めた、英字や記号、制御文字をコード化した7ビットの文字コードです。7ビットなので残りの1ビットは確認用に使っています。日本語は扱えません。

{Unicode（ユニコード）}

　ISO（国際標準化機構）/IEC（国際電気標準会議）により国際標準化している文字コードです。Unicodeの中でもUCS-2は多種の文字を2バイト（16ビット）で表現し、多くの文字に対応できるようにしてあります。4バイト（32ビット）でコード化し、さらに多くの文字が扱えるUCS-4などの規格もあります。

{シフトJISコード}

　JIS（日本産業規格）により標準化された日本語文字コードです。かなや漢字は2バイト、英字は1バイトで表し、2バイト文字と1バイト文字を、特殊制御文字を使わずに混在させています。

{EUC}

　Extended UNIX Codeの略で、UNIXというOS（216ページ）で用いられている文字コードを、多バイトの文字を扱えるよう拡張したものです。拡張UNIXコードとも呼ばれます。日本語、中国語や韓国語にも対応します。

4　標本化、量子化、符号化で アナログをデジタル化する

　コンピュータでは、アナログの音声や映像も0と1に符号化して扱います。これがデジタル化 07 です。例えばアナログ音声をデジタルデータにするときは、まず音声の波形を一定の時間間隔（周期）でサンプリング（標本化）します。サンプリングの周期のことをサンプリング周波数といいます。1秒間に100回サンプリングするのであれば100Hz（ヘルツ）と表します。次にそのデータを適当な段階に分けた値に置き換えます（量子化）。段階分けの精度を量子化ビット数といいます。例えば256段階に分けたのなら、256は2の8乗なので量子化ビット数は8ビットということになります。その結果を0と1のビット列として符号化します。

　サンプリング周波数と量子化ビット数をできるだけ大きくすれば、実際のアナログの音声により近い符号化ができます。音楽CDのサンプリング周波数は44.1kHzです。1秒間に4万回以上サンプリングしているということになります。

07 標本化、量子化、符号化でアナログをデジタル化する

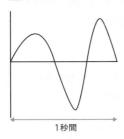

1秒間

アナログ音声の波形

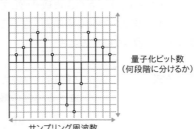

量子化ビット数
（何段階に分けるか）

サンプリング周波数
（1秒間にサンプリングする回数）

応用数学

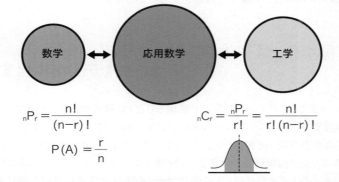

1 確率

1 順列

　順列はn個の中からr個を取り出し、順序を決めて1列に並べたものです。例えば1〜9のカードが1枚ずつあり、そこから3枚取り出して「3、8、4」のように順に並べます。「3、4、8」は順序が違うので異なる順列です。この順列が何通りあるのかを示すのが「順列の数」で、次のように求めます。

● 順列の数を求める式

$$_nP_r = \frac{n!}{(n-r)!}$$

● （例）1〜9のカードから3枚取り出して並べる場合の順列の数

$$_9P_3 = \frac{9!}{(9-3)!} = 504$$

2 組合せ

　順列が「n枚のカードからr枚を選んで1列に並べる」という形式だったのに対し、組合せは「n枚のカードからr枚を選ぶ」という形式で、順序は問いません。「3、8、4」と「3、4、8」は同じ組合せです。

組合せが何通りあるのかを示すのが「組合せの数」で、次のように求めます。

● 組合せの数を求める式

$$_nC_r = \frac{n!}{r!\,(n-r)!}$$

● (例)5枚のカードから3枚を選んだ場合の組合せの数

$$_5C_3 = \frac{5!}{3!\,(5-3)!} = 10$$

例題

a、b、c、d、e、fの6文字を任意の順で1列に並べたとき、aとbが隣同士になる場合は、何通りか。

ア 120   イ 240   ウ 720   エ 1,440

[平成26年春期 問63]

解説

まずa、bを1つの塊と捉え、「a, b」「c」「d」「e」「f」の5つの文字があると考えます。
並べ方が何通りあるかを知りたいので、順列の公式にあてはめます。5つの中から5つを選んで並べるのでnもrも5です。分母の(5-5)!である0!(0の階乗)は1なので、式は以下のようになり、並び方は全部で120通りあることがわかります。

$$_5P_5 = \frac{5\times4\times3\times2\times1}{1} = 120$$

しかし、実際にはaとbの並び方には「a, b」「b, a」の2通りがあるので、

    120×2=240

合計で「240通り」が存在することになります。したがって、イが正解です。

例題

共通鍵暗号方式では通信の組合せごとに鍵が1個必要となる。例えばA～Dの4人が相互に通信を行う場合は、AB、AC、AD、BC、BD、CDの組合せの6個の鍵が必要である。8人が相互に通信を行うためには何個の鍵が必要か。

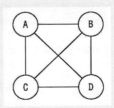

ア 12   イ 16   ウ 28   エ 32

[平成25年春期 問76]

解説

共通鍵暗号方式（133ページ）では、n人がお互いに暗号化通信を行うためには、それぞれの相手ごとの鍵が必要です。つまり、2人ずつの組合せの数が全体の鍵の数となります。したがって、この問題では8人から2人を選択する組合せ数を出せばいいことになります。組合せの公式にあてはめます。

$$_8C_2 = \frac{8×7×6×5×4×3×2×1}{2×1×6×5×4×3×2×1} = \frac{8×7}{2} = 28$$

28個の鍵が必要です。したがって、ウが正解です。

2 統計

1 代表値

　データ全体を代表する、あるいはデータ分布の中心的な値のことを代表値といいます。代表値には、平均値、中央値、最頻値があります。代表値の違いについて理解しデータを扱う必要があります。またデータの散らばりを表す値なども統計ではよく使われます。

● **平均値**…各データを全て足し合わせてデータの数で割った数値です。
● **中央値**（メディアン）…データを大きなものから小さなものへと順番に並べたときに、ちょうど中央に位置するデータです。
● **最頻値**…頻度が最大となるデータの値です。例えば3・3・4・5・5・5・5・6・7・7・8というデータがあった場合、5が最頻値になります。

偏差に関する代表的な値

用語	意味
分散・標準偏差	データの散らばりの度合いを表す値です。分散はそれぞれの数値と平均値の差である「偏差」を2乗し平均を取ります。この分散の正の平方根が標準偏差となります。
偏差値	偏差値とは、平均点を偏差値50になるように変換し、その基準からどれくらい高いか（または低いか）を表したものです。

2 数値計算・数値解析・数式処理

{度数分布表・ヒストグラム}

得た値をいくつかの区間に分け、その区間ごとに資料の個数を示した表を度数分布表といいます。またそれをグラフにしたものをヒストグラムといいます。

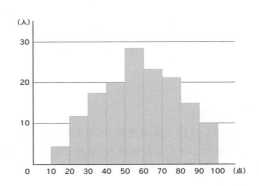

得点（点）	人数（人）
以上　未満 90 ～ 100	10 （100点も含む）
80 ～ 90	15
70 ～ 80	21
60 ～ 70	23
50 ～ 60	28
40 ～ 50	20
30 ～ 40	17
20 ～ 30	12
10 ～ 20	4
0 ～ 10	0
計	150

3 その他の統計に関する知識

{尺度}

得られた変数やデータを分類するときの基準のことです。名義尺度、順序尺度、間隔尺度、比例尺度があります。

- **名義尺度**…男女、血液型など、他と区別し分類するためのもの。
- **順序尺度**…1位、2位、3位のように順序や大小には意味があるが間隔には意味がないもの。
- **間隔尺度**…気温、西暦、テストの点数など、目盛りが等間隔になっているもので、その間隔に意味があるもの。
- **比例尺度**…身長の伸びや幅跳びの記録など、0が原点であり間隔と比率に意味があるもの。

{グラフ理論}

グラフ（Graph）とは、頂点（vertex、node）群とその間の連結関係を表す辺（edge）群で構成される抽象データ型をいいます 08。物事の関係を表す普遍的な

モデルです。データサイエンス（286ページ）にも活用されています。

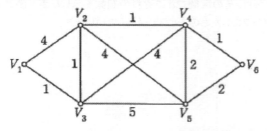

08 頂点 V_1 から V_6 の各地点への所要時間をまとめたグラフ

※応用情報技術者試験 平成 26 年秋期 午前問 5 より

{待ち行列}

　客が多いと待つ時間が長くなります。だからといって対応する窓口の人数を増やすのも無駄がでる可能性があります。客の待ち時間を少なくし、窓口の数も効率的にするために、確率の考えを利用して問題をモデル化したものを「待ち行列理論」といいます。

{演繹推論・帰納推論}

　推論とは、前提から結論を導くことをいいます。演繹（えんえき）推論とは、前提から必然的に結論が導かれるような推論のことです。例えば、ダンスが好きな人は、リズミカルな音楽を流すと体が動き出すだろう、といった推論です。

　帰納推論は、複数の結果を見て、そこから前提となる事実や法則を見つけ出そうとする考え方です。体を動かすのが好きで音楽が好き、リズム感もある人はダンスが好きだろう、といった推論です。どちらの推論も成立しない場合もあります。

03

論理演算

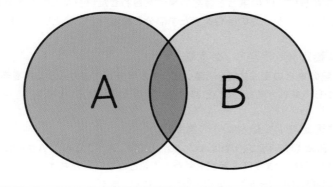

1 「または」「かつ」など論理的な演算

1つのクラスの中に「ITの勉強をしたことのある人（条件Aを満たしている人）」、「簿記の勉強をしたことのある人（条件Bを満たしている人）」、「両方を勉強したことのある人」、「両方とも勉強したことのない人」がいたとします。数学で習う「集合」に出てきたベン図にしてみると下のようになります。例えば「両方を勉強したことのある人」は「条件Aを満たし」なおかつ「条件Bも満たしている」、つまりAもBも満たしているから「かつ」が成立します。このように「かつ」や「または」が成立する・しないといった演算を論理演算といいます 09 。コンピュータは足し算・引き算といった普通の計算だけでなく論理演算も行います。

09 IT と簿記のベン図

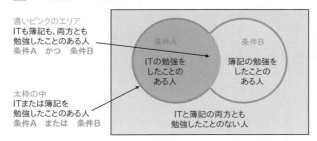

濃いピンクのエリア
ITも簿記も、両方とも
勉強したことのある人
条件A　かつ　条件B

条件A　　　　条件B

ITの勉強を
したことの
ある人

簿記の勉強を
したことの
ある人

太枠の中
ITまたは簿記を
勉強したことのある人
条件A　または　条件B

ITと簿記の両方とも
勉強したことのない人

1 OR、AND、NOT

{ORは論理和で「または」の意味}

　前ページの 09 で、ITの集合と簿記の集合を合わせた部分（太枠の部分）、つまりAまたはBのどちらか一方の条件を満たす部分を論理和（OR）といいます。

{ANDは論理積で「かつ」の意味}

　ITと簿記の集合の重なり部分（濃いピンクの部分）、つまりAの条件を満たしていてなおかつBの条件も満たしている部分を論理積（AND）といいます。

{NOTは否定で「ではない」の意味}

　NOTは否定（NOT）で、「ではない」のことです。Aが1なら0、Aが0なら1です。「ではない」部分、つまりITも簿記も勉強したことのない人たちは、「A OR B」ではない集合、NOT（A OR B）の集合ということになります。

{真理値表の見方}

　どのような場合に論理和や論理積が成立するかしないかを表したのが真理値表です。表の見方は、例えば論理和の表で、条件Aは満たしている（Aの欄が1）、条件Bは満たしていない（Bの欄が0）の場合、AまたはBは成立するから（AまたはBのどちらか一方が条件を満たしていることが成立するから）「A OR B」の欄は1ということになります。論理積の表では、条件Aは満たしているから1、条件Bは満たしていないから0の場合、AかつBは成立しないから（A、Bの条件をともに満たしていることが成立しないから）「A AND B」の欄は0となっています。

論理和（OR）

A	B	A OR B
1	1	1
1	0	1
0	1	1
0	0	0

論理積（AND）

A	B	A AND B
1	1	1
1	0	0
0	1	0
0	0	0

否定（NOT）

A	NOT A
1	0
0	1

2 A+Bは論理和、A・Bは論理積、ĀはAの否定

　「A+B」と書いて、AとBの論理和（OR：または）の意味です。真理値表からAが1、Bが0だったら答えは1になります。また、「A・B」はAとBの論理積（AND：かつ）のことです。Aが1、Bが0だったら答えは0になります。「Ā」と書いて、Aの否定（NOT：ではない）の意味になります。Aが1だったら答えは0になります。A ∪ Bで論理和、A ∩ Bで論理積を表す場合もあります。

3 排他的論理和

　OR、AND、NOTを組み合わせた排他的論理和（XORまたはEOR）[10]という論理式もあります。「A XOR B」はAかBの片方のみが成立している場合のみに成立する、という意味です。XOR回路はコンピュータの中で足し算をする回路、加算器にも使われています。

排他的論理和（XOR）の真理値表

A	B	A XOR B
1	1	0
1	0	1
0	1	1
0	0	0

10 排他的論理和（XOR）のベン図

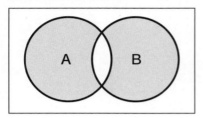

4 ミル記号

　Aの端子から1、Bの端子から1が入力されたときだけ真理値表に従って1が出力される回路を AND（論理積）回路 といいます。同じようにOR（論理和）、NOT（否定）、XOR（排他的論理和）回路もそれぞれの真理値表どおりの結果を出力します。11 のようなそれぞれの回路を表す図を ミル記号 といいます。コンピュータの足し算の基本となる部分にはAND回路とXOR回路が使われています。

11 ミル記号

【AND回路】　　【OR回路】　　【NOT回路】　　【XOR回路】

04

プログラムはこうして作られる

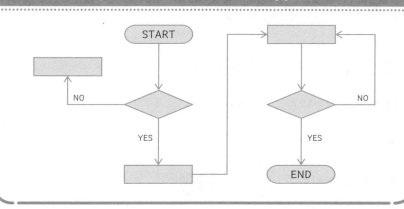

1　アルゴリズムとプログラミング

　コンピュータに1万個の三角形の底辺と高さの値を与えると、全ての三角形の面積を一瞬で計算します。しかし、「底辺×高さ÷2」という手順を与えてプログラムするのは人間です。アルゴリズムとは「解法」という意味で、人間がコンピュータに与える「問題を解くための方法や手順」のことです。プログラミングとは、プログラム言語を用いてアルゴリズムを記述することです。

1 代表的なアルゴリズム

　数を大きい順や小さい順に並べ替える「整列」や、多くの値の中から目的の値を見つけ出す「探索」など、よく使われるアルゴリズムには以下のようなものがあります。

{整列アルゴリズム}
　値を小さい順（昇順）や大きい順（降順）に並べ替えるためのアルゴリズムです。ここでは昇順の場合で説明します。

● バブルソート

先頭の値から順に隣の値と比較し、小さい方が前になるよう入れ替えることを繰り返します。最後まで行ったら一番後ろの値を最大値として確定させます。未確定の値で同じことを繰り返して昇順に整列させる方法です。

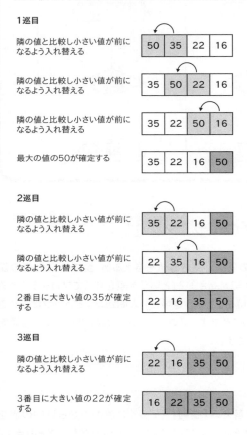

1巡目

隣の値と比較し小さい値が前になるよう入れ替える
| 50 | 35 | 22 | 16 |

隣の値と比較し小さい値が前になるよう入れ替える
| 35 | 50 | 22 | 16 |

隣の値と比較し小さい値が前になるよう入れ替える
| 35 | 22 | 50 | 16 |

最大の値の50が確定する
| 35 | 22 | 16 | 50 |

2巡目

隣の値と比較し小さい値が前になるよう入れ替える
| 35 | 22 | 16 | 50 |

隣の値と比較し小さい値が前になるよう入れ替える
| 22 | 35 | 16 | 50 |

2番目に大きい値の35が確定する
| 22 | 16 | 35 | 50 |

3巡目

隣の値と比較し小さい値が前になるよう入れ替える
| 22 | 16 | 35 | 50 |

3番目に大きい値の22が確定する
| 16 | 22 | 35 | 50 |

● 選択ソート

データの中から最小値を見つけ出し、それを順に並べることで整列を実現するアルゴリズムです。

1巡目

とりあえず一番左の値(9)を最小値として隣の値(6)と比較する。(6)の方が小さいので入れ替える

新たな最小値(6)と(7)を比較する。(6)の方が小さいのでそのまま。次に(3)と比較する。(3)の方が小さいので(6)と入れ替える

最小値(3)が確定する

2巡目

確定した(3)を除いた一番左の値(9)を最小値として隣の値(7)と比較する。(7)の方が小さいので入れ替える

新たな最小値(7)と隣の(9)を比較する。(7)の方が小さいのでそのまま。次に(6)と比較する。(6)の方が小さいので(7)と入れ替える

(3)を除いた最小値(6)が確定する

3巡目

確定した(3)(6)を除いた一番左の値(9)を最小値として隣の値(7)と比較する。(7)の方が小さいので入れ替える

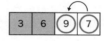

(3)(6)を除いた最小値(7)が確定し、整列が完了する

● **クイックソート**

クイックソートは並べ替えする値の中で基準値(ピボット)を決めるのが特徴です。基準値より小さい値は基準値の前へ、大きい値は基準値の後ろへ振り分けることを繰り返す方法です。

基準値を(5)に決め、それより小さい値は前に、大きい値は後ろに振り分ける

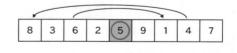

振り分けた中で同じことを繰り返していく

整列が完了する

{探索アルゴリズム}
　目的の値を見つけ出すためのアルゴリズムです。

● **線形探索**
　線形探索は要素を先頭から順に、探している値と比較していき、目的の値を探し当てる方法です。

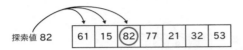

探索値 82　| 61 | 15 | (82) | 77 | 21 | 32 | 53 |

● **2分探索法**
　事前に探索の対象となる複数の値を昇順に整列させておきます。その真ん中の値と目的の値を比較し、目的の値の方が大きかったら、真ん中より後ろのデータを探索の対象とし、また小さかった場合は真ん中より前のデータを探索の対象として、同じことを繰り返して探索する方法です。事前に降順に整列させた場合は、探索対象の前後が逆になります。

昇順に整列した数値列の真ん中の値と目的の値を比較する
※例の場合は値が8個あるので、真ん中の値は4番目の「38」

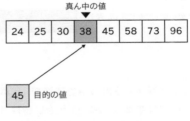

比較の結果、目的の値「45」の方が大きかったので、真ん中の値より大きい数だけを探索の対象とし、その中で新たな真ん中の値を決める
※例の場合、45～96までの4個の値の真ん中は2番目の「58」となる

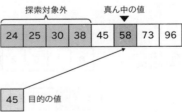

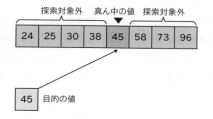

比較の結果、目的の値「45」の
方が小さかったので、真ん中の値
より小さい数だけを探索の対象
とし、その中で新たな真ん中の値
を決めて、目的の値と比較する。
一致すれば探索終了。
※例の場合、45～45までの1個
の値の真ん中は「45」となる

2 データ構造

1 変数と配列

　商店のレジのシステムを作るとき、「500円×3個」とプログラムすると500円のも
のを3個買ったときにしかそのレジは使えません。そこでプログラムの中に「単価」と
「数量」という入れ物を用意し、「単価」×「数量」とプログラムします。1000円のも
のなら「単価」という入れ物の中に1000を代入し、5個なら「数量」に5を代入しま
す。そして「単価」×「数量」を実行すれば5000と答えが出てきます。このようにプ
ログラム上で使われる「値を代入する入れ物」のことを変数 12 といいます。変数は値
を1つしか入れられませんが、変数を連ねていくつもの値を入れる部屋を作ったもの
を配列 12 といいます。また、変数や配列には、整数型、実数型、文字型などの型があ
り、指定されている型の値しか入れられません。このようなプログラム内でデータを扱
うための仕組みをデータ構造といいます。

12 変数と配列

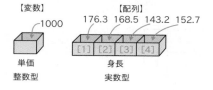

【変数】　　　　　【配列】
　　　　　　176.3　168.5　143.2　152.7
1000

単価　　　　　　　　　身長
整数型　　　　　　　　実数型

2 データ構造

{スタックとキュー}

　あるプログラムで、最初の計算をして出た答え「A」と、2つ目の計算をして出た答
え「B」を足し算したいとします。その際、AとBを同じ場所に格納しておき（積んでお

き）、それを（上から）取り出して足し算するという方法もあります。ここではスタックというデータ構造が使われています。スタックとは、データを上に積んでいき、上から取り出していく（先入れ後出し）というデータの扱い方です。また、キューとは、先に入れたデータから先に取り出す（先入れ先出し）のデータの扱い方です。

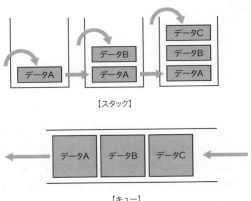

【スタック】

【キュー】

｛リスト構造｝

リスト構造は、データとは別にポインタと呼ばれる「次にたどるデータの場所を示す値」を格納しておき、ポインタをたどることでリストが成り立つデータ構造です。データを順番どおりに入れ替えなくても、ポインタの値を変えるだけでリストをたどる順番を変えることができます。

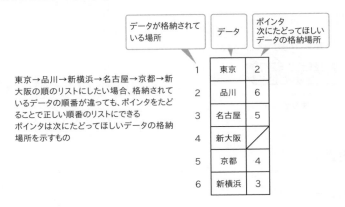

東京→品川→新横浜→名古屋→京都→新大阪の順のリストにしたい場合、格納されているデータの順番が違っても、ポインタをたどることで正しい順番のリストにできるポインタは次にたどってほしいデータの格納場所を示すもの

データが格納されている場所	データ	ポインタ 次にたどってほしいデータの格納場所
1	東京	2
2	品川	6
3	名古屋	5
4	新大阪	/
5	京都	4
6	新横浜	3

3 アルゴリズムの表現方法

アルゴリズムを表現する方法として流れ図（フローチャート）と擬似言語があります。流れ図も擬似言語も試験合格のためには、その意味が理解できるようにしておく必要があります。擬似言語は、特定のプログラム言語に依らずに処理の流れをわかりやすく記述したものです。ここではITパスポートや基本情報技術者試験などの情報処理試験でよく用いられる処理の流れを見ていきます。

アルゴリズムは「順次」「選択（分岐）」「繰り返し」という3つの基本構造の組合せでできています。この3つの基本構造によるアルゴリズムの流れを制御構造といいます。

● 流れ図（フローチャート）の構成要素

端子：流れ図の入口と出口を表す

処理：処理機能を表す

ループ端：2つの部分からなり、繰り返しの始まりと
　　　　　終わりを表す

判断：1つの入口といくつかの択一的出口をもち、
　　　条件によって唯一の出口を選ぶ。
　　　条件によって処理を振り分ける条件式のとき
　　　に使う

線：データや制御の流れ

{1. 順次}

記述したとおりに記述した順番で処理を逐次実行していく構造です。流れ図や擬似言語に出てくる「←」は、「←」の右側にあるものを左側の変数に代入するという意味です。

[アルゴリズムの意味]

kokugoという名前の変数に70を代入し、次にsuugakuという変数に65を代入し、次にeigoという変数に75を代入します。次に3つの変数の値を合計しgoukeitenという変数に代入します。

● 流れ図

● 擬似言語

```
kokugo ← 70
suugaku ← 65
eigo ← 75
goukeiten ← kokugo + suugaku + eigo
```

{ 2. 選択（分岐）}

条件を満たしているのか（真の場合）、満たしていないのか（偽の場合）を評価し、それぞれに用意した処理へと分岐させる流れです。

[アルゴリズムの意味]

goukeitenという変数の値が180以上なら「合格」と出力し、そうでなければ「不合格」と出力します。

擬似言語の「if（○○○○）」はもしも○○○だったら、「else」は「そうでなければ」という意味でとらえるとわかりやすいです。

● 流れ図

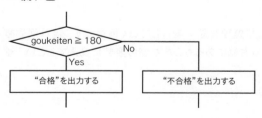

● 擬似言語

```
if ( goukeiten が 180 以上)
  "合格"を出力する
else
  "不合格"を出力する
endif
```

{3. 繰り返し【前判定】}

　条件に合わせて処理を繰り返す流れです。前判定の場合は、繰り返し処理に入る前に繰り返し条件に合っているかを判定しています。仮に最初にseitosuuという変数に30を代入した場合、繰り返し処理は一度も行われません。

[アルゴリズムの意味]

　seitosuuという変数に1を代入しseitosuuが20以下の間、①seitosuuを出力する、②seitosuuに1を加算する、の2つの処理を繰り返します。

　擬似言語ではwhile（〇〇〇）とendwhileの間に記述してあることを繰り返します。While（〇〇〇）は、「〇〇〇の間繰り返す」という意味です。

● 流れ図（フローチャート）

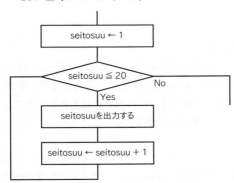

● 擬似言語
```
seitosuu ← 1
while (seitosuu が 20 以下)
  seitosuuを出力する
  seitosuu ← seitosuu + 1
endwhile
```

{4. 繰り返し【後判定】}

　後判定の場合は、繰り返し処理をとりあえず1回させてから繰り返し条件に合っているかを判定します。仮に最初にseitosuuに30を代入しても、繰り返し処理は1回だけ行われます。

[アルゴリズムの意味]

　seitosuuという変数に1を代入し、①seitosuuを出力し、②seitosuuに1を加算します。その後seitosuuの値が20以下の間、①と②を繰り返します。後判定の時点でseitosuuが20を超えていたら繰り返しは実行されません。

　後判定の場合、擬似言語ではdoとwhile（〇〇〇）を使います。doとwhile（〇〇〇）の間に記述してあることを繰り返します。

● 流れ図（フローチャート）

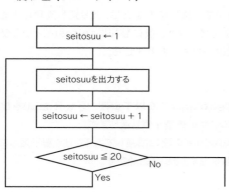

● 擬似言語
```
seitosuu ← 1
do
    seitosuuを出力する
    seitosuu ← seitosuu + 1
while (seitosuuが20以下)
```

{5. 繰り返し【forを使った繰り返し】}

　擬似言語のwhile（○○○）は「○○○の間繰り返す」というように、繰り返し条件だけを指定しますが、forを使った繰り返しは、変数の初期値や繰り返すたびに変数がいくつずつ増えるか（または減るか）、さらに繰り返しの終わりの値を指定することができます。流れ図では、繰り返しをループ端を使って表すこともできます。

[アルゴリズムの意味]

　seitosuuという変数に1を初期値として代入し、seitosuuの値を1ずつ増やしながら、seitosuuの値が20になるまで、seitosuuを出力することを繰り返します。
　for文では、for（○○○）とendforの間にある記述を繰り返します。forの後ろの（○○○）には初期値や増減値、終値のような条件が記述されています。

- **流れ図(フローチャート)**

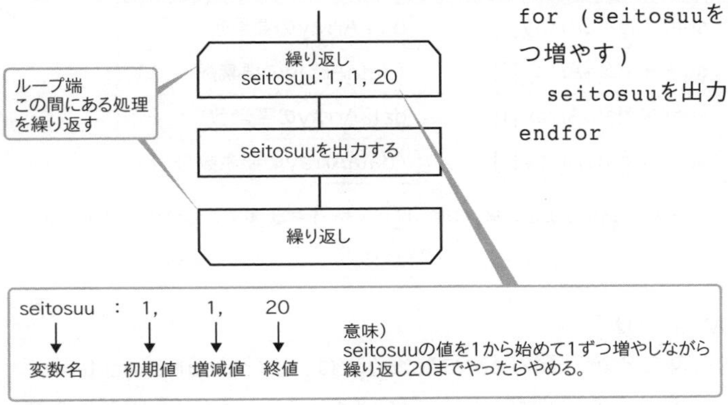

- **擬似言語**

```
for (seitosuuを1から20まで1ずつ増やす)
  seitosuuを出力する
endfor
```

ループ端の中の記述には、この形だけでなくさまざまなケースがあります。問題の中に(注)などで説明があるので、参考にしてください。

例題

(擬似言語)

関数calcMeanは、要素数が1以上の配列dataArrayを引数として受け取り、要素の値の平均を戻り値として返す。プログラム中のa, bに入れる字句の適切な組合せはどれか。ここで、配列の要素番号は1から始まる。

〔プログラム〕

```
○実数型:calcMean(実数型の配列:dataArray) /* 関数の宣言 */
  実数型:sum, mean
  整数型:i
  sum ← 0
  for (iを1からdataArrayの要素数まで1ずつ増やす)
    sum ← [  a  ]
  endfor
  mean ← sum ÷ [  b  ] /* 実数として計算する */
  return mean
```

	a	b
ア	sum + dataArray[i]	dataArrayの要素数
イ	sum + dataArray[i]	（dataArrayの要素数 ＋ 1）
ウ	sum × dataArray[i]	dataArrayの要素数
エ	sum × dataArray[i]	（dataArrayの要素数 ＋ 1）

※IPA（情報処理推進機構）公開　ITパスポート試験 擬似言語のサンプル問題より

解説

● 関数calcMeanとは

　まず問題の意味ですが、「関数calcMean」とは、calcMeanという名前の
プログラムという意味です。「関数」とは、別のメインプログラムから呼び出され
て動き、その結果をメインプログラムに返すプログラムのことをいいます（052
ページ参照）。問題には書いていない別のプログラムから呼び出されているプ
ログラムだと思ってください。

● 配列dataArrayとは

　「要素数が1以上の配列dataArray」とは、要素数（データを入れる部
屋の数）が1以上あるdataArrayという名前のついた「配列」という意味で
す。配列とは下図のように変数（041ページ参照）が複数個連なった状態の
ものです（041ページ参照）。「引数（ひきすう）として受け取り」とは、関数
calcMeanが計算するための材料として、配列dataArrayの値を受け取って
使うという意味です。

　問題の最後にある「配列の要素番号は1から始まる」は配列の部屋の番号は1
から始まるという意味です。※配列の要素番号は0から始まる場合もあります。

　下図は例として作成した、適当な値を入れた要素数8のdataArrayです。

● dataArrayという名前の配列（例）

● 戻り値として返すとは

　問題ではdataArrayの「要素の値の平均を戻り値として返す」といっています。戻り値として返すとはcalcMeanという名前の関数で計算した答えを、calcMeanを呼び出したメインプログラムに渡すという意味です。つまり要素の値の平均を計算してメインプログラムに返すという意味です。

　図の例でいうと、(43.5＋24.5＋12.4＋63.6＋43.5＋75.4＋92.3＋30.8)÷8の答えを出し、メインプログラムに返すという意味です。

● プログラムの説明

○実数型：calcmMean（実数型の配列：dataArray）/＊関数の宣言＊/

　この行では「これは実数（小数）を戻り値として返すcalcMeanという名前の関数です。実行するにあたっては実数型の配列：dataArrayを使います」という宣言をしています。関数名であるcalcMeanの後ろにある（　）の中にはそのプログラムを実行するために必要な材料が書かれています。この部分のことを引数（ひきすう）といいます。

　なお、「/* 関数の宣言 */」の部分はコメントといい、プログラムの説明文などが書かれています。/*と*/で囲まれています。

実数型：sum, mean
整数型：i

　このプログラムでは配列dataArrayのほかに、実数型のsumという名前の変数とmeanという名前の変数、整数型のiという名前の変数を使います、という意味です。整数型には整数しか入れることができません。

sum ← 0

　sumという変数に0を代入します。つまりsumという変数の中身を0で初期化しています。

for（iを1からdataArrayの要素数まで1ずつ増やす）
　sum ← ［　a　］
endfor

　まずiに1を代入し、sumに空欄aを代入します。次にiに2を代入しsumに空欄aを代入……というようにdataArrayの要素数まで（図の例なら8まで）iを1ずつ増やしながらこの処理を繰り返します。

● 変数iとsumの値の変化

sum + dataArray[i] を繰り返している様子

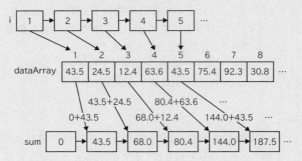

　この問題ではdataArrayの要素の平均を出そうとしています。平均を出すには、まずdataArrayの要素の値を全て足し合わせる必要があります。「iを1からdataArrayの要素数まで1ずつ増やす」ということから、iという変数はdataArrayの要素番号1〜8までを指し示す変数ということがわかります。

　あらかじめ0に初期化しておいた変数sumに、iを1にして要素番号1の中身の値（43,5）を足し（0+43.5=43.5）、次にiを2にして要素番号2の中身をsumに足し（43.5+24.5=68.0）、そしてiを3にして要素番号3の中身をsumに足す（68.0+12.4=80.4）……というように、最後の要素番号8の中身を足すまで繰り返します。アイウエ全ての選択肢にあるdataArray[i]は、dataArrayという配列の要素番号iの中身という意味です。もしiという変数に5が入っているならdataArray[i]は要素番号5の中身（図の例では43.5）という意味です。sumは合計を入れるための変数だったのです。

　したがって空欄aの答えは選択肢のアとイのsum＋dataArray[i]です。

mean ← sum ÷ | b | /* 実数として計算する */

　for文による繰り返し処理を抜けたあとの処理です。この時点でsumという変数にはdataArrayの全ての要素の値の合計が入っています。これをデータ数で割れば平均が出ます。データ数は図の例では8です。8はdataArrayの要素数です。

　したがって、空欄bの正解はアかウの「dataArrayの要素数」となります。小数を割り算するので答えが小数になってもいいように、答えを代入する変数

meanは実数型になっています。

return mean

上の行で求めたmeanの値を戻り値としてメインプログラムに返しています。

正解：ア

例題

（流れ図）

流れ図で示す処理を終了したとき、xの値はどれか。

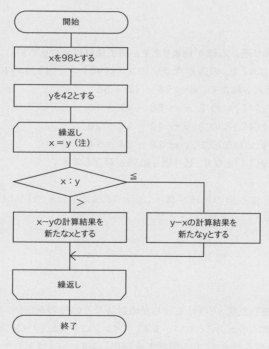

（注）ループ端の条件は、終了条件を示す。

ア　0　　イ　14　　ウ　28　　エ　56

※令和4年　問79

解説

● ループ端の間の処理を繰り返す

　流れ図では、上のループ端と下のループ端の間に記述してある処理をループ端に書かれている終了条件まで繰り返します。この場合は、xとyがイコールになるまで繰り返したらループを終了します。

● ひし形は分岐

　流れ図の中央に出てくるひし形は分岐の処理で「もしもxとyを比較して（x：y）、xがyより大きかったら（＞）下へ向かう処理、xがy以下だったら（≦）右へ向かう処理をするという意味です。下記は変数xの値と変数yの値をトレースしたものです。「←」は代入という意味です。

① x ← 98
② y ← 42
　ここから繰り返し処理が始まります。終了条件はx = yです。
③ xは98、yは42でxの方が大きいので（x(98) ＞ y(42)）、xには98 − 42の56が代入されます。x ← 98 − 42 = 56
④ x(56) ＞ y(42)なので、x ← 56 − 42 = 14
⑤ x(14) ≦ y(42)なので、y ← 42 − 14 = 28
⑥ x(14) ≦ y(28)なので、y ← 28 − 14 = 14
⑦ x(14) = y(14)となり、繰り返し処理が終了します。

　したがって、流れ図の処理が終了したときのxの値はイの「14」となります。

正解：イ

{関数}

　関数とは、渡された値（引数）に何らかの計算などの処理を行い、その結果を呼び出し元に返すプログラムのことをいいます。メインプログラム（メインコード）は必要なたびに必要な処理を行ってくれる関数を呼び出します。例えばある生徒のテストの合計点を出すのであれば、メインプログラムが「合計点算出関数」を呼び出し、その生徒の全科目のテストの点数を渡します。このとき渡す値を引数（ひきすう）といいます。すると「合計点算出関数」は、引数をもとに合計を計算してメインプログラムに返してくれます。これを戻り値といいます。

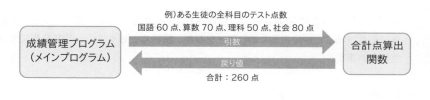

例）ある生徒の全科目のテスト点数
国語60点、算数70点、理科50点、社会80点

成績管理プログラム（メインプログラム） — 引数 → 合計点算出関数

← 戻り値 — 合計：260点

4 さまざまなプログラム言語

1 プログラム言語

　プログラム言語はさまざまなものがあります。目的に応じて適切なプログラム言語を選択する必要があります。プログラム言語の中にはスクリプト言語（簡易言語）と呼ばれるものもあります。これは事前にプログラム言語を機械語に変換（コンパイル）しておく必要がなく、コンピュータがプログラムをその都度読みながら実行する言語であるため、変更が多いWebサービスの開発などに多く利用されています。

{主なプログラム言語}

● C

　手続き型プログラムといわれています。UNIXというOS（216ページ）を開発する際に考案された言語です。Webシステムではあまり使われませんが、組込みシステム（160ページ）など幅広い分野で利用されています。

● Fortran

　古くからある科学計算に特化したプログラム言語です。現在もスーパーコンピュータや計算系のソフトウェアなどに使用されています。

● Java

　Webシステムの開発に適したオブジェクト指向（401ページ）型言語の代表的存在です。

● C++

　Cにオブジェクト指向を追加した言語です。Cとの互換性もあります。

● Python

　わかりやすさを重視したスクリプト言語です。人工知能や機械学習を導入したロ

ボットやアプリなどの開発などにも採用されることが多いです。膨大なデータを迅速に処理することができるため、データ収集、解析などビッグデータの分野でも使われています。

- **JavaScript**
  Javaとは関係ないスクリプト言語です。HTML（055ページ）から呼び出すことで、Webブラウザが解釈して実行します。例えば、検索サイトを表示するとカーソルが入力フォームの中に表示されるといった処理はJavaScriptで行うことが多くあります。

- **R**
  統計解析向けのプログラム言語です。データを解析してグラフなどにする機能に優れています。テキストマイニング（287ページ）などにも適しています。

2 プログラムに関する用語

｛コーディング標準｝

コーディング規約ともいいます。プログラムを記述する際に取り決める、コードの書き方や形式のことをいいます。コードの表記法を統一しておくことで、可読性や保守性が高まり、他のプログラマーが見ても理解、修正がしやすくなり、開発効率を向上させることができます。

｛ライブラリ｝

よく利用されるような機能をもつ複数のプログラムを、再利用しやすい形でまとめたものをいいます。ライブラリを利用することで、定型的な処理を一からプログラムする手間を省け、開発効率を向上させることができます。

｛API｝

Application Programing Interfaceの略で、ソフトウェアが他のソフトウェアを呼び出し、その機能を利用するための仕組みのことです。アプリケーションソフトのほとんどは、ボタンを押すだけで印刷やファイルを保存するといった処理が可能です。これはアプリケーションソフトがWindowsなど他のソフトウェアの機能を呼び出して利用しているのです。Windowsは関数に近い形でいろいろなAPIを提供しています。APIを使えばアプリケーションソフトの開発期間の短縮につながります。

{Web API}

アプリケーションソフトやWebページで使えるよう、ITベンダなどがWeb上で公開しているAPIのことです。地図機能が利用できる「Google Maps API」が代表的で、このAPIを使えば、自社のWebサイトで地図を用意する必要がありません。音声認識や画像認識機能などさまざまなWeb APIが公開されています。有料のものと無償のものがあります。

{ローコード・ノーコード}

ノーコードとは、プログラミングを全くしないアプリケーションソフト開発のことです。専用のツールを使って行いますが、テンプレートや使える機能が限られているため機能の拡張性は高くありません。ローコードは従来に比べ圧倒的に少ないプログラムコードでアプリケーション開発ができるというものです。ローコードツールはアプリケーションが完成したあとでも機能を拡張することが可能です。

③ マークアップ言語

{HTML (HyperText Markup Language)}

Webページを記述するのに使われるマークアップ言語です。マークアップ言語とは、構造を記述するための言語のことです。Webページ上に表示される文字だけでなく、タグを使って書式や文書構造も記述できる言語です。ある文字を見出しにする、ある文字にリンクを張って別のページにリンクさせる、写真を入れるなどの指定を、タグを使って行えます。例えば「<h1>こんにちは</h1>」と記述すると、「こんにちは」が見出しになります。見出しを指定する<h1>や</h1>など、<>で囲まれた文字列を*タグ*といいます。

- **HTMLの例：ページの中の「このサイトを参照してね」の文字をクリックすると、https://fefefefefe.co.jpにリンクするHTML**

```
<body>
  <a href="https://fefefefefe.co.jp/">このサイトを参照してね</a>
</body>
```

{XML (Extensible Markup Language)}

<h1>や<a>のような決められたタグを使って記述するHTMLと違い、記述する側がタグを独自に決められるマークアップ言語です。Webページ上でユーザが入力した住所、氏名などの内容を、これが住所、これが氏名の項目とわかるようにしてWebサーバに送ることもできます。以下に示す例の<住所>や<氏名>が、独自に

決めたタグです。

- **XMLの例**
  <住所>東京都千代田区神田神保町…</住所>
  <氏名>江武出　枝塗子</氏名>

{SGML}

HTMLやXMLのもととなった言語で、ISOで国際標準化されているものです。

＼ 絶対暗記！／
試験に出やすい キーワード ✓

コンピュータの仕組み

- ☑ 1バイトは8ビット　参照 P.021

- ☑ バイトの単位は10の3乗「k（キロ）」→6乗「M（メガ）」→9乗「G（ギガ）」→12乗「T（テラ）」　参照 P.021

- ☑ 時間（秒）の単位は、10の−3乗「m（ミリ）」→ −6乗「μ（マイクロ）」→ −9乗「n（ナノ）」→ −12乗「p（ピコ）」　参照 P.022

- ☑ 2^0は1、2^1は2、2^2は4、2^3は8、2^4は16、2^5は32、2^6は64、2^7は128、2^8は256　参照 P.024

- ☑ 16進数の1桁は2進数4ビット。2進数を4ビットずつ区切って16進数に　参照 P.024

- ☑ 2進数から10進数への変換は、1がある桁の重みを足していく　参照 P.024

- ☑ 10進数から2進数への変換は、2で割った余りを下からひろって並べていく　参照 P.025

- ☑ ASCII（アスキー）は米国で規格化された7ビットの文字コード　参照 P.026

- ☑ UnicodeはISO/IECによって国際標準化している文字コード　参照 P.026

☑ ORは「または」で論理和、ANDは「かつ」で論理積、NOTは「ではない」で否定 参照 P.034

☑ スタックは先入れ後出し、キューは先入れ先出し 参照 P.041

☑ if (○○○○) は、もしも○○○○だったらの意味。elseは、そうでなかったらの意味 参照 P.044

☑ while (○○○○) は、○○○○の間繰り返す。while→endwhileは前判定、do→whileは後判定 参照 P.045

☑ for (○○○○) は、○○○○で指定したとおり繰り返す 参照 P.046

☑ JavaはWebシステムの開発に適したオブジェクト指向型のプログラム言語 参照 P.053

☑ Web APIはWeb上に公開されている他社が用意している仕組み。アプリ開発やWebページに利用できる。Google Maps APIが有名 参照 P.055

☑ HTMLはWebページを記述するマークアップ言語。タグが使われる 参照 P.055

☑ XMLはタグを独自に決められるマークアップ言語 参照 P.055

コンピュータの仕組み

過去問にTry!

解説動画はこちら

本章で学んだことをもとに、ITパスポート資格試験の過去問に挑戦してみよう！

問 1　　　　　　　　　　　　　　　　　　　　　　平成30年春期　問75

A〜Zの26種類の文字を表現する文字コードに最小限必要なビット数は幾つか。

ヒント P.021

　ア　4　　　　　　イ　5　　　　　　ウ　6　　　　　　エ　7

問 2　　　　　　　　　　　　　　　　　　　　　　令和元年秋期　問80

パスワードの解読方法の一つとして、全ての文字の組合せを試みる総当たり攻撃がある。"A"から"Z"の26種類の文字を使用できるパスワードにおいて、文字数を4文字から6文字に増やすと、総当たり攻撃でパスワードを解読するための最大の試行回数は何倍になるか。

ヒント P.021

　ア　2　　　　　　イ　24　　　　　ウ　52　　　　　エ　676

問 3　　　　　　　　　　　　　　　　　　　　　　令和元年秋期　問62

下から上へ品物を積み上げて、上にある品物から順に取り出す装置がある。この装置に対する操作は、次の二つに限られる。

　PUSH x：品物xを1個積み上げる。
　POP：一番上の品物を1個取り出す。

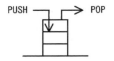

PUSH → POP

最初は何も積まれていない状態から開始して，a, b, cの順で三つの品物が到着する。一つの装置だけを使った場合，POP操作で取り出される品物の順番としてあり得ないものはどれか。 ヒント P.041

ア a, b, c　　**イ** b, a, c　　**ウ** c, a, b　　**エ** c, b, a

問 4 平成30年秋期　問79

8ビットの2進データXと00001111について，ビットごとの論理積をとった結果はどれか。ここでデータの左方を上位，右方を下位とする。 ヒント P.034

ア 下位4ビットが全て0になり，Xの上位4ビットがそのまま残る。
イ 下位4ビットが全て1になり，Xの上位4ビットがそのまま残る。
ウ 上位4ビットが全て0になり，Xの下位4ビットがそのまま残る。
エ 上位4ビットが全て1になり，Xの下位4ビットがそのまま残る。

問 5 平成29年春期　問72

二つの2進数01011010と01101011を加算して得られる2進数はどれか。ここで，2進数は値が正の8ビットで表現するものとする。 ヒント P.022

ア 00110001　　　　**イ** 01111011
ウ 10000100　　　　**エ** 11000101

問 6 平成28年秋期　問91

2進数1011と2進数101を乗算した結果の2進数はどれか。 ヒント P.022

ア 1111　　**イ** 10000　　**ウ** 101111　　**エ** 110111

テクノロジ系

問 **7**

令和3年春期　問74

流れ図Xで示す処理では，変数 i の値が，1→3→7→13と変化し，流れ図Yで示す処理では，変数 i の値が，1→5→13→25と変化した。図中のa，bに入れる字句の適切な組合せはどれか。

ヒント P.043

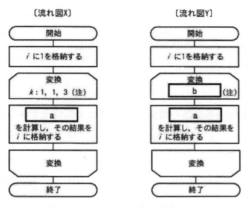

〔流れ図X〕

- 開始
- i に1を格納する
- 変換 $k:1, 1, 3$（注）
- **a** を計算し，その結果を i に格納する
- 変換
- 終了

〔流れ図Y〕

- 開始
- i に1を格納する
- 変換 **b**（注）
- **a** を計算し，その結果を i に格納する
- 変換
- 終了

（注）ループ端の繰返し指定は，変数名：初期値，増分，終値を示す。

	a	b
ア	$2i + k$	$k:1, 3, 7$
イ	$2i + k$	$k:2, 2, 6$
ウ	$i + 2k$	$k:1, 3, 7$
エ	$i + 2k$	$k:2, 2, 6$

- -

問 **8**

令和4年　問78

関数checkDigitは，10進9桁の整数の各桁の数字が上位の桁から順に格納された整数型の配列originalDigitを引数として，次の手順で計算したチェックデジットを戻り値とする。プログラム中のaに入れる字句として，適切なものはどれか。ここで，配列の要素番号は1から始まる。

ヒント P.048

〔手順〕

（1）配列originalDigitの要素番号1～9の要素の値を合計する。

（2）合計した値が9より大きい場合は，合計した値を10進の整数で表現したときの各桁の数字を合計する。この操作を，合計した値が9以下になるまで繰り返す。

(3)（2）で得られた値をチェックデジットとする。

〔プログラム〕
```
○整数型:checkDigit (整数型の配列:originalDigit)
   整数型:i, j, k
   j ← 0
   for (iを1からoriginalDigitの要素数まで1ずつ増やす)
     j ← j+originalDigit[i]
   endfor
   while (jが9より大きい)
     k ← j ÷ 10の商  /* 10進9桁の数の場合,jが2桁を超えることはない */
     ┌─────┐
     │  a  │
     └─────┘
   endwhile
   return j
```

ア j ← j − 10 × k
イ j ← k + (j − 10 × k)
ウ j ← k + (j − 10) × k
エ j ← k + j

01

ネットワークの基礎知識

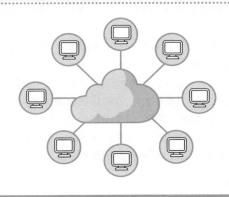

1 ネットワークの基本

1 LAN、WAN、インターネット

　ネットワークとは、コンピュータ同士をつなげてデータのやり取りをする基盤のことです01。スマートフォンもコンピュータの一種ですが、ネットを見たり、音楽をダウンロードしたり、SNSを楽しんだりできるのは他のコンピュータとネットワークでつながっているからです。コンピュータネットワークには世界中に広がる「インターネット」だけでなく、家庭や学校・会社など施設内のネットワークLAN（ローカルエリアネットワーク）や、LANとLANを結ぶWAN（ワイドエリアネットワーク）などがあります。

2 伝送速度

　伝送速度とは、コンピュータからデータを送るときの速度のことです。一般的にデータの量を表すにはバイトという単位が使われますが、伝送速度はビット/秒、つまり1秒当たり何ビット伝送できるかで表します。1Mビット/秒とか、1Mbps（bit per second）という表し方をします。これは1秒当たり1Mビット（1,000,000ビット）のデータを伝送できる速さという意味です。

{伝送時間＝データ量÷伝送速度}

　例えば、「800Mバイトのデータを伝送速度100Mbpsの回線で送った場合、何秒掛かるか。ただし、伝送効率は50％とする」といった場合の伝送時間の算出方法を考えます **02**。

　この場合に注意するのは、送りたいデータ量はバイトで表されており、伝送速度はビットで表されている点です。1バイト＝8ビットですから、データ量の800Mバイトに8を掛けてバイトをビットに直す必要があります。すると、6400Mビット（6,400,000,000ビット）となります。次に伝送効率です。50％ということは、「伝送速度100Mbpsではあるが、実際はその5割の速さしか出ない」という意味です。ですから、100Mbpsに0.5を掛けて実際の速度50Mbps（50,000,000bps）を出します。そして、伝送時間は「データ量÷伝送速度」で計算します。

01 ネットワーク全体

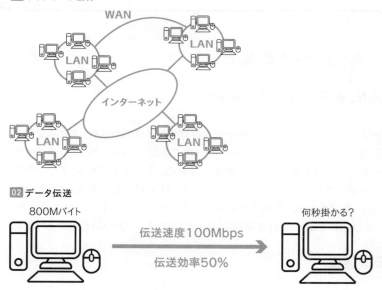

02 データ伝送

800Mバイト　　　伝送速度100Mbps　　　何秒掛かる？

伝送効率50％

例題

800Mバイトのデータを伝送速度100Mbpsで送ったら何秒掛かるか。ただし、伝送効率は50%とする。

解説

① **データ量のバイトをビットに直す**
800Mバイト×8（1バイト＝8ビットだから）
＝6400Mビット（6,400,000,000ビット）

② **伝送速度に伝送効率を掛けて実際の速度を出す（50%なら0.5を掛ける）**
100Mbps×0.5＝50Mbps（50,000,000bps）

③ **データ量を実際の伝送速度で割る**
6400Mビット（6,400,000,000ビット）
÷50Mbps（50,000,000bps）＝128秒

3 ネットワークインタフェースカード

コンピュータ同士の通信をするために必要なのがネットワークインタフェースカードです。LANボード、ネットワークアダプタなどともいいます。これは通信に必要な電子基板です。最近のパソコンなどはネットワークインタフェースカード部分が別になっているものは少なく、本体の基盤の中に組み込まれているものがほとんどです。

4 MACアドレスは世界に1つ

ネットワークインタフェースカードには、端末ごとに個別の番号のようなものが製造時に設定されています。同じメーカの同じパソコンでもその番号は違い、原則として世界に1つしかありません。これをMACアドレスといいます。ネットワーク接続のためにはIPアドレス（070ページ）とともに欠かせないアドレスで、物理アドレスともいいます。MACアドレスは12桁の16進数で表します 03 。

03 MAC アドレスの例

68-74-3D-CB-FD-75

あるパソコンのMACアドレス
12桁の16進数で表されている

2 LAN（ローカルエリアネットワーク）

1 LANの接続形態

　LANには、04 のような接続形態があります。接続形態のことを**トポロジ**といいます。スイッチングハブ（077ページ）などの集線装置を中心に放射状に端末が広がるスター型は、ハブにハブをつないで「カスケード接続」し、多くの端末を接続することができます。

04 LAN の接続形態

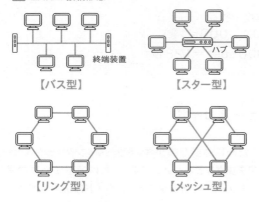

【バス型】　　終端装置

【スター型】　ハブ

【リング型】

【メッシュ型】

2 有線LANの規格…IEEE802.3・イーサネット

　LAN（Local Area Network）とは、学校や会社、家庭など限られた施設内のネットワークのことです。LANケーブルを使って接続する**有線LAN**と、電波を利用する**無線LAN**があります。それぞれに規格があり、コンピュータや通信機器、ケーブルなどは、この規格に沿って作られています。有線LANで一般的な規格は**イーサネット**（Ethernet）です。イーサネットは**IEEE802.3**（アイトリプルイー802.3と読みます）で国際標準化されています。IEEEとは電気や電子についての標準化をする団体（320ページ）のことで、802.3などの数字は規格の番号のことです。伝送速度によるケーブルの種類、接続形態などが定められています。ツイストペアケーブル 05 や光ファイバーケーブルなどが使われます。

ネットワーク

05 ツイストペアケーブル

{イーサネット規格}

● **イーサネット**

伝送速度10Mbps。ツイストペアケーブルを利用する10BASE-Tなどの規格があります。

● **ファストイーサネット**

伝送速度100Mbps。ツイストペアケーブルを利用する100BASE-TXが企業や家庭などで現在幅広く使われています。また、光ファイバーケーブルを使う100BASE-FXなどがあります。

● **ギガビットイーサネット**

伝送速度は最高1Gbps（1000Mbps）。光ファイバーケーブルを使用する1000BASE-LX、ツイストペアケーブルを利用する1000BASE-Tなどがあります。最近では10Gビットイーサネット（10-GBE）など、さらに高速な規格もできています。

{PoE}

Power over Ethernetの略で、LANケーブルを使って電力を供給する技術です。電源コンセントがない場所に無線LANのアクセスポイントを設置する場合などで利用されます。

3 無線LANの規格「IEEE802.11」

無線LAN 06 とは、電波を発信するアクセスポイントを施設内に設置して無線で通信を行うLANの形態です。無線LANはIEEE802.11という規格で、国際標準化

されています。使用する電波の周波数や通信速度によって、a、b、g、h、acなどいくつもの規格が制定されています。

よく耳にするWi-Fiは、Wi-Fiアライアンスという団体がIEEE802.11による相互接続を認めた機器で行う無線LANです。無線LANと同じ意味として使われています。

06 無線 LAN

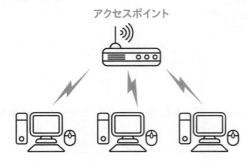

アクセスポイント

無線 LAN の各規格

規格	使用周波数	伝送速度
IEEE802.11a	5GHz	54Mbps
IEEE802.11ac	5GHz	1625Mbps
IEEE802.11b	2.4GHz	11Mbps
IEEE802.11g	2.4GHz	54Mbps
IEEE802.11n	2.4GHz/5GHz	600Mbps

4 電波の識別子「ESSID」

アクセスポイントは、ビーコンと呼ばれる信号を定期的にネットワーク内の全てのクライアントに発信します。ビーコンには、電波の識別子であるESSID（Extended Service Set Identifier）が含まれています。パソコンやスマートフォンで受信できる電波の中から、接続したいESSIDを指定して無線LAN通信を行います07。アクセスポイントには不正に接続されない対策が必要となります（WPA2：136ページ）。

ネットワーク

07 ESSID の表示例

Kenta iPhone
接続済み、セキュリティ保護あり

プロパティ

切断

305ZTa-CB3966
セキュリティ保護あり

5641A9040F093C9E7979DB7A5BE341FE
セキュリティ保護あり

767286E94AA96BAC3EEE902820C36A5E
セキュリティ保護あり

ネットワークとインターネットの設定
設定を変更します (例: 接続を従量制課金接続に設定する)。

Kenta iPhone　　機内モード　　モバイル ホットスポット

Windows 10での例

{アドホックネットワーク}

　前ページの**06**のようにアクセスポイントを介さずに、端末同士が1対1で直接通信する無線LANネットワークのことをいいます。コンピュータとプリンタの直接通信などが行える通信モードです。**06**のようにアクセスポイントを介して通信する方式は、インフラストラクチャモードといいます。

{Wi-Fi Direct}

　機器がWi-Fi Directに対応していれば、アクセスポイントがなくても機器同士が1対1で直接通信できる機能です。無線LANにはもともと1対1で通信できる「アドホックモード」がありますが、Wi-Fi Directは「アドホックモード」よりも接続設定などが簡単に行えます。Wi-Fi Direct対応機器には、デジタルテレビやネットオーディオ機器、パソコン、スマートフォン、デジタルカメラ、プリンタなど多くの製品があります。

{メッシュWi-Fi}

　無線LANルータなど通常のアクセスポイントの他に「サテライトルータ」と呼ばれる機器を複数設置し、どこにいても無線LANをつなぎやすくする仕組みです。メッシュ状に電波を張り巡らせることで、屋内に壁などの障害物があってもつながりやすい状態になります。

{ゲストポート・ゲストSSID}

　ゲストポートとは、来訪者のパソコンやスマートフォンに一時的に無線LAN経由でインターネット接続だけを許可する機能です。組織内のネットワークへの接続は許可せず、隔離された状態でインターネットだけを利用できます。ゲストSSIDとも呼ばれます。

02

通信プロトコル

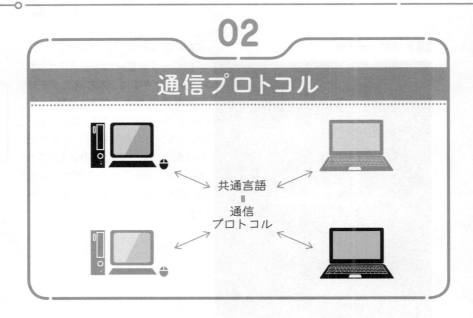

共通言語
＝
通信
プロトコル

1 代表的な通信プロトコル「TCP/IP」

　それぞれの通信機器が勝手な方法で通信していたのでは通信が成立しません。そこで通信の取り決め事である通信プロトコルが必要になります。通信プロトコルにはいくつかの種類がありますが、世界で最も広く利用されているのがTCP/IPです。インターネットでも採用されていることから「インターネットプロトコル」とも呼ばれます。TCP/IPは、Webやメールなどのさまざまなプロトコルをまとめたプロトコル群です。Webサイトのアドレスで見かける「http」や「https」というのもTCP/IPプロトコル群の1つです。TCP/IPの大きな特徴は、コンピュータなどにIPアドレスという住所をつけて通信を行うことです。

1 IPアドレスは2進数を10進数で表記

　TCP/IPプロトコルのネットワークでは、コンピュータ1台ずつに固有の住所をつけます。それがIPアドレスです。論理アドレスともいわれます。Webページを閲覧するときも、パソコンやスマートフォンからWebサーバのIPアドレスに向けて閲覧のリクエストが送られています。IPアドレスは、「192.168.10.1」のような10進数4つで表記しますが、コンピュータは2進数が基本です。このため、IPv4（バージョン4）では32ビットの2進数を8ビットずつ分けて10進数で表しています 08 。

08 IPアドレスの例

IPアドレス（10進数） 192. 168. 10. 1

2進数を8ビットずつ10進数に変換

（2進数32ビット） 11000000. 10101000. 00001010. 00000001

2 グローバルIPアドレスとプライベートIPアドレス

グローバルIPアドレスは、インターネットなど対外的なやり取りに必要なIPアドレスです。利用者が勝手に決めることはできず、管理している団体に申請を行いIPアドレスの割り当てを受ける必要があります。これに対して、会社内や学校内、家庭内などの施設内だけで利用するIPアドレスをプライベートIPアドレスといいます。プライベートIPアドレスはその施設内だけで使うものなので、施設ごとに決めることができます。ただし、プライベートIPアドレスからインターネットには直接つながりません。

3 グローバルとプライベートを相互変換「NAT」

家庭内や会社・学校などの施設内のパソコンはプライベートIPアドレスが設定されているため、本来ならインターネットが利用できないはずです。インターネット接続契約をしているプロバイダ（ISP：089ページ）は、家庭にあるブロードバンドルータという装置にグローバルIPアドレスを1つだけ割り当てます。ブロードバンドルータは、家族のパソコンやスマートフォンに割り当てられたプライベートIPアドレスを、プロバイダから割り当てられた1つのグローバルIPアドレスに変換してインターネットにつなげているのです。こうした機能を「NAT」09といいます。

09 NAT

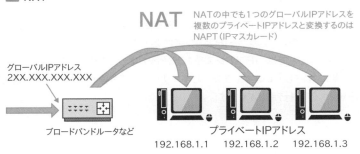

NAT　NATの中でも1つのグローバルIPアドレスを複数のプライベートIPアドレスと変換するのはNAPT（IPマスカレード）

グローバルIPアドレス
2XX.XXX.XXX.XXX

ブロードバンドルータなど

プライベートIPアドレス
192.168.1.1　192.168.1.2　192.168.1.3

{NAPT（IPマスカレード）}

NATの中でも、「NAPT（IPマスカレード）」は1つのグローバルIPアドレスを複数のプライベートIPアドレスに1対多で相互変換します。同時に違うパソコンから異なるWebページが閲覧できるのは、この仕組みによるものです。

4 DHCPはIPアドレスの自動割り当て

パソコンやスマートフォンにIPアドレスを自分で設定した経験のある人はあまり多くないはずです。これは、IPアドレスを自動で割り当てる仕組みがあるからです。この仕組みのことをDHCP（Dynamic Host Configuration Protocol）といいます。DHCPサーバという機能をもった別のコンピュータなどが、ネットワーク上のマシンにIPアドレスを自動的に割り当ててくれます10。会社の場合などは、パソコンのスイッチを入れたときにIPアドレスを要求するメッセージが社内のネットワーク内に流れ、そのメッセージを受信したDHCPサーバというコンピュータがパソコンにIPアドレスを割り当ててくれます。家庭の場合であれば、DHCPサーバの役割はブロードバンドルータが担当しています。

10 DHCP サーバから各パソコンに IP アドレスを割り当てる

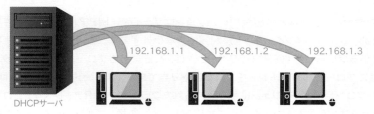

192.168.1.1　192.168.1.2　192.168.1.3

DHCPサーバ

5 IPv6は128ビット

ネットワークにつながる世界中のコンピュータの数が増えると、2進数で32ビットのIPv4のIPアドレスでは、そのうちIPアドレスが足りなくなる恐れがあります。そこでIPv6（バージョン6）では、IPアドレスを128ビットにし、アドレスの数を大幅に増やして枯渇問題に対応しています。また、セキュリティ面でも強化されました。現在はIPv4からIPv6への移行期といえます。

6 ネットワーク部とホスト部の境目を示す「サブネットマスク」

IPアドレスのどこまでがネットワーク共通の部分か、どこから後ろが個別の端末を指す部分かの境目を示すのがサブネットマスクです。例えば、旭ヶ丘1丁目1という住所の近所は、旭ヶ丘1丁目までは同じで、最後の1の部分がそれぞれの家によって2や3になります。つまり「旭ヶ丘1丁目」の部分は共通の部分、そして最後の1がその家自体を指す部分です。

IPアドレスも同じで、2進数で表したとき、先頭から数えて、あるビット目までがそのコンピュータが所属するネットワーク共通のアドレス（ネットワークアドレス）で、それより後ろのビットがそのコンピュータ自体の個別のアドレス（ホストアドレス）というようになっています。しかし、その境目が何ビット目なのかは、IPアドレスを見ただけではわかりません。

サブネットマスクは、2進数にしたとき先頭から何ビット1が並んでいるかを表すものです。サブネットマスクで1が先頭から24ビット並んでいれば、2進数にしたIPアドレスの24ビット目までがネットワークアドレス、25ビット目以降がホストアドレスということになります。

● **ネットワークアドレスを求める例**

IPアドレス…192.168.10.1
サブネットマスク…255.255.255.0

① **まずはIPアドレスを2進数にします。**

192.168.10.1…11000000.10101000.00001010.00000001

② **サブネットマスクを2進数にします。**

255.255.255.0…11111111.11111111.11111111.00000000

これにより、先頭から24ビット目まで1が並んでいることがわかります。

③ **2つを並べてみます。**

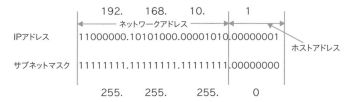

④ サブネットマスクが先頭から24ビット目までが1なので、IPアドレスの24ビット目までがネットワークアドレス、25ビット目以降の8ビット（サブネットマスクが0のビットと対応する部分）がホストアドレスということになります。10進数にしたとき、192.168.10までがネットワークアドレス、最後の1がホストアドレスであることがわかります。

{CIDR表記}

192.168.0.10/24のように、IPアドレスのあとに「/24」のような値を記述する方法をCIDR表記といいます。これは、IPアドレスを2進数にしたとき、先頭から24ビット目までがネットワークアドレス、残りのビットがホストアドレスであることを表しています。つまり、サブネットマスク255.255.255.0と同じ意味となります。

7 覚えておきたいTCP/IPプロトコル

DHCPやHTTPなど、ITパスポート試験合格に必要なプロトコル名をまとめました。このあとの章で解説が出てくるものもあります。

分類	プロトコル名 （掲載ページ）	説明
Web	HTTP （083ページ）	HyperText Transfer Protocol WebサーバとWebブラウザとのデータのやり取りに使われる
	HTTPS （135ページ）	HyperText Transfer Protocol Secure Webサーバとブラウザのやり取りに使われるが、HTTPとは違いSSL/TLSという技術を使いデータが暗号化されるためセキュリティが高い。HTTP over TLSともいう
メール	SMTP （086ページ）	Simple Mail Transfer Protocol 電子メールを送信する。パソコンからメールサーバにメールを送信するときやメールサーバ間でメールを転送するときに使用される
	POP （086ページ）	Post Office Protocol メール受信のプロトコル。メールサーバから自分のパソコンにメールを受信する際に使用する

テクノロジ系

メール	IMAP （086ページ）	Internet Message Access Protocol メール受信のプロトコル。ダウンロードしなくてもパソコンを通して、サーバのメールボックス内で削除や振り分けが行える
	MIME （087ページ）	Multipurpose Internet Mail Extensions 電子メールで画像、添付ファイルなどの送受信が行える
	S/MIME （136ページ）	Secure / Multipurpose Internet Mail Extensions メールの暗号化とメールへ電子署名で、電子メールのセキュリティを向上させる
IPアドレス関係	DHCP （072ページ）	Dynamic Host Configuration Protocol ネットワーク上のコンピュータにIPアドレスやサブネットマスクなどのネットワーク設定情報を自動的に割り当てる
	DNS （084ページ）	Domain Name System ドメイン名からIPアドレスを調べる仕組み
	ARP （077ページ）	Address Resolution Protocol IPアドレスからMACアドレスを得るためのプロトコル
その他	FTP	File Transfer Protocol ファイルを転送するプロトコル。ダウンロードなどコンピュータ間でファイルを転送するときになどに用いられる
	NTP	Network Time Protocol コンピュータの正しい時刻を設定するため、ネットワーク上の時刻サーバに問い合わせ、時刻を同期するプロトコル
	IP	Internet Protocol IPアドレスを使って、送信元から宛先のコンピュータまで正しくデータが届けられるようにする
	TCP	Transmission Control Protocol 送信元と受信先のコンピュータが連絡を取り合って、確実にデータが送られているかを確認するプロトコル

03

ネットワークの構成要素

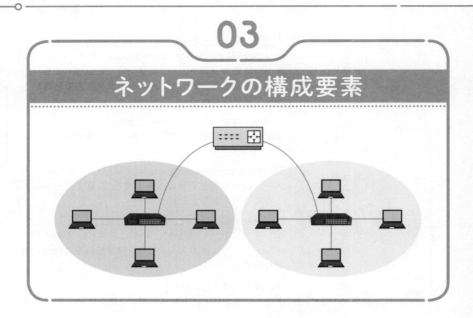

⌐ 1 ネットワークに必要な接続装置 ⌐

　ネットワークを構築するには、ルータやスイッチングハブといった接続装置も必要です。接続装置は、IPアドレスやMACアドレスを利用して目的のコンピュータにデータを届ける役割などを果たしています。

⓫ 単独ネットワーク

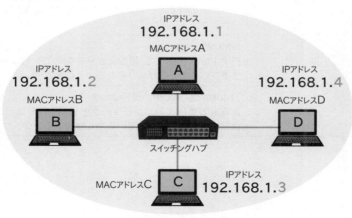

営業部のネットワーク

1 同じネットワーク内は、スイッチングハブとMACアドレス

11 の図は、会社の営業部のネットワークです。中心にはスイッチングハブという接続装置があります。パソコンに設定されたIPアドレスを見ると、どのパソコンも192.168.1. ○となっていてドットで区切られた3つ目の数値までは同じです。これは、営業部のPCが同じネットワークであるということです。この場合、192.168.1までがネットワークアドレス、4つ目の区切りにあるそれぞれの機器で異なる1、2、3… がホストアドレスです。※この場合、サブネットマスクは255.255.255.0です（073ページ）。

Aのパソコンが同じネットワーク内のCのパソコンへデータを送るとき、どのような仕組みになっているのでしょうか。Aのパソコンは「この中に192.168.1.3（Cのパソコン）のIPアドレスの機器がいたら、あなたのMACアドレスを教えてください」という信号を全ての機器に向けて送ります。ネットワーク内の全てに送ることをブロードキャストといいます。するとCのパソコンが自分のMACアドレス「C」をAに送ります。この仕組みをARPといいます。そして、AはそのMACアドレス宛てにデータを送るのです。

スイッチングハブという接続装置は、どのMACアドレスのマシンがどのポート（差し口）につながっているかを学習する機能をもった集線装置です。同じネットワークの中のデータのやり取りに使う機器です。L2スイッチ（レイヤ2スイッチ）やブリッジという機器も基本的に同じ働きをします。

このように、同じネットワークの中でのデータのやり取りには基本的にMACアドレスが使われ、接続装置はMACアドレスの学習機能をもったスイッチングハブ、L2スイッチ、ブリッジが使われます。

2 外部ネットワークとの出入口「デフォルトゲートウェイ」

次に、営業部のパソコンから、開発部のパソコンにデータを送る場合 12 の説明です。間にはルータという接続装置があります。2つの部屋にあるパソコンのIPアドレスを見てみると、営業部は192.168. 1.○ですが、開発部は192.168. 2.○です。ネットワークアドレス部分の値が異なるので、この2つは別のネットワークということです。ルータのIPアドレスを見ると営業部側は192.168.1.5ですが、開発部側は192.168.2.5になっていることに注意してください。

A（192.168.1.1）が、よそのネットワークにあるF（192.168.2.1）にデータを送ろうとするとき、AのパソコンはFではなくルータにデータを送ります。これは、Aのパソコンにはあらかじめ「よそのネットワークの機器にデータを送るのだったらルー

タに送りますよ」という設定がされているからです。このとき、あらかじめAに設定されているルータのIPアドレス（営業部側の192.168.1.5）をデフォルトゲートウェイといいます。よそのネットワークとの既定の出入口という意味です。ちなみにAのパソコンからルータ（192.168.1.5）にデータを送るのは、先ほどの説明のように同じネットワーク内のやりとりなのでMACアドレスが使われます。

12 2 つのネットワーク

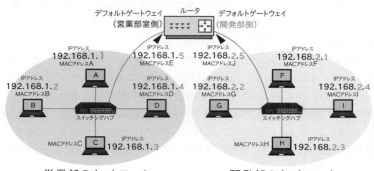

営業部のネットワーク　　　　　　　開発部のネットワーク

3 ネットワーク間の通信は、ルータとIPアドレス

さて、Aのデータはルータまで到着しました。すると、ルータはそのデータ（パケット：後述）にある宛先IPアドレスを見て、「192.168.2.○のネットワークに行きたいなら、このポートから出て行って」という指示を出し、開発部側の192.168.2.5が設定してあるポートへデータを送り出します。ここから先は192.168.2.○のネットワーク内のやり取りなので、MACアドレスを使ってF（192.168.2.1）のパソコンにデータを送ります。

ネットワーク内のデータのやり取りにはMACアドレスとスイッチングハブが使われますが、ネットワーク間のやり取りにはIPアドレスとルータが使われます。ルータは、異なるネットワーク同士をつなげる機器です。また、パケットの宛先IPアドレスを見て、ルートを決定してくれる機器なのです。L3スイッチ（レイヤ3スイッチ）もルータと同じ働きをする機器です。

4 パケット

ネットワーク間でやり取りされるデータをパケットといいます。パケットは送りたい

データを小分けにしたもので、宛先IPアドレス、送信元IPアドレス、宛先ポート番号、送信元ポート番号などの情報が書き込まれています⓭。ルータはパケットの情報を見て、ルートの決定を行っています。

⓭ パケット

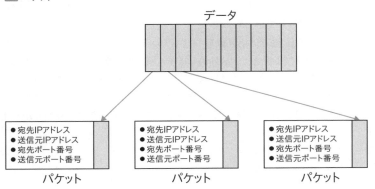

5 ポート番号はソフトウェアの識別番号

ポート番号とは、コンピュータの中のソフトウェアの識別番号のようなものです。例えば、メールのやり取りがしたいのならば、宛先IPアドレスのサーバの中のメールサービスを行うソフトウェアに正しくデータが届くように、ソフトウェアの番号を指定しておく必要があります⓮。IPアドレスがコンピュータの住所なら、ポート番号はその中の部屋番号のようなものです。25番はメール転送（SMTP）、110番はメール受信（POP）、80番はWebサイトの参照（HTTP）のようにウェルノウンポートとして番号が決まっているものもあります。

⓮ ポート番号

ポート番号 80番　Webサーバ HTTP

ポート番号 25番　メールサーバ SMTP

IPアドレス 2XX.XXX.XXX

6 OSI基本参照モデルとTCP/IP階層モデル

ネットワークがもつ各機能を7つの階層に分けたモデルがOSI基本参照モデルです。国際標準化機構（ISO）によって策定されました。またTCP/IP階層モデルは、TCP/IPプロトコルにおける階層モデルで、OSI基本参照モデルに合った形（少しまとめた形）で階層分けされているものです。

特にITパスポートの試験では第2層（レイヤ2）のデータリンク層、第3層（レイヤ3）のネットワーク層を覚えておくことをお勧めします。第1層の物理層はケーブルなど物理的な層、第2層のデータリンク層はMACアドレスやスイッチングハブなどを使って同じネットワーク内でデータをやり取りする層、第3層は、IPアドレス、ルータなどの経路決定（ルーティング）による中継など、ネットワーク間でデータのやり取りが行われる層です。

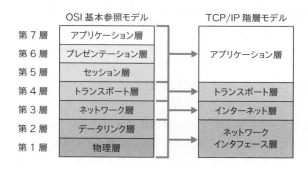

7 リピータは物理層、ゲートウェイは第4層以上

OSI基本参照モデルの第1層（物理層）で使用する通信機器として「リピータ」があります。LANの接続距離が長い場合などに、電気信号を増幅させるための装置です。これに複数台のコンピュータを接続できるようにしたものをリピータハブといいます。しかし、リピータハブにはスイッチングハブのようなMACアドレスの学習機能はありません。

また、第4層（トランスポート層）以上で使う機器としてゲートウェイがあります。ネットワーク間で異なるプロトコルの差異をなくす役割があります。電話の音声をデジタルデータとして変換するVoIPゲートウェイなどがあります。

8 ソフトウェアでネットワークを制御「SDN」

　ソフトウェアでネットワーク機器を集中的に制御する技術をSDN（Software Defined Networking）といいます。ネットワークの構成・設定などを柔軟に動的に行えます。従来のように接続機器へのケーブルの抜き差し作業や、ルータ、L2スイッチ、ファイアウォール（113ページ）などを個別に設定する必要がなく、SDNコントローラと呼ばれるソフトウェアを使って1か所で集中管理できます。ネットワークの仮想化技術にも使われています。

04

Webとメールの仕組み

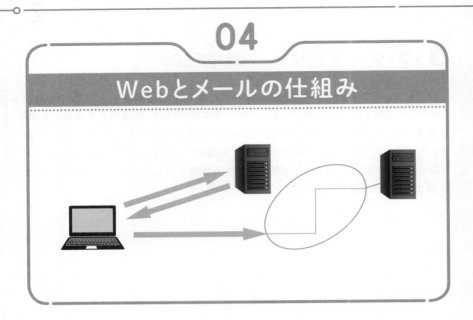

1 Webの仕組み

Webページを見るときは、パソコンやスマートフォンなどのWebブラウザ（Webページ閲覧ソフト）を使います。Webページのデータそのものはインターネット上にあるWebサーバというコンピュータに格納されています。WebブラウザからWebサーバに閲覧のリクエストが届くと、WebサーバはHTML（055ページ）ファイルなどをWebブラウザに送ります。Webブラウザはそのデータを解釈し、文字や写真を画面に表示します。これがWebページ閲覧の仕組みです 15 。

15 Web ページ閲覧の仕組み

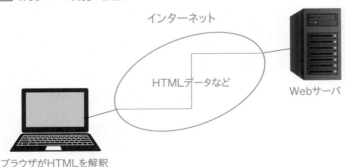

インターネット

HTMLデータなど

Webサーバ

ブラウザがHTMLを解釈

1 URLはホームページアドレス

URL（Uniform Resource Locator）とは、Webページのアドレスのことです。WebブラウザではURLを指定して、相手のWebサーバにデータの送信要求「HTTPリクエスト」を送ります。URLは 16 のような構成になっています。先頭のHTTPやHTTPSはWebに使用されるプロトコルです。ドメイン名は組織ごとにもつ名前です。

16 URL の構成

https://books.mdn.co.jp/

プロトコル　　　　ホスト名　　　　　　　ドメイン名
　　　　　　「Webサーバの名前」

2 Webページが表示される仕組み

Webサーバは HTML （055ページ）で記述されたテキストファイル（HTMLファイル）をWebブラウザに送り、Webブラウザがそれを解釈してページの中で使う写真やCSS（後述）ファイルをWebサーバに要求します。その結果、画面にWebページが表示されます。

3 CSSはスタイルシート

CSS （Cascading Style Sheets）は、ページのレイアウトやデザインに関する情報を記述したもので、フォント、行間、文字の色や大きさなど、文書の見栄えに関する情報をまとめたファイルです。文字や写真はページごとに変わるものの、どのページも同じレイアウトのWebページにはCSSファイルが使われています。

4 次世代のWeb環境に対応「HTML5」

動画や音声、グラフィックの描画など、これまでHTML以外の技術で補っていた機能が、HTMLやJavaScript（084ページ）だけで簡単に実現できるようになったHTMLの新しい仕様が HTML5 です。Webアプリケーションのためのさまざまな仕様が盛り込まれています。

5 ドメイン名からIPアドレスを割り出す「DNS」

　コンピュータの住所はIPアドレス（値）です。しかし、URLは「https://books.mdn.co.jp/」のような文字です。そのため、URLで指定したドメイン名（文字）からIPアドレス（値）を割り出す仕組みが必要です。DNS（Domain Name System）は、DNSサーバというコンピュータが、パソコンなどから送られてきたbooks.mdn.co.jpのようなドメイン名を受け取ると、そのドメイン名に対応したIPアドレスを調べて（名前解決）、パソコンなどに返します。パソコンはそのIPアドレスに向けて通信を行うという仕組みになっています 17 。

17 DNS の仕組み

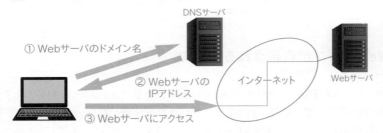

6 検索サイトは動的なWebページ

　検索サイトなど、アクセス元からのリクエストに応じて処理を行い、ページの一部を変更したり、新たなページを生成するようなWebページを動的なWebページといいます。動的なWebページを実現するには、いくつかの方法があります。

{Javaサーブレット}

　クライアント側からの要求（キーワードによる検索など）をサーバ側にあるJavaで書かれたプログラム（Javaサーブレット）で実行し、その結果をWebブラウザに返す方法です。検索サイトやショッピングサイトで使われています。サーバ側でJavaサーブレットがデータベース（249ページ）とやり取りして結果を出すことも多くあります。サーバ側で実行されるのが特徴です。

{JavaScript}

　JavaScriptという、Javaとは関係ないスクリプト言語（054ページ）をHTMLデータの中に直接書き込んでおくことでWebブラウザが解釈して実行します。また、

JSファイルという別ファイルにすることもできます。例えば、検索サイトを表示すると
カーソルが入力フォームの中に表示されるといった処理もJavaScriptで行ってい
ることが多くあります。

{CGI}

　Webサーバがプログラムを使って処理した結果をWebページに表示させる機能の
ことです。CGI（Common Gateway Interface）の略で、アクセスカウンタや掲示
板で使われる技術です。CGIのスクリプト言語にはC言語やPerlが使われています。

7 その他のWeb関連知識

{接続状況がPCに残る「cookie（クッキー）」}

　同じパソコンで一度訪れたサイトに再びアクセスすると、前回入力した内容などが
出てくることがあります。このようなパソコンの中に残っている前回の接続状況の記
録のことをcookie（クッキー）といいます。便利な機能ですが、不特定多数の人が
使う図書館やネットカフェなどのパソコンでは、他人に個人情報などが洩れてしまう
可能性があるため、注意しなくてはいけません。

{Webページの更新情報を集める「RSS」}

　さまざまなWebサイトの更新情報（日付やURL、タイトル、その内容の要約）を配
信する技術がRSS（Rich Site Summary）です。ブログやニュースサイトの多くが
更新情報をRSSで公開しています。RSSリーダというアプリケーションでこの情報を
見ることができ、どのサイトがいつ更新されたかを一目で確認できます。

{オンラインストレージ}

　インターネット上にあるディスクスペースなどの記憶領域を貸し出すサービスです。
個人や企業のデータのバックアップにも使うことができ、例えば東京支店・大阪支店
間のような離れた場所からでも同じデータが共有できるメリットがあります。

2 電子メールの仕組み

　電子メールの仕組みは、決して難しいものではありません。送信者がパソコンなど
のメールソフト（メーラー）から送信したメールは、送信者側のメールサーバを介して、
受信者側のメールサーバに届きます。届いたメールは、サーバ内の受信者専用のメー

ルボックスに入ります。そして受信者はメールボックスからメールを取り出します。

1 メールで使われるプロトコル

- 送信者のパソコン→送信者側のサーバ→受信者側のサーバ…SMTP
- 受信者側のサーバのメールボックス→受信者のパソコン…POPまたはIMAP

18 メールのプロトコル

2 メールアドレスの意味

- MDNプロバイダと契約している花子さんの例

hanako@mdn.ne.jp

アカウント名 ／ ドメイン名

3 POPとIMAPの違い

　メールサーバのメールボックスに届いたメールを受信者が自分のパソコンなどにダウンロードするのがPOPというプロトコルです。ただし、迷惑メールなど必要のないメールもダウンロードしてしまいます。これに対してIMAPは、ダウンロードしなくても、パソコンからネットワーク経由で、サーバのメールボックス内でメールの削除や振り分けなどの操作が行えます。このため、自宅と会社の両方のパソコンでメールを利用する場合など、煩わしい操作が一度で済むというメリットがあります。

4 添付ファイルの仕組み「MIME」

MIME（Multipurpose Internet Mail Extensions）は、画像やアプリケーションソフトで作ったファイルをメールに添付するときの仕組みです。メールはもともとテキストデータ（文字のデータ）しか送れないため、添付ファイルのデータを文字コードに変換（エンコード）して送信する仕組みが使われています。エンコードには「BASE64」という方式などが使われています。

5 テキスト形式メールとHTML形式メール

{テキスト形式のメール}

テキストデータだけで構成されるメールです。文字に色をつけたり、背景色を変えるといった装飾はできません。写真データや他のアプリケーションソフトのファイルを添付ファイルとして送ることはできます。メールソフトを使わずにブラウザ上でメールの送受信が行えるWebメールでもテキスト形式のメールは送れます。

{HTML形式のメール}

Webページを作るためのHTML（055ページ）で記述されたメールです。Webページのように本文内に写真を表示させたり文字の装飾、背景色の設定、ハイパーリンクなどが行えます。ただし、攻撃者によるマルウェア（120ページ）の配布などセキュリティ上の攻撃に使われることもあるため、受信した際は注意が必要です。

6 TO、CC、BCCの意味

メールソフトを使うときの注意点やマナーです。

- TO（宛先）欄は、送信相手のメールアドレスを入力します。
- CC欄（カーボンコピーの略）に指定したメールアドレスには、TO欄に指定した相手と同じ内容のメールが届きます。ただし、CC欄に指定するのは、TOに指定した相手に伝える内容を「念のため知っておいてもらいたい相手」です。複数の人に直接伝えたいメールならTO欄に複数の相手を指定します。
- TO欄やCC欄に指定したメールアドレスは、メールが届いた相手にはそのメールに指定されている他の人のメールアドレスが全て見えてしまいます。
- 複数の人に同じメールを送りたいが、受け取る相手同士が知り合いではない場合は、BCC欄（ブラインドカーボンコピーの略）に、複数の相手を全て指定し

て送信します。BCC欄に指定されたメールアドレスはメールを受け取った人には見えません。

19 電子メールの画面

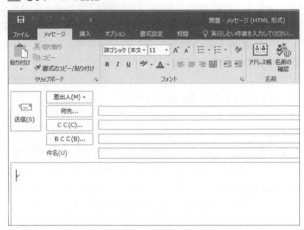

{同報メール・メーリングリスト}

　同じ内容のメールを複数の相手に向けて送信することを同報メールといいます。同報メールは送りたい相手のメールアドレスを「CC」または「BCC」で送信するのが一般的です。CCに宛先を指定した場合、届いたメールには宛先に指定されている全員のメールアドレスが表示されます。

　一方、メーリングリストは、送信者がメールを送信すると、あらかじめリストに登録してある人達へ向けてメールが一斉送信されます。メーリングリストで受信したメールには他のメンバのメールアドレスは表示されません。

05

さまざまな通信サービス

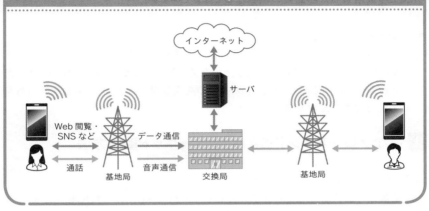

1　インターネットへの接続

　インターネット利用者はインターネット接続サービス事業者（ISP：インターネットサービスプロバイダ）と契約することでインターネットへの接続サービスを受けることができます。また光ファイバー回線などインターネットに接続するための回線を提供しているのが回線事業者（NTT、KDDIなど）です。有線接続においては多くの場合、20のような方法でインターネットが利用されています。

20 インターネット

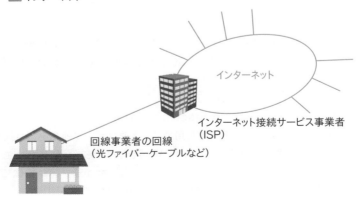

- **常時接続**

  常にインターネットにつながっている状態。ISPに支払う接続料や、回線事業者に支払う通信費も月額固定の場合が多くなっています。

- **ブロードバンド回線**

  回線事業者の基地局からの回線に光ファイバーケーブルなどのブロードバンド（広帯域）回線が使われています。そのため、通信速度が速いのが特徴です。光ファイバーを通信回線に用いたネットワークを光通信といい、光信号と電気信号を相互に変換する装置が必要です。

1 主なブロードバンドによるインターネット接続方法

{FTTH（Fiber To The Home）}

基地局から加入者宅までを光ファイバーでつなぎ、100M～10Gbpsの高速なデータ通信を実現する方法です。電気信号を光に変え、光ファイバーケーブル内のガラス繊維の中を光が反射しながら進むことで高速な通信を実現しています21。

21 光ファイバーケーブルの仕組み

光ファイバー

光

光は全反射を繰り返しながら進んでいく

{CATV}

ケーブルテレビの回線を利用してインターネット接続を行う方法です。同軸ケーブルや光ファイバーケーブルを利用し、1M～300Mbps程度の伝送速度で通信ができます。

{ADSL（Asymmetric Digital Subscriber Line）}

従来のアナログ音声通話用の電話回線を用いて、高速なデータ通信を行う技術です。音声とは異なる周波数で通信を行うので、電話をしながらインターネットもできます。上り（アップロード）より下り（ダウンロード）の通信速度が速いのが特徴です（Asymmetric：非対称）。通信速度は数M～数十Mbps程度です。

2 通信サービス

企業の本社と支店など、拠点間のLANなどをつなぎWANを実現するには、さまざま方法があります。

1 WANの方式

{専用線接続}

専用の通信回線を使って本社・支社間など離れた場所のLAN同士を直接つなげる方法。電気通信事業者（NTTやKDDIなど）が提供する専用の回線を使用します。通信内容の盗聴や漏えいなどのリスクが低いのが特徴です。専用回線であるため、利用料が高くなる場合があります。最近ではインターネットなどを利用するVPN（117ページ）が普及しています。

専用線

2 IP電話はインターネットを使った電話

インターネットを利用する電話です。音声をインターネット上でやり取りできるVoIP（Voice over IP）という技術が使われています。VoIPゲートウェイという装置が、音声をデジタルデータに変換し、変換された「音声パケット」をインターネット経由で相手に送ります **22**。音声だけでなく動画も送れる、海外との通話費用を抑えられるなどのメリットがあります。

22 IP 電話

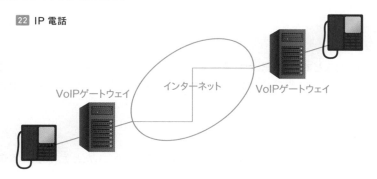

VoIPゲートウェイ　インターネット　VoIPゲートウェイ

3 モバイル通信の技術とサービス

　モバイル通信とは、携帯電話会社が提供する回線（携帯電話網）を利用して通信を行うことです。通信会社の電波がカバーする範囲内であれば、電話やインターネットに接続できます。

{キャリアアグリケーション}

　第4世代携帯の通信規格でも採用されている技術です。700MHz帯と1.5GHzといった複数の帯域（周波数）の電波を同時に使って、通信の高速化を実現しています。

{LTE（Long Term Evolution）}

　第3世代携帯の通信規格（3G）をさらに高速化させたもので、家庭のブロードバンド回線並みの高速通信（データのダウンロードで100Mbps以上）を実現します。

{MIMO（マイモ）}

　Multi Input Multi Outputの略で、複数のアンテナでデータの送受信を行う無線通信技術です。無線LANのIEEE802.11nや11acなどでも採用されています。またLTE（上述）などの携帯電話の高速化通信にも使われている技術です。

{MVNO（仮想移動体通信業者）}

　無線通信の基地局や回線設備をもつ事業者を移動体通信業者（MNO）といいます（ドコモ、au、ソフトバンクなど）。MVNO（Mobile Virtual Network Operator）は、MNOの設備やサービスを利用して自社ブランドで携帯電話などの移動体通信サービスを行う仮想移動体通信業者をいいます（MNOのサブブランドとも呼ばれます）。格安スマートフォン・格安SIMのサービスを提供している通信事業者です。

{ハンドオーバ}

　スマートフォンなどで移動しながら通信する際に、交信する基地局を切り替えることをいいます。自動的に瞬時に行われるため、利用者が意識することなく行われます。

{ローミング}

　契約している通信キャリアのサービスエリア外で通信しようとしたとき、提携する現

地キャリアの通信網を代わりに利用することです。海外に旅行した際などに便利な仕組みです。

{SIMカード、SIMフリー}

　スマートフォンやタブレットに差し込んで使用するSIM（Subscriber Identity Module）カードは、契約者情報を記録したICカードのことです。「SIMロック」とは、他の携帯電話会社のSIMカードを使えないようにロックを掛けることです。「SIMフリー」とは、SIMロックが掛かっていない端末のことです。利用者が自由に通信会社を選べるよう、2015年にSIMロックの解除が義務付けられました。

{eSIM（embedded SIM）}

　スマートフォンなどの端末本体にあらかじめ埋め込まれたSIMのことです。また、出荷時点にはeSIMには情報が書き込まれておらず、あとから「プロファイル」というデータセットを書き込んで使えるようになります。キャリアを乗り換える際にSIMカードの差し替えの手間が不要、複数のプロファイルを切り替えて使用できるなどのメリットがあります。

{テザリング}

　多くのノートパソコンは無線LAN（Wi-Fi）を利用することはできますが、携帯電話網の電波は受信できません。このため、屋外ではインターネットに接続できません。そこでスマートフォンやタブレットで携帯電話網につなげ、スマートフォンからは無線LAN（Wi-Fi）やBluetooth、USBを介してノートパソコンにつなげてインターネットに接続させることをテザリングといいます。スマートフォンなどの携帯端末を無線ルータとして使う仕組みです。

携帯電話網の電波

無線LAN（Wi-Fi）など

ノートパソコンなど

スマートフォンなど

4　パケット通信と課金制度

　パケット通信は、インターネットで使われる通信の方法です。文字、画像、音声・動

画などのデータを細かく分けた「パケット（078ページ）」の状態にして通信します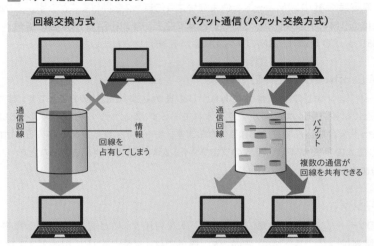 ❚23❚。ひと昔前のアナログ回線の電話のように1つの回線を1つの通信が独占してしまう方法（回線交換方式）と異なり、複数の人が同時に同じ回線を共有できるため伝送効率が良いことが特徴です。モバイル回線契約の場合、料金は接続時間の長さではなく、データの送受信量（パケット通信量）によって変わるケースが多いです。

❚23❚ パケット通信と回線交換方式

● **従量制課金**
通信するデータの量に応じて課金する方式です。通信量の増加にともなって料金も上がっていきます。

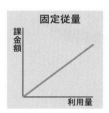

● **定額制課金**
通信するデータの量にかかわらず料金が一定の金額に設定されている課金方式です。

● **逓減制課金（ていげんせいかきん）**

従量制課金の一種ですが、通信量が増えると単価が下がっていく方式です。一定の通信量を超えると単価が安くなるなどの方式があります。

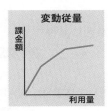

テクノロジ系

\ 絶対暗記！/

試験に出やすい キーワード ✔

- ☑ 伝送速度はビットで表す。bpsは1秒間に何ビット送れるか 参照 P.063

- ☑ 伝送時間＝データ量÷伝送速度。データ量のバイトは8を掛けてビットに直す 参照 P.064

- ☑ IPアドレス（IPv4）は32ビットを8ビットずつ10進数に変換 参照 P.070

- ☑ NATはグローバルIPアドレスをプライベートIPアドレスに変換。NAPT（IPマスカレード）は1対多 参照 P.071

- ☑ DHCPはIPアドレスの自動割り当て 参照 P.072

- ☑ IPv6は128ビット、IPアドレスの枯渇に対応。セキュリティも強化 参照 P.072

- ☑ サブネットマスクは、ネットワーク部とホスト部の境目を示す 参照 P.073

- ☑ 有線LANはIEEE802.3とイーサネット、無線LANはIEEE802.11 参照 P.066

- ☑ ESSIDはアクセスポイントごとの電波の識別子 参照 P.068

- ☑ MACアドレスは世界に1つ。端末ごとにもつ個別のアドレス 参照 P.065

☑ 同じネットワーク内のやり取りは、MACアドレス・スイッチングハブ・L2スイッチ
参照 P.077

☑ デフォルトゲートウェイは、ルータの「自分のネットワーク側のIPアドレス」
参照 P.077

☑ ネットワーク間のデータのやり取りは、IPアドレス・ルータ・L3スイッチ
参照 P.078

☑ パケットには、宛先・送信元IPアドレス、宛先・送信元ポート番号が付与
参照 P.078

☑ URLはホームページアドレス
参照 P.083

☑ WebのプロトコルはHTTPとHTTPS
参照 P.083

☑ CSSはWebページのデザイン情報を定義するスタイルシートのファイル
参照 P.083

☑ DNSはドメイン名からIPアドレスを割り出す
参照 P.084

☑ Javaサーブレットはサーバ側、JavaScriptはHTMLに記述または別ファイル
参照 P.084

☑ メール送信は、送信者→送信側サーバ→受信側サーバまで。プロトコルはSMTP
参照 P.086

☑ メール受信は、受信側サーバ→受信者まで。プロトコルはPOPか
IMAP　参照 P.086

☑ POPは全部ダウンロード、IMAPはメールボックス内で削除や振り分け
が可能　参照 P.086

☑ MIMEは添付ファイルの送信方式。添付ファイルを文字コードにエン
コード　参照 P.087

☑ CCは念のため同じメールを送る人、BCCに入れたメールアドレスは表
示されない　参照 P.087

☑ FTTHは光ファイバーの回線。100M～10Gbpsの高速通信
参照 P.090

☑ 第3世代携帯電話よりも高速な無線通信規格LTE　参照 P.092

☑ 2つの周波数の電波で高速化、キャリアアグリケーション　参照 P.092

☑ MVNOは仮想移動体通信業者。格安スマートフォンの会社　参照 P.092

☑ テザリングは、スマートフォンで受信した携帯電波をWi-Fiなどで飛ば
すこと　参照 P.093

過去問にTry!

解説動画はこちら

本章で学んだことをもとに、ITパスポート資格試験の過去問に挑戦してみよう！

問 1　　　　　　　　　　　　　　　　　　　　　　令和2年秋期　問95

伝送速度が20Mbps(ビット／秒)，伝送効率が80％である通信回線において，1Gバイトのデータを伝送するのに掛かる時間は何秒か。ここで，1Gバイト＝10^3Mバイトとする。　　ヒント P.064

ア　0.625　　　イ　50　　　　ウ　62.5　　　エ　500

問 2　　　　　　　　　　　　　　　　　　　　　　令和元年秋期　問65

NATに関する次の記述中のa, bに入れる字句の適切な組合せはどれか。　ヒント P.071

NATは，職場や家庭のLANをインターネットへ接続するときによく利用され，　　a　　と　　b　　を相互に変換する。

	a	b
ア	プライベートIPアドレス	MACアドレス
イ	プライベートIPアドレス	グローバルIPアドレス
ウ	ホスト名	MACアドレス
エ	ホスト名	グローバルIPアドレス

問 3　　　　　　　　　　　　　　　　　　　　　　平成30年秋期　問97

サブネットマスクの用法に関する説明として，適切なものはどれか。　ヒント P.073

ア　IPアドレスのネットワークアドレス部とホストアドレス部の境界を示すのに用いる。

イ　LANで利用するプライベートIPアドレスとインターネット上で利用するグローバルIPアドレスとを相互に変換するのに用いる。

ウ　通信相手のIPアドレスからイーサネット上のMACアドレスを取得するのに用いる。

エ　ネットワーク内のコンピュータに対してIPアドレスなどのネットワーク情報を自動的に割り当てるのに用いる。

問 **4**　　　　　　　　　　　　　　　　　　　　　　　　　令和元年秋期　問77

無線LANに関する記述のうち，適切なものはどれか。　　　ヒント P.068

ア　アクセスポイントの不正利用対策が必要である。

イ　暗号化の規格はWPA2に限定されている。

ウ　端末とアクセスポイント間の距離に関係なく通信できる。

エ　無線LANの規格は複数あるが，全て相互に通信できる。

問 **5**　　　　　　　　　　　　　　　　　　　　　　　　　平成31年春期　問58

PC1をインターネットに接続するための設定を行いたい。PC1のネットワーク設定項目の一つである"デフォルトゲートウェイ"に設定するIPアドレスは，どの機器のものか。　　　ヒント P.077

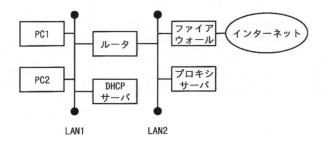

ア　ルータ　　　　　　　　　　　イ　ファイアウォール
ウ　DHCPサーバ　　　　　　　　エ　プロキシサーバ

問 6

IPネットワークを構成する機器①～④のうち，受信したパケットの宛先IPアドレスを見て送信先を決定するものだけを全て挙げたものはどれか。 ヒント P.078

① L2スイッチ
② L3スイッチ
③ リピータ
④ ルータ

　ア　①，③　　　イ　①，④　　　ウ　②，③　　　エ　②，④

問 7

インターネットでURLが "http://srv01.ipa.go.jp/abc.html" のWebページにアクセスするとき，このURL中の "srv01" は何を表しているか。 ヒント P.083

　ア　"ipa.go.jp" がWebサービスであること
　イ　アクセスを要求するWebページのファイル名
　ウ　通信プロトコルとしてHTTP又はHTTPSを指定できること
　エ　ドメイン名 "ipa.go.jp" に属するコンピュータなどのホスト名

問 8

メールサーバから電子メールを受信するためのプロトコルの一つであり，次の特徴をもつものはどれか。 ヒント P.086

① メール情報をPC内のメールボックスに取り込んで管理する必要がなく，メールサーバ上に複数のフォルダで構成されたメールボックスを作成してメール情報を管理できる。
② PCやスマートフォンなど使用する端末が違っても，同一のメールボックスのメール情報を参照，管理できる。

　ア　IMAP　　　イ　NTP　　　ウ　SMTP　　　エ　WPA

問 9

令和元年秋期　問91

ネットワークにおけるDNSの役割として，適切なものはどれか。　ヒント P.084

- **ア** クライアントからのIPアドレス割当て要求に対し，プールされたIPアドレスの中から未使用のIPアドレスを割り当てる。
- **イ** クライアントからのファイル転送要求を受け付け，クライアントへファイルを転送したり，クライアントからのファイルを受け取って保管したりする。
- **ウ** ドメイン名とIPアドレスの対応付けを行う。
- **エ** メール受信者からの読出し要求に対して，メールサーバが受信したメールを転送する。

問 10

令和3年春期　問71

移動体通信サービスのインフラを他社から借りて，自社ブランドのスマートフォンやSIMカードによる移動体通信サービスを提供する事業者を何と呼ぶか。

ヒント P.092

　ア ISP　　　　**イ** MNP　　　**ウ** MVNO　　**エ** OSS

問 11

令和4年　問89

電子メールを作成するときに指定する送信メッセージに用いられるテキスト形式とHTML形式に関する記述のうち，適切なものはどれか。　ヒント P.087

- **ア** 受信した電子メールを開いたときに，本文に記述されたスクリプトが実行される可能性があるのは，HTML形式ではなく，テキスト形式である。
- **イ** 電子メールにファイルを添付できるのは，テキスト形式ではなく，HTML形式である。
- **ウ** 電子メールの本文の任意の文字列にハイパリンクを設定できるのは，テキスト形式ではなく，HTML形式である。
- **エ** 電子メールの本文の文字に色や大きさなどの書式を設定できるのは，HTML形式ではなく，テキスト形式である。

問12   令和3年春期　問59

Aさんが，Pさん，Qさん及びRさんの3人に電子メールを送信した。Toの欄にはPさんのメールアドレスを，Ccの欄にはQさんのメールアドレスを，Bccの欄にはRさんのメールアドレスをそれぞれ指定した。電子メールを受け取った3人に関する記述として，適切なものはどれか。   ヒント P.087

ア　PさんとQさんは，同じ内容のメールがRさんにも送信されていることを知ることができる。

イ　Pさんは，同じ内容のメールがQさんに送信されていることを知ることはできない。

ウ　Qさんは，同じ内容のメールがPさんにも送信されていることを知ることができる。

エ　Rさんは，同じ内容のメールがPさんとQさんに送信されていることを知ることはできない。

問13   令和4年　問68

無線LANルータにおいて，外部から持ち込まれた端末用に設けられた，"ゲストポート" "ゲストSSID" などと呼ばれる機能によって実現できることの説明として，適切なものはどれか。   ヒント P.069

ア　端末から内部ネットワークには接続をさせず，インターネットにだけ接続する。

イ　端末がマルウェアに感染していないかどうかを検査し，安全が確認された端末だけを接続する。

ウ　端末と無線LANルータのボタン操作だけで，端末から無線LANルータへの接続設定ができる。

エ　端末のSSIDの設定欄を空欄にしておけば，SSIDがわからなくても無線LANルータに接続できる。

正解

		問13…ア	問12…ウ	問11…ウ
問10…ウ	問9…ウ	問8…ア	問7…エ	問6…エ
問5…ア	問4…ア	問3…ア	問2…イ	問1…エ

組織で取り組む情報セキュリティ

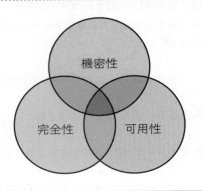

機密性

完全性　　可用性

1　情報セキュリティは情報資産を脅威から守ること

　個人情報や機密情報などの情報資産を、盗まれたり、破壊されたりすることから守る活動が情報セキュリティです。情報セキュリティに脆弱性（弱い部分）があると、脅威に入り込まれてしまいます。人的脆弱性やプログラムのバグ（欠陥）、災害など、さまざまな面の対策が必要です。

- **情報資産**
  顧客情報、営業機密情報、知的財産関連情報、人事情報、各種ソフトウェア、ハードウェアなどを情報資産といいます。

- **脅威（threat）**
  システムや組織に損害を与える、望ましくないインシデント（障害・事故など）の潜在的な原因をいいます。

- **脆弱性（vulnerability）**
  脅威によって付け込まれる、資産や管理策の弱点をいいます。

テクノロジ系

1 情報セキュリティの7大要素

　情報セキュリティを維持するための要素として、「情報セキュリティの7大要素」があります。特に、①②③が重要とされています。

① 機密性（Confidentiality）
　情報の秘密が保たれていて、許可された者だけがアクセスでき、許可されない者に情報を使用・開示させないよう情報の秘密が保たれていること。情報が漏れないこと。

② 完全性（Integrity）
　情報などが改ざんされず、正確で完全であること。

③ 可用性（Availability）
　使いたいときにいつでも使えること。許可された者が必要なときに情報資産にアクセスできること。

④ 真正性（Authenticity）
　システム、情報などが偽造されたものでなく本物であること。利用者が本人であること。

⑤ 責任追跡性（Accountability）
　利用者やプロセスなどの動作・行動を、あとから追跡、検証できること。

⑥ 否認防止（Non-Repudiation）
　組織や個人がある事象に関与したということが証明可能である（否認できない）こと。

⑦ 信頼性（Reliability）
　情報システムやプロセスが、意図したとおりの一貫した結果を導くこと。

2 情報セキュリティにおける「脅威」とは

　情報セキュリティにおいては以下のような脅威を想定し、対策を講じます。

- **人的脅威**

  内部および外部の人間が原因で起きるものをいいます。

  例…情報漏えい、紛失、破損、盗み見、盗聴、なりすまし、クラッキング（不正にシステムに侵入したり破壊したりすること）、ソーシャルエンジニアリング（106ページ）、内部不正、誤操作（メールの誤送信など）

- **技術的脅威**

  IT技術が原因で起きる脅威をいいます。

  例…マルウェア（コンピュータウィルスなど）による情報漏えいやサイバー攻撃など

- **物理的脅威**

  物理的な破損や妨害をもたらす脅威をいいます。

  例…災害（地震、火災、洪水など）、機器の老朽化、破壊や盗難、妨害行為など

{ソーシャルエンジニアリング}

社内のシステム関係者を装ってパスワードを聞き出すなど、技術的ではなく社会的な手法で情報を盗み取る行為です。パスワードを肩越しに盗み見するショルダーハックや、ごみ箱をあさって機密情報を盗み取るスキャベンジングなどもソーシャルエンジニアリングの一種です。

{サイバー空間・サイバー攻撃}

インターネットなど、コンピュータネットワークによって構築された仮想的な空間をサイバー空間といいます。サイバー攻撃とは、IT知識を駆使して機密情報や金銭の窃取、破壊活動などを行うサイバー空間上の攻撃をいいます。

{ダークウェブ}

ダークウェブ（Dark Web）とは、非合法な情報やマルウェア、麻薬などが取引されているサイトのことです。通常の方法ではアクセスできないようになっており、サイバー犯罪や不正行為に利用されています。Deep Web（ディープウェブ）とも呼ばれます。

{ビジネスメール詐欺}

BEC（Business E-mail Compromise）とも呼ばれるもので、取引先や関係者になりすまして従業員からお金をだまし取る、直接的に金銭を狙うサイバー攻撃です。

3 リスクマネジメント

　情報セキュリティでは、リスクマネジメントが重要となります。情報セキュリティリスクとは情報漏えい、外部からの攻撃、地震など、セキュリティに関する「悪いことが起きる可能性」のような意味です。しかし、全ての考えられるリスクに対応するのは難しいことです。そこで、以下の順でリスクアセスメントが行われます。

{情報セキュリティリスクアセスメント}
　　①リスク特定…どんなリスクがあるかを特定する。
　　　　↓
　　②リスク分析…それぞれのリスクの影響の度合い、どの程度の損失をもたらすかを
　　　　　　　　　分析する。
　　　　↓
　　③リスク評価…実際に起きる確率、それぞれの損害額などで優先順位をつける。
　　　　↓
　　リスク対応

{リスク対応}
　リスクアセスメントの結果から、下記の「リスク対応」を考えます。リスクマネジメントには、セキュリティ事故が起きた際の対応マニュアルの整備や、教育・訓練などの準備といった活動も含まれます。

● **リスク回避**
　インターネットからの不正侵入という脅威だとしたら、Web上での公開を停止してしまうなど、リスクが発生する可能性を取り去ることをいいます。

● **リスク共有（リスク移転）**
　システムの管理を外部に委託したり、サイバー保険（110ページ）に入るなど、リスクによる損害を他者と分担することをいいます。

● **リスク分散**
　例えば2台のコンピュータに分けて情報を管理するなど、複数に分割することで、リスクが起きた際の影響を最小限に抑えることです。

- **リスク保有**

  セキュリティ対策を行わず、許容範囲内としてリスクを受容することをいいます。
  損害があまり大きくないリスクのときに採用されます。

- **リスク低減**

  情報セキュリティ対策をすることで、脅威発生の可能性を下げることをいいます。
  例えば、パソコンのディスクを暗号化して情報が盗まれるリスクを低くするなどが
  挙げられます。

テクノロジ系

2 情報セキュリティを実現する方法

1 ISMS

　ISMS（Information Security Management System）は情報セキュリティ
マネジメントシステムのことで、情報セキュリティを運用管理していく仕組み・方法・
ルールです。多くの企業や組織がISMSを策定しています。その基本方針を「情報セ
キュリティポリシ（情報セキュリティ方針）」といいます。情報セキュリティポリシは「情
報セキュリティ基本方針」と「情報セキュリティ対策基準」の2層からなり、これを基軸
として具体的な「情報セキュリティ実施手順」が作られます 01 。実際に情報漏えいな
どの情報セキュリティインシデント（情報セキュリティにおける事件・事故）が発生した
場合の対策・手順などもこの実施手順の中で策定されます。ISMSは企業の代表者
が作り、職員に配布し、継続的改善をしていくものです。ISMSの実行は、自社の全
ての従業員だけでなく、業務を委託している他社にも要求します。

01 情報セキュリティポリシ

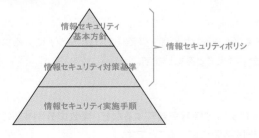

{ISMS確立までの流れ}
　JIS Q 27000シリーズ（110ページ）では、ISMSを確立するまでの流れを以下

のように定義しています。

① 組織およびその状況の理解
② 利害関係者のニーズおよび期待の理解
③ 情報セキュリティマネジメントシステムの適用範囲の決定
④ 情報セキュリティマネジメントシステムの確立

{ISMSのPDCAサイクル}

ISMSの継続的改善は計画（PLAN）→実行（DO）→評価（CHECK）→改善（ACTION）というサイクル（PDCAサイクル）**02**を繰り返すことで、より良いものにしていきます。

02 PDCA サイクル

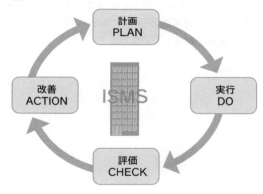

2 個人情報保護

個人情報保護法（310ページ）では、個人情報保護の「基本方針を策定することが重要」とされているため、多くの組織では個人情報の取扱方針を定めた文書「プライバシーポリシー（個人情報保護方針）」を策定しています。

また、「個人情報保護法ガイドライン」には、具体的に以下の4つの視点で措置を講じなければならないとされています。

● 組織的安全管理措置
● 人的安全管理措置
● 物理的安全管理措置
● 技術的安全管理措置

{サイバー保険}
　サイバー攻撃などにより企業に生じた損害賠償責任や、対応に必要となる費用、喪失利益などを補償する保険です。

3 ISO/IEC 27000とプライバシーマーク

　「ISMS規格群」とも呼ばれる国際規格が、ISO/IEC 27000シリーズです。国際標準化機構（ISO）と国際電気標準会議（IEC）が共同で策定したもので、情報セキュリティの管理・リスク・制御に対するベストプラクティス（最善の方法）がまとめられています。JIS Q 27000はその翻訳版です。この認証を受けている組織は、情報セキュリティの取り組みがしっかりしているといえます。
　また、プライバシーマーク03 は個人情報保護のための認証制度です。個人情報保護の実施基準ともいえる「JIS Q 15001個人情報保護マネジメントシステム一要求事項」に適合している組織に対し、使用を許可しています。

03 プライバシーマーク

4 セキュリティに関する組織・機関・制度

{CSIRT}
　CSIRTとは「Computer Security Incident Response Team：シーサート」の略で、主にセキュリティ上の事故、問題に対応する組織のことです。監視の他、問題が発生した場合の対応、原因解析、影響範囲の特定、また利用者の教育などを行う場合もあります。組織内にない場合、外部の専門会社（セキュリティベンダ）に依頼する場合もあります。他のCSIRT同士で情報共有を行うための組織もあります。

{情報セキュリティの組織・機関・制度}
　主な情報セキュリティの組織・機関・制度を次ページの表にまとめました。

組織・機関・制度の名称	内容
SOC（ソック）	SOC（Security Operation Center）は、24時間365日、情報セキュリティ監視を行う拠点。サイバー攻撃の検出や分析を行う。社内に置く場合と外部に委託する場合がある
サイバーレスキュー隊（J-CRAT）	IPA（情報処理推進機構）が、標的型サイバー攻撃の被害拡大防止のために発足させた組織（J-CRAT：Cyber Rescue and Advice Team against targeted attack of Japan）
情報セキュリティ委員会	情報セキュリティ対策を推進するための委員会。情報セキュリティの対策状況の把握、指針の策定・見直し、情報の共有を行う
コンピュータ不正アクセス届出制度・コンピュータウイルス届出制度	コンピュータ不正アクセス対策基準、コンピュータウイルス対策基準によりスタートした制度。被害の予防、発見および拡大・再発防止を目的としてIPAが行っている。個人や企業などからの届出を分析し、重要なものは毎月「今月の呼びかけ」として公開し、緊急の「注意喚起」も行っている
ソフトウェア等の脆弱性関連情報に関する届出制度	公的な脆弱性関連情報の取扱制度「情報セキュリティ早期警戒パートナーシップ」によって行われている制度。IPAと日本のCSIRTの窓口となっているJPCERT/CCが脆弱性関連情報の届出受付や脆弱性対策情報の公表に向けた調整などを実施している
J-CSIP（サイバー情報共有イニシアティブ）	サイバー攻撃による被害拡大防止のため、情報共有と早期対応の場としてIPAが発足させた制度。J-CSIPはInitiative for Cyber Security Information sharing Partnership of Japanの略。サイバー攻撃の情報共有を行っている
SECURITY ACTION	中小企業自らが、情報セキュリティ対策に取組むことを自己宣言する制度。取り組み目標に応じて「★一つ星」と「★★二つ星」のロゴマークがある

3 人的セキュリティ対策

　組織で策定したISMSを社員全員が実行し、各種社内規定やマニュアルを遵守すること、定期的な情報セキュリティ研修など、社員に対し情報セキュリティに対する啓発や教育の場を設けることが人的セキュリティ対策には重要です。また、社員ごとのアカウントやパスワードの管理の徹底や、必要な人だけが必要なデータにアクセスできるアクセス権の設定、誰のPCがいつ、どのサーバにアクセスしたかなどログ（履歴）によるアクセス管理、不正がないかを監視する体制づくりなどをしっかり行うことが重要です。

{シャドーIT}

　シャドーITとは、仕事上、従業員同士や特定の部門などが組織の許可を得ずに利用しているIT機器や、SNSなどのクラウドサービスのことです。組織内の管理部門で管理しきれないため、セキュリティ事故が起きた場合の把握も難しくなります。また、重要な情報の漏えいや攻撃の踏み台になる危険性があります。

{不正のトライアングル}

　組織内部の人間による不正行為が発生するメカニズムとして、米国の組織犯罪研究者（ドナルド・R・クレッシー）による「不正のトライアングル」があります。機会・動機・正当化の3要素が揃ったときに不正が発生するといわれています。

- **機会**
  不正行為の実行を可能、または容易にする環境、IT技術や物理的な環境および組織のルールなど。
  （例）「ウチの会社はセキュリティ管理が甘いんだよなー。いつでもデータをもって帰れるよ」

- **動機**
  不正行為に至るきっかけ、原因、処遇への不満やプレッシャーなど（業務量、ノルマなど）。
  （例）「今、お金が全然ないんだよなー。こんなに遅くまで働いているのにオレってかわいそう」

- **正当化**
  自分勝手な理由づけ、倫理観の欠如、都合の良い解釈や他人への責任転嫁など。
  （例）「いつもサービス残業しているし、データを盗むくらい悪いことじゃないさ」

4　技術的セキュリティ対策

　ネットワークを介した外部からの不正アクセスなど、IT技術を使った脅威に対応するのが、技術的セキュリティ対策です。攻撃者に内部のネットワークに侵入され、情報資産の破壊や改ざんがされないよう、許可されていない通信を内部に入り込めなくするアクセス制御が重要となります。

04 企業ネットワーク構成（例）

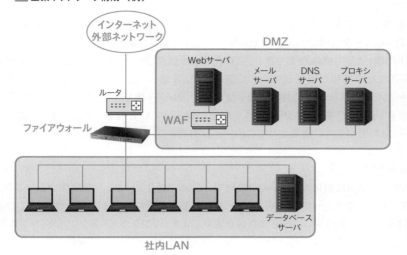

1 主な技術的セキュリティ対策

{ファイアウォール}

　外部からの攻撃を防御する耐火壁ともいえる仕組みです 04。組織内部と外部の
ネットワークの境目などに設け、アクセス制御を行います。パケットフィルタリング型
ファイアウォールは、入ってきたパケット（078ページ）がもつ宛先IPアドレス、送信元
IPアドレス、宛先ポート番号、送信元ポート番号などのヘッダ情報により、その通信
の許可・不許可を制御します。その他、通信データの内容も検知して制御するアプリ
ケーションゲートウェイ型ファイアウォールなどがあります。ファイアウォールは専用の
装置（ハードウェア）やソフトウェアによって実現されます。

{DMZ}

　公開しているWebページを閲覧するために、Webサーバなどには不特定多数の
相手がアクセスしてきます。そのため、機密情報に溢れている社内のネットワークと同
じ領域にWebサーバを置くことは危険です。社内のネットワークの中でも、内部と外
部の間という位置づけで構成されるエリアをDMZ（DeMilitarized Zone：非武装
地帯）といいます。一般的にはWebサーバやメールサーバなど、公開しておくサーバ
が設置されています。

{プロキシサーバ}

社内LANにあるコンピュータがインターネットなどの外部にアクセスする際、社内のコンピュータに代わってプロキシサーバがアクセスします。プロキシ（Proxy）には「代理」という意味があります。このため、通信相手に社内のコンピュータのIPアドレスなどの情報が直接伝わらずに済みます。また、一度アクセスした先のデータをキャッシュする（一時的に保存する）仕組みや、NAPT機能（072ページ）、コンテンツフィルタリング機能（124ページ）などが備わっている場合もあります。プロキシサーバは、DMZ内に設置されることが一般的です。

{WAF（ワフ）}

Web Application Firewallの略で、Webアプリケーションを攻撃から守るファイアウォールです。一般的にWebサーバと外部との間に設置し、Webサーバに対する通信の内容を監視し、不正な通信を遮断します。クロスサイトスクリプティング攻撃（126ページ）やSQLインジェクション攻撃（125ページ）などに有効です。

{ペネトレーションテスト}

自社のシステムに対して侵入を試みるテストです。外部から実際にアクセスし、サービス停止や乗っ取り、機密情報が盗み出せるかなどをテストします。WebアプリケーションやOS、サーバソフトウェアに対して実施します。セキュリティ専門会社に委託する場合もあります。

{検疫ネットワーク}

社外から持ち込まれたパソコンなどをいきなり社内ネットワークにつなぐのは危険です。そこで一旦、検査専用のネットワークである検疫ネットワークに接続します。ウイルスに感染していないこと、OSが最新のものであることなど社内の情報セキュリティのルールに則ったチェックを行い、問題がなければ社内ネットワークに接続します。

{IDS、IPS}

外部からの不正侵入や攻撃を検知するシステムには次のようなものがあります。

- **IDS（Intrusion Detection System）…侵入検知システム**
  あらかじめ登録してある不正な通信データのパターンと合致した通信を検出すると、攻撃を検知したことを管理者に知らせるシステムです。

- **IPS（Intrusion Prevention System）…侵入防止システム**
  検知した攻撃に関する通信を遮断するシステムです。

{デジタルフォレンジックス}

　不正アクセスなどのサイバー犯罪の被害にあってしまった際、コンピュータに残る記録（ログ）などを収集・分析し、法的に立証するための手段や技術のことです。フォレンジックスには「法廷の」といった意味があります。

{コールバック}

　発信側からのアクセスを受けた受信側が一旦通信を切断し、その後、受信側から発信側にアクセスすることで利用者確認を行うセキュリティの手法です。電話をかけてきた相手が本人かどうか確認する際、一度電話を切り、こちらからかけ直すという手法です。

{SIEM}

　Security Information and Event Managementの略で、セキュリティソフトウェアの1つです。組織内の機器の動作状況の記録（ログ）を一元的に蓄積・管理し、情報漏えいなどの異常を自動検出して管理者に通知します。

{MDM}

　Mobile Device Managementの略で、モバイル端末管理のことです。業務で使用するスマートフォン、ノートパソコンなどのモバイル端末の状況を監視し、リモートロックや遠隔データ削除など、システムの管理者による適切な端末管理が行えます。ソフトウェアのインストール、アップデート、紛失時の対応などを組織の情報セキュリティのルールに則って管理できます。

{耐タンパ性}

　耐タンパ性はコンピュータシステムの構造解析のしにくさの指標で、データが盗み出されることへの耐性を表すものです。不正なリバースエンジニアリング（405ページ）などによって仕組みを解析されないよう、システムを作る際は耐タンパ性を高める必要があります。タンパ（tamper）には「改ざんする」「変更する」といった意味があります。

{DLP}

　Data Loss Preventionの略で、機密情報や重要データの持ち出し、紛失、漏

えいを防ぐ（Prevention）ためのシステムです。例えば、社員がUSBメモリに機密情報をコピーして外部へ持ち出そうとすると、アラートを出しその操作をキャンセルします。機密情報を識別し、重要データと認定したもののみ監視するのが特徴です。

｛電子透かし｝

作成日や著作権情報などをデータの中に埋め込む技術です。データの不正コピーや改ざんを検知することができます。不正コピーや改ざんは専用の検出ソフトで発見できます。

｛ブロックチェーン｝

暗号資産（365ページ）の取引記録をインターネット上で管理する技術で、「分散型台帳」ともいわれます。取引記録をまとめたデータ（ブロック）を、複数のコンピュータで共有し検証しながら鎖（チェーン）のようにつないで蓄積する仕組みです。ブロック作成時に直前のデータのハッシュ値（137ページ）を埋め込むことによって、データを相互に関連付け、取引記録に矛盾がなく、改ざんすることを困難にする技術です。

● **ブロックチェーンの仕組み**

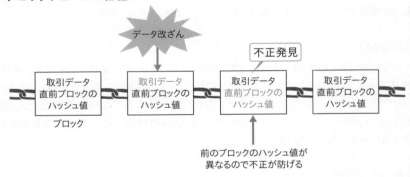

｛PCI DSS｝

Payment Card Industry Data Security Standardの略で、クレジットカード会員の情報を保護するためのクレジットカード業界の情報セキュリティ基準です。2004年にAmerican Express、Discover、JCB、MasterCard、VISAの5社によって策定されました。

{VPN}

● インターネット

インターネットなどの公衆網に接続して、離れた場所のLAN同士をつなげるのが
VPN（Virtual Private Network）です。データを暗号化して通信することで、イ
ンターネット内にセキュリティ上安全な経路（仮想的な専用線）を作ります。インター
ネットを利用するためコストを低く抑えられます。営業拠点間の通信だけでなく、営
業社員などが社外からモバイル端末で会社のネットワークにアクセスする際やテレ
ワークにもインターネットによるVPNが使われています。

● IP-VPN

インターネットではなく、電気通信事業者が提供する専用のネットワーク（閉域IP
網）に接続するVPNです。「広域イーサネット網」に接続した場合、あたかも1つの
LANであるかのようなネットワークを構築します。IP-VPNは混雑の影響を受けにく
いため、帯域幅などの通信品質がある程度保証されます。

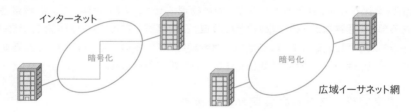

{セキュアブート}

コンピュータの起動時に、OSなどのソフトウェアが正しい状態かどうかをチェックす
るセキュリティ機能です。起動するソフトウェアのデジタル署名（136ページ）を検証
し、署名されていないソフトウェアを実行しないようにする技術です。

{TPM}

Trusted Platform Moduleの略です。コンピュータ内に装着されるもので、セ
キュリティに関する処理機能を実装した半導体チップです。暗号化／復号や鍵の生成
（133ページ）、ハッシュ値（137ページ）の計算、デジタル署名（136ページ）の
生成などに対応しています。企業向けパソコンなどに搭載されています。

2 無線LANのセキュリティ

{MACアドレスフィルタリング}

あらかじめアクセスポイントに登録しておいたMACアドレスをもつ機器にだけに接続を許可する技術です。

{ESSIDステルス}

無線LANのアクセスポイントは、ESSID（068ページ）を含むビーコン信号を発信しています。このビーコンを発信しないことでESSIDを表示させずアクセスポイントの存在も見えなくし、部外者の不正接続を防ぐ技術です。

5 物理的セキュリティ対策

情報資産を災害、盗難などから守るのが物理的セキュリティ対策です。情報資産のある部屋、建物などへの監視カメラの設置、施錠管理、ICカードや生体認証（130ページ）を用いた入退室管理システムやセキュリティゲートの設置、パソコンの盗難防止のためのセキュリティケーブルの設置などの対策が挙げられます。

{入退室管理システムの共連れ防止機能}

ICカードや顔認証などの生体認証で認証されればロックが解除され入室が許可されるのが入退室管理システムです。しかし、認証された人と一緒に（共連れのように）入ってしまえば、許可されない人も入室できてしまう恐れがあります。最近の入退室システムは、カメラなどでこうした"共連れ"を検知し警告音を発生させるものもあります。アンチパスバックは入退室記録を使って共連れを防止する仕組みです。

{クリアデスクとクリアスクリーン}

クリアデスクは、書類やパソコン、USBメモリなどの記憶媒体を机の上に置きっぱなしにしないことです。また、クリアスクリーンは、席を離れるときにはパソコンのログアウトやスクリーンのロックを行うことです。

{遠隔バックアップ}

災害に備えて、重要なデータやプログラムを遠隔地に複製しておくことをいいます。オフサイトバックアップやリモートバックアップともいわれます。稼働しているコンピュータと同じ施設内にバックアップ（データが消失してしまうことに備えたデータの複製）

を置いた場合、施設全体が被災すると、バックアップも失われてしまいます。東日本大震災以降、BCP（事業継続計画：273ページ）への意識が高まったことから採用する組織が増えています。

{ゾーニング}

　取り扱う情報の重要性に応じてオフィスなどの空間を物理的に区切り、オープンエリア、セキュリティエリア、受渡しエリアなどに分離することをいいます。

マルウェアとサイバー攻撃手法

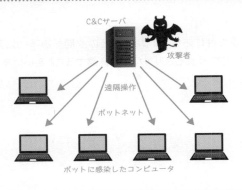

1　マルウェアは悪意のあるソフトウェア全般

　マルウェアとは、悪意のある不正なプログラムのことを総称した呼び方です。マルウェアの中でも、コンピュータウイルスは自己伝染機能、潜伏機能、発病機能のどれかをもつものとされています。

代表的なコンピュータウイルス

ウイルスの種類	内容
ワーム	ネットワーク経由で自己増殖を繰り返しながら破壊活動を行う
トロイの木馬	コンピュータの中でデータのコピー、改ざんなど、不正な動作をするプログラム。通常は無害なソフトウェアを装っているのが特徴
マクロウイルス	表計算ソフトなどがもつユーザがプログラミングできる機能「マクロ機能」を悪用して作成されたウイルス。マクロで書かれた悪意あるプログラムが自動実行され、他の文書へ感染を広げる

1 代表的なマルウェア

　その他のマルウェアとして代表的なものを紹介します。特に最近問題となっているマルウェアは、以下のものです。

- **ランサムウェア（Ransomware）**

  身代金要求型プログラムとも呼ばれます。コンピュータを不正にロックしたり、ファイルを暗号化して開けなくし、ユーザがコンピュータやファイルを利用しようとすると、元の状態に戻すことと引き換えに金銭を要求するメッセージが画面に表示されます。

- **ボット（BOT）**

  攻撃者の遠隔操作で、感染したコンピュータを指示どおりに動くロボットにしてしまうマルウェアです。攻撃者は、ボットに感染したコンピュータをネットワーク化した「ボットネット」を操り、特定のサーバに大規模な攻撃を仕掛けたりします。C&Cサーバ（Command and Control server）は、ボットネットに指令を送るサーバを指します。感染していることに気づかせず、迷惑メール送信などの不正行為を行わせ、その犯人（踏み台）として利用されてしまいます。

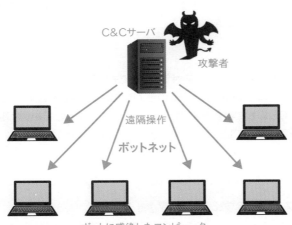

- **スパイウェア（Spyware）**

  Webサイト閲覧時など利用者の知らないうちにコンピュータにインストールされ、感染したコンピュータ内部の情報を知らない間に収集し攻撃者に送信します。

- **キーロガー（Keylogger）**

  侵入したコンピュータのキー入力を監視し、その情報を収集・送信します。これによりパスワードを盗み出し、なりすましなどの不正行為に利用されてしまいます。

- **ガンブラー（Gumblar）**
  攻撃者は他者のWebページを改ざんし、改ざんしたWebページを閲覧しただけで感染するマルウェアを仕込みます。このマルウェアは、感染したコンピュータのユーザ自身が運営するWebサイトのアカウント情報を盗み出し、被害がさらに広がっていきます。

- **ファイル交換ソフトウェア**
  インターネット上で不特定多数のコンピュータ間でファイルのやり取りができるソフトウェアです。ファイル交換ソフトを介して広がるウイルスに感染すると、個人情報など公開したくないファイルも公開用フォルダに勝手にコピーされてしまい、情報漏えいの被害を受けてしまいます。

- **SPAM**
  受信者の意向とは関係なく、無差別で大量にばらまかれるメッセージのことです。スパムメールは、迷惑メールのことを指します。

- **ファイルレスマルウェア**
  ステルスマルウェアとも呼ばれ、マルウェア対策ソフトでも検知できないようなものをいいます。一般のマルウェアはコンピュータのディスク上に保存されますが、ファイルレスマルウェアはOSのもつ機能を悪用してメモリ上に入り込むため、対策ソフトで発見できず、電源を切ってしまうと痕跡を残すこともありません。

2 マルウェア対策

｛マルウェア対策ソフトとマルウェア定義ファイル｝

　マルウェア対策ソフトは、ウイルスなどのマルウェアを発見、駆除するソフトウェアで、セキュリティ対策には欠かせません。その代表的な仕組みは、マルウェアがもつ特徴的なデータのパターン「シグネチャコード」をまとめた「マルウェア定義ファイル」と利用者のコンピュータのデータを照合（パターンマッチング）させるというものです。この仕組みにより、マルウェアを見つけ出します。しかし、新しいマルウェアは次々と生まれてきます。マルウェア対策ソフトはパソコンにインストールして終わりではなく、常にマルウェア定義ファイルを最新のものに更新していく必要があります。

｛セキュリティホールとシステムの更新｝

　セキュリティホールとは、ソフトウェアの脆弱性（弱い部分）のことです。攻撃者は

OS（216ページ）やアプリケーションソフトのセキュリティホールを見つけると、そこから悪意のある攻撃を仕掛けます。ソフトウェアの開発者側は、攻撃を受けないようセキュリティホールに対する修正プログラム「セキュリティパッチ」を利用者に配布しています。システムの更新（アップデート）にはこのセキュリティパッチが配布されることが多いため、OSアップデートなどのシステムの更新はセキュリティ上、大変重要です。

｛マルウェアに感染しないためには｝

　1人のパソコンに感染したマルウェアが社内全体に広がり、会社の機密情報が盗まれてしまう事例が多く発生しています。マルウェアに感染しないためには、以下のような注意が必要です。

- マルウェア対策ソフトをインストールして常に起動させておく。
- マルウェア対策ソフトは、常に最新のマルウェア定義ファイルに更新する。
- メールの添付ファイルは安易に開かない。送信相手をしっかり確認し、マルウェア対策ソフトでチェックをしてから開く。exe形式（実行ファイル）の添付ファイルは絶対に開かない。
- OSやアプリケーションソフトは、常に最新の状態になるよう更新（アップデート）する。
- 外部メディア（USBメモリやCD、DVDなど）は、マルウェア対策ソフトでチェックしてから利用する。

｛感染が疑われたらまずLANケーブルを抜く｝

　感染が疑われるときは、まずLANケーブルを抜く、無線LAN機能をOFFにするなど、感染しているコンピュータをネットワークから切り離します。企業内であればその後、管理者へ連絡し指示に従います。

｛電子メールソフトのセキュリティ設定｝

① メールの読み取り・送信をテキスト形式にする。
　　メールソフトはテキスト形式に設定して利用するようにします。

② HTMLメールを使う際はスクリプト自動実行機能をオフにする。
　　HTMLメールは、Webページと同じ仕組みでメールを表示するため色や写真などが表現できます。しかしJavaScript（簡易プログラム）などの自動実行により、マルウェアに感染することがあります。

{Webブラウザのセキュリティ設定}

クッキー（085ページ）は、パソコンユーザの個人情報の集まりです。ブラウザを終了させるごとにクッキーを削除する設定にするなど、取扱に注意が必要です。

{URLフィルタリング}

アダルトサイトや薬物・犯罪に関するWebサイトなどの不適切なWebサイトを、URL（083ページ）によってフィルタリングし、ユーザに見せなくすることを指します。

{コンテンツフィルタリング}

インターネットから入ってくる通信を監視し、ページのコンテンツ（内容）を解析し、問題がある場合には閲覧できなくする技術。社員に対し業務に関係のないWebページの閲覧を禁止することもできます。プロバイダがサービスとして提供している場合もあります。

{CAPTCHA}

アカウント作成やログインの際などにゆがんだ文字を読ませて人間に入力させる機能です。CAPTCHA（キャプチャ）05 は、アクセスしているのがコンピュータなのか人間なのかを識別する仕組みです。掲示板の投稿や新規のアカウント取得の際などにこの工程を設けることで、不正な目的でアクセスしてきたプログラムによる大量の投稿、大量のアカウント取得などを防ぎます。Completely Automated Public Turing Test to tell Computers and Humans Apartの略です。

05 CAPTCHA

2 サイバー攻撃手法

　コンピュータへ不正侵入し、データを盗み出したり、改ざん、破壊するなどの不正行為を サイバー攻撃 といいます。多くの手法がありますが、代表的なものを以下に挙げます。

● **フィッシング**
　実在する企業などからのメールに見せかけた偽装のメールを送信し、偽物のWebページに誘導し、クレジットカード番号やパスワードなど個人情報を盗み出す手法です。

● **ワンクリック詐欺**
　Webページや電子メールに記載されたURLをクリックしただけで、一方的にサービスへの入会契約などがされてしまい、多額の支払いを求められる詐欺行為のことです。

● **SQLインジェクション攻撃**
　Webページの入力フォーム（本来は検索キーワードやID、パスワードを入力する部分）に、データベースに対して不正な操作を行うSQL（251ページ）を入力し、データベースにある個人情報などを攻撃者のコンピュータに表示させる攻撃です。

● **標的型攻撃**
　特定の組織を狙い撃ちする攻撃です。政府機関や企業など標的とする組織について調査し、その組織が関心のある組織名などを装って不正な添付ファイル付きのメールを送ったり、関心のあるWebサイトに誘導するなどして、標的を攻撃します。

● **水飲み場攻撃**
　標的となる組織のメンバが頻繁にアクセスするサイトを改ざんし、アクセスしてきた際に不正なプログラムをダウンロードさせる標的型攻撃の1つです。

● **やり取り型攻撃**
　標的型攻撃の1つで、問い合わせなどを装った無害な"偵察"メールのあとに、メールでやり取りを行って標的を信用させておき、ウイルス付きのメールを送る手法です。攻撃者は標的に信用させることを優先する行動を取り、手口が一段と巧妙化しています。

- **DoS攻撃、DDoS攻撃**

  攻撃対象のサーバに処理能力を超えるような大量のデータを送り付け、サービス停止状態するのがDoS攻撃です。DDoS攻撃は、攻撃対象の1つのサーバに対し複数のコンピュータから一斉にDoS攻撃を行うことをいいます。

- **バックドア**

  システムの裏の侵入口の意味で、攻撃対象のシステムやネットワークに通常のアクセス経路ではない侵入口を仕込んでおくことです。バックドアがあれば気づかれずに何度でも侵入できてしまいます。

- **ゼロデイ攻撃**

  ソフトウェアのセキュリティホール（脆弱性）が発表されてから、その修正プログラムが配布されるまでの間に、攻撃者が脆弱性を攻撃するプログラムを作成し、修正前のシステムを攻撃する手法です。

- **ポートスキャン**

  システムのポート（079ページのポート番号の項参照）を順番に調べ、入り込めるポートからセキュリティホールを見つけていく手法です。

- **ドライブバイダウンロード**

  閲覧しただけで、自動的にマルウェアをダウンロードさせられてしまったり、インストールされたりする攻撃です。マルウェアに侵されていることに気づきにくい手口です。

- **RAT**

  他のコンピュータを遠隔操作するための不正プログラム全般をいいます。

- **クロスサイトスクリプティング**

  複数のサイトをまたがって攻撃することから、クロスサイトスクリプティングといわれます。攻撃者のサイトを閲覧すると、訪問者はリンクなどで別の悪意のない標的サイトに飛ばされます。このときリンク先の標的サイトで不正なスクリプトが実行され、これにより標的サイトが訪問者のPCを攻撃します。攻撃により訪問者のコンピュータはスパイウェアなどに感染させられ、個人情報を攻撃者に送信されてしまう場合もあります。標的サイトに狙われやすいのは、脆弱性のある掲示板サイトなどです。

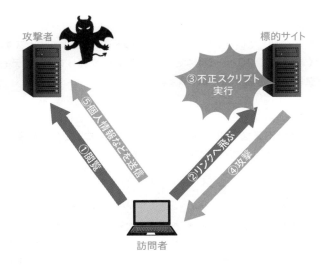

- **クロスサイトリクエストフォージェリ**

  WebサイトやSNSにログイン中に、これとは別の悪意のあるスクリプトが埋め込まれたWebページを訪問した際、ログイン中のSNSなどに対してスクリプトが実行され、訪問者からの要求と偽って（フォージェリ）、設定変更など意図しない操作をされてしまうことです。

- **IPスプーフィング**

  パケットの送信元IPアドレスを偽装することで、攻撃者が身元を隠すことです。

- **DNSキャッシュポイズニング**

  DNSサーバ（084ページ）を攻撃することで、偽装されたWebページにWebページ閲覧者を誘導する行為をいいます。攻撃者がDNSサーバの記憶領域であるキャッシュを不正サイトのIPアドレスに書き替えることにより、偽装されたWebサイトにパソコンなどの利用者を誘導し、機密情報などを盗み出す手法です。

- **クリックジャッキング**

  ユーザに実際に見えているWebページに透明な悪意のあるページを重ね、意図していない悪意のあるサイトにユーザを誘導したり、金銭的な被害をもたらす攻撃です。

- **ディレクトリトラバーサル**

  Webサイトの運営者が公開していないファイルやディレクトリに不正にアクセスする攻撃です。相対パス指定（220ページ）などで上の階層の公開していないディレクトリに不正にアクセスし、情報を盗み出します。

- **中間者攻撃**

  二者間の通信を攻撃者が不正な手段で傍受し、盗聴、改ざんなどを行う攻撃です。二者間の通信を攻撃者によって中継されてしまいます。

- **MITB（Man-in-the-browser）攻撃**

  MITB攻撃のマルウェアに感染させ、ログイン中のブラウザを乗っ取り、ブラウザの動作に介入する攻撃です。感染した状態でオンラインバンキングを利用したユーザは、適切な相手に送金したつもりでも、マルウェアがブラウザの動作に介入し（振込口座の書き換えなど）、攻撃者の口座に送金されてしまいます。正式な取引画面の間に不正な画面を介在させる手法です。

- **第三者中継**

  送信元でも受信先でもない不特定多数の第三者が、メールサーバを自由に使ってメール転送ができてしまう状態をいいます。迷惑メールや悪意のあるメールの送信に利用されてしまう場合があります。

- **セッションハイジャック**

  Webサーバがブラウザと通信する際に割り当てるセッションIDを攻撃者が盗み出し、セッション（二者間の一連の通信）を乗っ取る攻撃手法です。ユーザが銀行などのサイトにログインしているときに攻撃されると、不正に口座からお金が引き落とされる場合もあります。

- **クリプトジャッキング**

  暗号資産のブロックチェーン（116ページ）では、取引記録の計算処理に取引に参加している人たちのコンピュータを提供することで、提供した人が新規に通貨を得られる「マイニング」という仕組みがあります。このマイニングに不正に自分のコンピュータが使われてしまい、新規通貨は攻撃者の手に入るという攻撃です。

03

利用者認証

重要データ

1　IDとパスワードによる認証

　システムにログインするには、許可された者かどうかを認証する仕組みが必要です。最もオーソドックスな本人認証の方法はIDとパスワードの入力です。ただし、パスワードの取り扱いには十分に注意する必要があります。またログインされるシステム側も、いつ、どのIDの人物がどのサービスにログインしたかのログ（履歴）を残すなど、アクセス管理が必要となります。

1 パスワードの決め方と管理法

- 文字数を多くし、複数の文字種を組み合わせる。英大文字・小文字、数字、記号など。
- 他人に類推されやすいものは避ける。生年月日、ニックネームなど。
- 辞書にあるような意味のある単語は使わない。
- 流出時に速やかに変更する。
- 1つのパスワードをいろいろなサービスに使い回さない。

2 パスワードクラック

SNSなどに公開されている情報からパスワードを類推したり、不正なプログラムによってあらゆる文字の組合せを試すなどの方法でパスワードが盗まれる事件が増えています。不正プログラムによりパスワードを解析して割り出すことをパスワードクラックといいます。パスワードの入力試行回数を制限するなどの対策が必要です。

パスワードクラックの手法

パスワードクラックの種類	内容
ブルートフォース攻撃	総当たり攻撃ともいう。不正なプログラムによって、全ての文字の組合せを試してパスワードを割り出す手法
辞書攻撃	「辞書ファイル」にある単語の組合せを試していき、パスワードを割り出す手法
パスワードリスト攻撃	同じパスワードを複数のサービスに利用している人が多い点を突いた攻撃。あるサービスから盗み出したパスワードを他のサービスのログインに試していく手法

2 生体認証（バイオメトリクス認証）

指紋や静脈など、生体がもつ人によって異なる特徴を認証に用いるのが生体認証（バイオメトリクス認証）です。生体認証には筆跡やキーストロークなどの人間の行動特徴を利用したものも含まれます。

1 主な生体認証

主な生体認証

生体認証の種類	内容
指紋認証	指紋を認証に利用する。スマートフォンなどでも採用されている。指を押しつけるタイプとスライドさせるタイプがある
静脈パターン認証	指静脈認証は、指の先端の静脈パターンを利用した生体認証。銀行のATMなどで利用されている。手のひら認証（掌認証）は、手のひらの静脈のパターンを利用する認証
顔認証	スマートフォンや入退室管理などで採用されている。目鼻の位置や輪郭などの特徴を数値化し人物の特定を行う

声紋認証	声紋（声の音波の組合せの特徴）を、登録データと照合することで認証する
虹彩（こうさい）認証	アイリス認証ともいう。虹彩（眼球の黒目部分にある環状の部分）の模様を認証に利用する
網膜認証	網膜（眼球の奥にある薄い膜）の中にある毛細血管の模様を認証に利用する

2 本人拒否率と他人受入率

生体認証では、ごくまれですが認証を誤ることがあります。本人の認証に失敗してしまう本人拒否率（FRR：False Rejection Rate）と、他人を本人と誤判定してしまう他人受入率（FAR：False Acceptance Rate）がともに低いほど精度が高い認証システムです。

3 その他の認証技術

{多要素認証（二要素認証）}

多要素認証（二要素認証）は、多種の認証要素を組み合わせてセキュリティを高める認証方法です。パスワードと静脈パターン認証、パスワードとICカードなど、単に複数ではなく、下表の異なる分類の認証方法を組み合わせるのが特徴です。

認証の分類	認証方法
記憶	ユーザID、パスワード、PIN（暗証番号）、秘密の質問の答え
所有物	ICカード、ワンタイムパスワード用トークン、クライアント証明書（秘密鍵）
生体	指紋、顔、静脈パターン、虹彩、声紋、網膜など

{ワンタイムパスワード}

1回限りのそのときだけの使い捨てパスワードです。ワンタイムパスワードは、ログイン時に電子メールで送信される場合や、メッセージとしてスマートフォンに送信される場合、またトークンという端末に送信される場合などがあります。通常のパスワードが盗まれた場合でもワンタイムパスワードが届かない攻撃者はログインできないため、セキュリティ強度が高く、オンラインバンキングなどで採用されています。

{マトリクス認証}

　認証ごとに数字や文字の並びが異なるマトリクス表の中で、自分が覚えている位置に並んでいる数字や文字などをパスワードとして入力し認証を行う方式です。ワンタイムパスワードや多要素認証の1つとして使われます。

{シングルサインオン}

　一度のログインで複数のサービスやシステムが利用できます。そのためシングルサインオンでは、二段階認証やワンタイムパスワードなど、より厳密な認証になっている場合が多くあります。

{SMS認証}

　スマートフォンなどで利用されるSMS（ショートメッセージサービス）を活用した認証です。ログインの際にID・パスワードの入力後、スマートフォンのSMSにワンタイムパスワードが送られてきて、その値をログイン画面に入力するといった二段階認証に利用されることも多くあります。

{ICカード認証}

　ICカードに登録されている内容で認証する方法です。カードリーダに差し込むタイプの他、入退室管理システムなどに使われる非接触型のカードもあります。

04

暗号技術

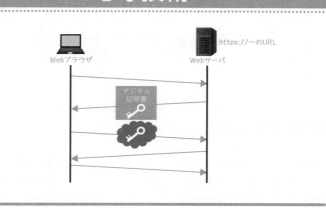

情報セキュリティ

1　暗号化

　文書を暗号文にして受信者に送るのが暗号技術です。インターネットなどで文書を送信している途中、第三者に盗み見（盗聴）され個人情報が流出することを防ぎます。暗号化の目的は盗聴を防ぐことです。暗号化にはデータを暗号文にしたり、復号（元のデータに戻す）するための値が必要です。この値のことを鍵といいます。また、暗号化の方法のことを暗号化アルゴリズムといいます。暗号化アルゴリズムにはいくつかの種類があり、その仕組みは公開されています。仕組みは公開されていても、鍵がないと暗号の解読は困難です。暗号化には主に3つの方式があります。

■1 共通鍵暗号方式

　暗号化と復号に同じ鍵を使う方式です 06。この方法は、なんらかの方法を使って送信者と受信者が同じ鍵をもたなくてはならないという問題があります。また、通信する相手ごとに異なる鍵が必要なため鍵の管理が大変です。長所は、暗号化・復号に要する時間が短い点です。共通鍵暗号方式の代表的な暗号化アルゴリズムは、64ビットごとに暗号化するDESや128ビットごとに暗号化するAESという方式が使われます。平文（ひらぶん）とは、暗号化する前のメッセージのことです。

06 共通鍵暗号方式

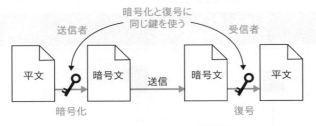

2 公開鍵暗号方式

　「公開鍵」と「秘密鍵」というペアの鍵を使う方式です **07**。受信者は公開鍵を認証局という機関を通じデジタル証明書（電子証明書）という形で公開しておきます。送信者は、この「受信者の公開鍵」を使って自分が送信したいメッセージ（平文）を暗号化し、その暗号文を受信者に送ります。暗号文を受け取った受信者は、ペアである「受信者の秘密鍵」を使って復号します。同じ受信者にメッセージを送りたい全ての相手は、みな同じ公開鍵を使うため鍵の管理も簡単です。短所は、暗号化・復号に時間が掛かるという点です。公開鍵暗号方式の代表的な暗号化アルゴリズムは、大きな数を素因数分解する難しさを利用したRSAという方式です。

07 公開鍵暗号方式

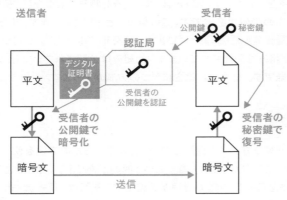

3 ハイブリッド暗号方式

　共通鍵暗号方式と公開鍵暗号方式を合わせた方式です。共通鍵暗号方式でデータのやり取りをする場合、何らかの方法で両者が同じ鍵をもたなければいけません。しかし、どちらかが鍵を相手に送るとその途中で鍵が盗まれてしまう恐れがあります。そこで鍵そのもののデータのやり取りは公開鍵暗号方式で行い、両者が同じ鍵をもったあとは、暗号化・復号に時間が掛からない共通鍵暗号方式を利用します。後述のSSL/TLSでも使われている方式です。

4 SSL/TLS

　URL（ホームページアドレス）が「http://〜」ではなく「https://〜」の場合は、SSL/TLS 08という技術が使われています。SSL/TLSとは、Webサーバと、パソコンやスマートフォンのWebブラウザ間の暗号化通信を行う技術です。クレジットカード番号など個人情報をやり取りするショッピングサイトでは欠かせないものとなっています。ハイブリッド暗号方式では、暗号化だけでなくデータの改ざんや通信相手のなりすましも検知できます。SSL/TLSとはSecure Sockets Layer/Transport Layer Securityの略です。

　08 SSL/TLS の仕組み

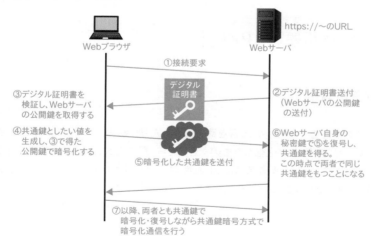

情報セキュリティ

5 その他の暗号化技術

{ディスク暗号化}

　ハードディスクを丸ごと暗号化する技術。パソコンの盗難や紛失の際も情報の漏えいが防げます。また、パソコンの廃棄時にも有効です。

{ファイル暗号化}

　ファイル単位で暗号化する技術。暗号化ソフトなどを利用します。メールでデータを送る際やUSBメモリに入れてデータを移動する際に有効です。

{無線LANの暗号化「WPA2」}

　WPA2は、Wi-Fi Protected Access 2の略で、無線LANの電波を暗号化するプロトコルです。アクセスポイントが発する電波を暗号化し、情報の盗聴を防ぎます。暗号化キー（鍵）を入力することでアクセスポイントに認証されます。

{メールの暗号化「S/MIME」}

　S/MIME（Secure MIME）は、電子メールのMIME（087ページ）の仕組みに、暗号化とデジタル署名（後述）の技術を組み合わせたものです。盗聴やなりすましが防げます。最近では、多くのメールソフトがS/MIMEに対応しています。

2　デジタル署名とPKI

1 デジタル署名

　送信途中で第三者にデータの内容を改ざんされたり、受信したデータが本来の送信者ではない全くの他人が送信したものだとしたら、届いたメッセージは信用できなくなってしまいます。デジタル署名はこうした問題に対応するための技術です 09 。デジタル署名の目的は「改ざん」と「なりすまし」を防ぐことです。

09 デジタル署名

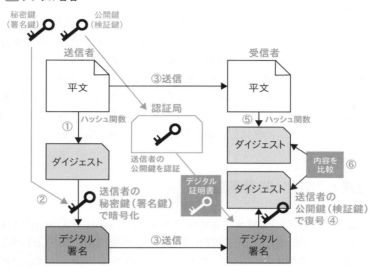

デジタル署名は、公開鍵や認証局といった公開鍵暗号方式の仕組みを使います。

① 送信者がメッセージをハッシュ関数という計算式に掛けてハッシュ値を出します。
このデータのことを「ダイジェスト」といいます。

　※ハッシュ関数は同じメッセージであれば必ず同じハッシュ値になります。また、
　　ハッシュ値から元のメッセージに戻すことができません。

② このダイジェストを「送信者の秘密鍵（署名鍵）」で暗号化し「デジタル署名」を
作ります。

③ 送信者はデジタル署名を元のメッセージ（平文）に添付して受信者に送ります。

④ 受信者は届いたデータからデジタル署名を取り出し、「送信者の公開鍵（検証
鍵）」で復号しダイジェストに戻します。

⑤ 一方、一緒に送られてきた元のメッセージ（平文）も送信者が使ったのと同じハッ
シュ関数でダイジェストにします。

⑥ 2つのダイジェストの内容を比較します。比較の結果、内容が一致しなければ途
中で改ざんされたということになり、改ざんが検知できます。また、受信者がダ
イジェストを復号する際（④）に「送信者の公開鍵（検証鍵）」で復号できなけれ
ば、第三者が送信者になりすましているということになり、なりすましが検知でき
ます。

2 タイムスタンプ

タイムスタンプは時刻認証を行う仕組みです。その情報がその時刻に確かに存在していたこと（存在証明）と、その時刻以降に情報が改ざんされていないこと（完全性証明）を証明します。このため、データを作成・改ざんしたことを否認されない証拠となります。データが作成された時刻をデータに付加したものからダイジェストを作成し、さらにデジタル署名にすることで、本人が改ざんした場合も検出できます。タイムスタンプを発行する第三者機関をTSA（Time Stamping Authority）といいます。

3 認証局とPKI（公開鍵基盤）

公開鍵暗号方式やデジタル署名に必要な公開鍵は、認証局（CA：Certification Authority）という第三者機関が、「確かにこのユーザの公開鍵である」という正当性を保証しているため信用することができます。ここで使われるのがデジタル証明書（後述）です。

PKI（Public Key Infrastructure）とは、公開鍵基盤のことで認証局により公開鍵の正当性が保証され、盗聴の防止や、改ざん、なりすましの検知などを実現させているインターネット上のセキュリティ基盤をいいます。

{ デジタル証明書 }

各ユーザの公開鍵を「デジタル証明書」という形にして発行することが認証局の大きな役割です。デジタル証明書には公開鍵を発行しているユーザの情報とその公開鍵が含まれ、認証局のデジタル署名が添付されています。

\ 絶対暗記！/

試験に出やすい キーワード ✓

情報セキュリティ

- ☑ セキュリティ7大要素のうち特に大切なのは、機密性、完全性、可用性。真正性は本物であること 参照 P.105

- ☑ ソーシャルエンジニアリングは肩越しの盗み見など社会的手法で情報を盗み出すこと 参照 P.106

- ☑ 情報セキュリティポリシはISMSの基本方針。PDCAサイクルで継続的改善 参照 P.108

- ☑ リスクアセスメントは①リスク特定、②リスク分析、③リスク評価 参照 P.107

- ☑ ISO/IEC 27000は情報セキュリティの認証規格、プライバシーマークは個人情報保護 参照 P.110

- ☑ シャドーITは会社で許可されていないSNSやIT端末を仕事上で勝手に使うこと 参照 P.112

- ☑ 不正のトライアングルは、機会、動機、正当化の3つが揃うと不正が起きるということ 参照 P.112

- ☑ CSIRT（シーサート）はセキュリティ事故や問題に対応するチーム 参照 P.110

- ☑ ファイアウォールは通信を許可・遮断する仕組み 参照 P.113

☑ DMZは非武装地帯。公開サーバなどを置く。プロキシサーバは代理サーバ　参照 P.113

☑ WAFはSQLインジェクションなどからWebサーバのWebアプリを守る　参照 P.114

☑ ランサムウェアは身代金要求型、BOTは遠隔操作、キーロガーはキー入力の内容を送信　参照 P.121

☑ マルウェア対策ソフトは定義ファイルの更新が大切　参照 P.122

☑ セキュリティホールはシステムの脆弱性。セキュリティパッチでシステムを更新　参照 P.122

☑ マルウェアに感染したらまずLANケーブルを抜いたり。無線LAN機能をOFFにする　参照 P.123

☑ フィッシングは偽物サイトに誘導する攻撃　参照 P.125

☑ 標的型攻撃は特定の組織を狙うサイバー攻撃　参照 P.125

☑ SQLインジェクションはデータベースを不正操作　参照 P.125

☑ クロスサイトスクリプティングは複数のサイトをまたがって攻撃　参照 P.126

☑ CAPTCHA（キャプチャ）はゆがんだ文字で人間とコンピュータを識別　参照 P.124

☑ パスワードは長め、複数の文字種で構成する。生年月日はダメ、定期的な変更も必要 　参照 P.129

☑ 生体認証は、指紋、静脈、顔、声、虹彩（こうさい）、網膜など体で認証 　参照 P.130

☑ 多要素認証（二要素認証）は「パスワードと指紋」といった異なる分類の組合せ 　参照 P.131

☑ ワンタイムパスワードはそのときだけの使い捨てのパスワード 　参照 P.131

☑ 暗号化の目的は盗聴（盗み見）を防ぐこと 　参照 P.133

☑ 共通鍵暗号方式は、暗号化と復号に使う鍵が同じ。長所は暗号化・復号が速い 　参照 P.133

☑ 公開鍵暗号方式は、「受信者の公開鍵」で暗号化、「受信者の秘密鍵」で復号 　参照 P.134

☑ URLがhttpsならSSL/TLS。Webサーバとブラウザ間でハイブリッド型の暗号化通信 　参照 P.135

☑ デジタル署名の目的は「改ざん」と「なりすまし」を防ぐこと 　参照 P.136

☑ デジタル署名は「送信者の秘密鍵（署名鍵）」で暗号化、「送信者の公開鍵（検証鍵）」で復号 　参照 P.137

☑ デジタル証明書は、公開鍵に認証局のデジタル署名をつけたもの

参照 P.138

☑ PKIは公開鍵基盤。認証局が公開鍵の正当性を保証するセキュリティ基盤

参照 P.138

☑ タイムスタンプは時刻認証

参照 P.138

過去問にTry!

本章で学んだことをもとに、ITパスポート資格試験の過去問に挑戦してみよう!

解説動画はこちら

情報セキュリティ

問 1　　　　　　　　　　　　　　　　　　　令和4年　問72

情報セキュリティにおける機密性, 完全性及び可用性と, ①〜③のインシデントによって損なわれたものとの組合せとして, 適切なものはどれか。　ヒント P.105

① DDoS攻撃によって, Webサイトがダウンした。
② キーボードの打ち間違いによって, 不正確なデータが入力された。
③ PCがマルウェアに感染したことによって, 個人情報が漏えいした。

	①	②	③
ア	可用性	完全性	**機密性**
イ	可用性	機密性	**完全性**
ウ	完全性	可用性	**機密性**
エ	完全性	機密性	可用性

問 2　　　　　　　　　　　　　　　　　　　令和4年　問64

a〜dのうち, ファイアウォールの設置によって実現できる事項として, 適切なものだけを全て挙げたものはどれか。　ヒント P.113

a 外部に公開するWebサーバやメールサーバを設置するためのDMZの構築
b 外部のネットワークから組織内部のネットワークへの不正アクセスの防止
c サーバルームの入り口に設置することによるアクセスを承認された人だけの入室
d 不特定多数のクライアントからの大量の要求を複数のサーバに動的に振り分けることによるサーバ負荷の分散

　ア a, b　　　　イ a, b, d　　　ウ b, c　　　エ c, d

テクノロジ系

問 3

情報セキュリティのリスクマネジメントにおけるリスク対応を, リスク回避, リスク共有, リスク低減及びリスク保有の四つに分類するとき, 情報漏えい発生時の損害に備えてサイバー保険に入ることはどれに分類されるか。 ヒント P.107

ア　リスク回避　　イ　リスク共有　　ウ　リスク低減　　エ　リスク保有

問 4

次の作業a〜dのうち, リスクマネジメントにおける, リスクアセスメントに含まれるものだけを全て挙げたものはどれか。 ヒント P.107

a　脅威や脆弱性などを使ってリスクレベルを決定する。
b　リスクとなる要因を特定する。
c　リスクに対してどのように対応するかを決定する。
d　リスクについて対応する優先順位を決定する。

ア　a, b　　　イ　a, b, d　　　ウ　a, c, d　　　エ　c, d

問 5

企業での内部不正などの不正が発生するときには, "不正のトライアングル"と呼ばれる3要素の全てがそろって存在すると考えられている。"不正のトライアングル"を構成する3要素として, 最も適切なものはどれか。 ヒント P.112

ア　機会, 情報, 正当化
イ　機会, 情報, 動機
ウ　機会, 正当化, 動機
エ　情報, 正当化, 動機

問 6

平成30年秋期　問98

コンピュータやネットワークに関するセキュリティ事故の対応を行うことを目的とした組織を何と呼ぶか。

ヒント P.110

ア　CSIRT　　イ　ISMS　　ウ　ISP　　エ　MVNO

問 7

令和元年秋期　問92

外部と通信するメールサーバをDMZに設置する理由として，適切なものはどれか。

ヒント P.113

ア　機密ファイルが添付された電子メールが，外部に送信されるのを防ぐため
イ　社員が外部の取引先へ送信する際に電子メールの暗号化を行うため
ウ　メーリングリストのメンバのメールアドレスが外部に漏れないようにするため
エ　メールサーバを踏み台にして，外部から社内ネットワークに侵入させないため

問 8

令和3年春期　問63

PCやスマートフォンのブラウザから無線LANのアクセスポイントを経由して，インターネット上のWebサーバにアクセスする。このときの通信の暗号化に利用するSSL/TLSとWPA2に関する記述のうち，適切なものはどれか。

ヒント P.135

ア　SSL/TLSの利用の有無にかかわらず，WPA2を利用することによって，ブラウザとWebサーバ間の通信を暗号化できる。
イ　WPA2の利用の有無にかかわらず，SSL/TLSを利用することによって，ブラウザとWebサーバ間の通信を暗号化できる。
ウ　ブラウザとWebサーバ間の通信を暗号化するためには，PCの場合はSSL/TLSを利用し，スマートフォンの場合はWPA2を利用する。
エ　ブラウザとWebサーバ間の通信を暗号化するためには，PCの場合はWPA2を利用し，スマートフォンの場合はSSL/TLSを利用する。

問 9
元年秋期　問59

複数の取引記録をまとめたデータを順次作成するときに,そのデータに直前のデータのハッシュ値を埋め込むことによって,データを相互に関連付け,取引記録を矛盾なく改ざんすることを困難にすることで,データの信頼性を高める技術はどれか。
ヒント P.116

ア	LPWA	イ	SDN
ウ	エッジコンピューティング	エ	ブロックチェーン

問 10
令和4年　問91

ソーシャルエンジニアリングに該当する行為の例はどれか。
ヒント P.106

ア　あらゆる文字の組合せを総当たりで機械的に入力することによって,パスワードを見つけ出す。

イ　肩越しに盗み見して入手したパスワードを利用し,他人になりすましてシステムを不正利用する。

ウ　標的のサーバに大量のリクエストを送りつけて過負荷状態にすることによって,サービスの提供を妨げる。

エ　プログラムで確保している記憶領域よりも長いデータを入力することによってバッファをあふれさせ,不正にプログラムを実行させる。

問 11
令和3年春期　問56

インターネットにおいてドメイン名とIPアドレスの対応付けを行うサービスを提供しているサーバに保管されている管理情報を書き換えることによって,利用者を偽のサイトへ誘導する攻撃はどれか。
ヒント P.127

ア	DDoS攻撃	イ	DNSキャッシュポイズニング
ウ	SQLインジェクション	エ	フィッシング

問 12

ランサムウェアによる損害を受けてしまった場合を想定して，その損害を軽減するための対策例として，適切なものはどれか。 ヒント P.121

- **ア** PC内の重要なファイルは，PCから取外し可能な外部記憶装置に定期的にバックアップしておく。
- **イ** Webサービスごとに，使用するIDやパスワードを異なるものにしておく。
- **ウ** マルウェア対策ソフトを用いてPC内の全ファイルの検査をしておく。
- **エ** 無線LANを使用するときには，WPA2を用いて通信内容を暗号化しておく。

問 13

シャドーITの例として，適切なものはどれか。 ヒント P.112

- **ア** 会社のルールに従い，災害時に備えて情報システムの重要なデータを遠隔地にバックアップした。
- **イ** 他の社員がパスワードを入力しているところをのぞき見て入手したパスワードを使って，情報システムにログインした。
- **ウ** 他の社員にPCの画面をのぞかれないように，離席する際にスクリーンロックを行った。
- **エ** データ量が多く電子メールで送れない業務で使うファイルを，会社が許可していないオンラインストレージサービスを利用して取引先に送付した。

問 14

PCでWebサイトを閲覧しただけで，PCにウイルスなどを感染させる攻撃はどれか。 ヒント P.126

- **ア** DoS攻撃
- **イ** ソーシャルエンジニアリング
- **ウ** ドライブバイダウンロード
- **エ** バックドア

問 **15**

ログイン機能をもつWebサイトに対する，パスワードの盗聴と総当たり攻撃へのそ
れぞれの対策の組合せとして，最も適切なものはどれか。　ヒント P.130

	パスワードの盗聴	総当たり攻撃
ア	暗号化された通信でパスワードを送信する。	シングルサインオンを利用する。
イ	暗号化された通信でパスワードを送信する。	パスワードの入力試行回数を制限する。
ウ	推測が難しい文字列をパスワードに設定する。	シングルサインオンを利用する。
エ	推測が難しい文字列をパスワードに設定する。	パスワードの入力試行回数を制限する。

問 **16**

A社では，従業員の利用者IDとパスワードを用いて社内システムの利用者認証を
行っている。セキュリティを強化するために，このシステムに新たな認証機能を一
つ追加することにした。認証機能a～cのうち，このシステムに追加することによっ
て，二要素認証になる機能だけを全て挙げたものはどれか。　ヒント P.131

a　A社の従業員証として本人に支給しているICカードを読み取る認証
b　あらかじめシステムに登録しておいた本人しか知らない秘密の質問に対する答
　えを入力させる認証
c　あらかじめシステムに登録しておいた本人の顔の特徴と，認証時にカメラで読
　み取った顔の特徴を照合する認証

　ア　a　　　　イ　a, b, c　　　ウ　a, c　　　エ　b, c

問 17　　　　　　　　　　　　　　　　　　　　　　　平成27年春期　問61

ワンタイムパスワードを用いることによって防げることはどれか。　　ヒント P.131

　　ア　通信経路上におけるパスワードの盗聴
　　イ　不正侵入された場合の機密ファイルの改ざん
　　ウ　不正プログラムによるウイルス感染
　　エ　漏えいしたパスワードによる不正侵入

問 18　　　　　　　　　　　　　　　　　　　　　　　平成31年春期　問75

AさんはBさんだけに伝えたい内容を書いた電子メールを，公開鍵暗号方式を用いてBさんの鍵で暗号化してBさんに送った。この電子メールを復号するために必要な鍵はどれか。　　ヒント P.134

　　ア　Aさんの公開鍵　　　　　　　**イ**　Aさんの秘密鍵
　　ウ　Bさんの公開鍵　　　　　　　**エ**　Bさんの秘密鍵

問 19　　　　　　　　　　　　　　　　　　　　　　　平成30年秋期　問71

HTTPSで接続したWebサーバとブラウザ間の暗号化通信に利用されるプロトコルはどれか。　　ヒント P.135

　　ア　SEO　　　　**イ**　SPEC　　　　**ウ**　SQL　　　　**エ**　SSL/TLS

問 20　　　　　　　　　　　　　　　　　　　　　　　令和元年秋期　問93

ディジタル署名やブロックチェーンなどで利用されているハッシュ関数の特徴に関する，次の記述中のa，bに入れる字句の適切な組合せはどれか。　　ヒント P.137

ハッシュ関数によって，同じデータは，　　　a　　　ハッシュ値に変換され，変換後のハッシュ値から元のデータを復元することが　　　b　　　。

	a	b
ア	都度異なる	できない
イ	都度異なる	できる
ウ	常に同じ	できない
エ	常に同じ	できる

正解				
問16…ウ	問17…エ	問18…エ	問19…エ	問20…ウ
問11…イ	問12…ア	問13…エ	問14…ウ	問15…イ
問6…イ	問7…エ	問8…イ	問9…エ	問10…イ
問1…ア	問2…ア	問3…イ	問4…イ	問5…ウ

150

01

IoT

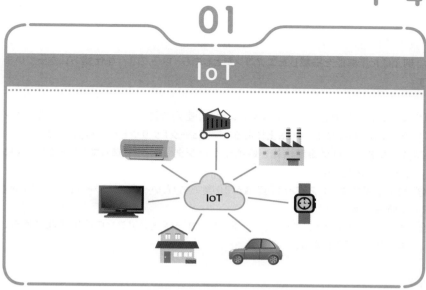

1 全てのモノをインターネットに… IoT(アイ・オー・ティー)

　近年、インターネットはコンピュータやスマートフォンなどIT機器だけに接続するものではなくなってきています。**IoT** (Internet of Things) **01** とは「モノのインターネット」と訳され、全てのモノがインターネットにつながるという意味です。最近では家電製品や自動車、工場の機械や物流装置、建設機械など、さまざまなものがインターネットに接続されています。IoTは機械の監視や制御だけでなく、蓄積されたデータに基づいた最適化や、機械同士が協調して動くような自律化も実現させています。金融、医療や農業・漁業などの第一次産業まで、幅広く活用されています。

01 IoT

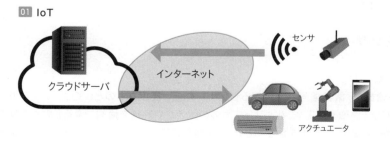

{IoTの仕組み（例）}

　例えばIoT機能を搭載したエアコンだとしたら、以下のような仕組みになっています。

① **エアコンに搭載されている温度センサは、室内の温度を検知し、その情報をインターネットを通じて、ネット上にあるコンピュータ「クラウドサーバ」に送る。**
② **クラウドサーバが温度情報を処理して、インターネットを通じてスマートフォンにメッセージを送る。**
③ **利用者がスマートフォンの「室温が30度です」といったメッセージを見て、「ON」を命令する。**
④ **スマートフォン→インターネット→クラウドサーバ→エアコンの順で処理が進み、エアコンがONになる。**

2　IoTデバイス

　IoTの実現に欠かせないのがIoT機器に搭載されているアクチュエータやセンサです。カメラも画像情報を取得するという意味ではセンサの役割を果たしています。

1 アクチュエータ

　現実世界を動かす仕組みです。上述の例では、実際にエアコンから風を送る機構やスマートフォンに表示をさせる機構など、現実世界にフィードバックするための機能をもった装置や部品のことです。例えばDCモータであればドローンのプロペラの回転などに、油圧シリンダは建設機械の動作などに、また空気圧シリンダは自動ドアの開閉動作、サーボモータはロボットアームの関節動作などのアクチュエータとして使われています。

2 センサ

{光学センサ}

　光を検出し、電気信号に変換するセンサです 02 。高度なものとしてはデジタルカメラのCCD（撮像素子）や、光によってものの大きさや形状を検知できるものがあります。また、自動改札や手をかざすと水が流れる蛇口など、光の遮断を感知する機構にも使われています。

02 光学センサ

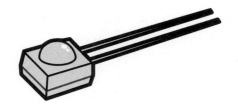

{赤外線センサ}

赤外領域の光（赤外線）を受光して電気信号に変換するセンサです。人感センサなど温度のあるものの検知に利用されます。防犯センサにも使われます。

{磁気センサ}

磁気の状態を検知して電気信号に変えるセンサです。磁気空間で動くものの強さや方向を検知できます。ノートパソコンのモニタが角度によってON/OFFする部分などにも使われています。

{加速度センサ}

1秒間の速度変化（加速度）を測定するセンサです。人の動き、衝撃、振動などを検知できます。スマートフォンやタブレット、ゲーム機のコントローラーなどに利用されています。

{ジャイロセンサ}

基準軸に対して1秒間に角度が何度変化しているかを検知するセンサです。加速度センサでは検知できない「回転の動き」を測定することが可能です。カメラの手振れ補正などにも使われています。

{超音波センサ}

人の耳に聞こえない超音波で対象物の有無や距離を計測します。漁業での魚群探知などにも使われています。

{温度・湿度センサ}

温度センサには接触型と非接触型があります。赤外線センサは非接触型の1つです。

{煙センサ}

　煙の細かな粒子によって光がさまざまな方向に散乱することを利用して、煙を探知します。

3　クラウドサーバ(IoTサーバ)

　ネット上にあるコンピュータ資源を利用することをクラウドコンピューティングといいます（380ページ）。IoTでは、センサが取得したデータをインターネット上にあるコンピュータ「クラウドサーバ（IoTサーバ）」で処理します。サーバではデータの分析などの処理が行われ、各種IoT機器のアクチュエータの制御などが行われます。

4　さまざまな分野で活用されているIoT

1 自動車・移動体関連

{コネクテッドカー}

　車両の状態や周囲の道路状況などをセンサで検知し、さらにインターネットを介して情報を集積・処理するIoT機能をもつ自動車のことです 03 。「車車間通信」による道路の安全状況・渋滞状況の共有や、事故の際に自動で緊急通報を行うシステム、盗難時の追跡システムなどの機能をもつ自動車です。

03 コネクテッドカー

タイヤの空気圧が下がっています。点検してください。

この先通行止めです。最短のルートを案内します。

事故発生！警察と消防に連絡します。

{CASE}

CASEは、Connected（コネクテッド）、Autonomous（自動運転）、Shared & Services（カーシェアリングとサービス）、Electric（電気自動車）の頭文字をとった造語です。

{テレマティクス}

Telecommunications（遠隔通信）とInformatics（情報科学）を合わせた造語です。自動車などの移動体に無線通信や情報システムを搭載してさまざまなサービスを提供することをいいます。例えば運送会社の全てのトラックに専用の装置を搭載し、運行状況のデータを収集したり、ドライバーと本部との情報のやり取りなどが行えます。

{MaaS}

MaaS（Mobility as a Service）とは、IoTなどを活用して、電車やバス、飛行機、タクシーなどあらゆる交通機関による移動を1つのサービスとして統合し、ルート検索から支払いまでを一括して行える概念のことです。利用者の利便性の向上の他、公共交通機関の積極的な利用が進み、渋滞の緩和、CO_2の抑制など多くのメリットがあります。

{ドローン}

遠隔操作で操縦できる小型の飛行体です。空からの測量・撮影をはじめ、農業における農薬の散布や畑の育成状況の確認、害獣の駆除、ビルの屋上や建物の屋根などの点検、電線の工事、またネットショップによる空からの宅配などに利用されています。IoTを活用した空からのさまざまな情報収集や作業が期待され、実際に利用されています。ドローンはもともと「雄の蜂」という意味です。

04 ドローン「Mavic Pro Alpine White」DJI

2 工場関連

{スマートファクトリー}

　工場において、生産ラインにある機械やセンサなどをネットワークで接続してIoT化し、生産性や品質の向上を図った工場のことです。工場の無人化を目指して導入している企業も多くあります。IoT、機器間通信（M2M：Machine to Machine）を駆使し、センサ情報をAI（162ページ）などで処理したデータを活用する「サイバーフィジカルシステム」などで構成されます。

{スマート農業}

　農林水産省が推進しているIoTや人工知能などの先端技術を生かした新しい形の農業です。トラクターなど農業機械の自動走行、センシング技術や過去のデータを活用したきめ細やかな栽培（精密農業）、農機の運転アシスト装置、栽培ノウハウのデータ化、生産情報のクラウドシステムによる提供などの普及を目的としています。

{マシンビジョン}

　画像を取り込み、その解析結果に基づいて機器を動作させるシステム。工場のラインで人間の目で製品を検査するのではなくデジタルカメラ、画像処理ソフトウェアなどで検査を行い、不良品の選別など必要な処理を行います。特に精密さが要求される半導体部品工場で広く利用されています。

3 家庭・生活関連

{HEMS}

　HEMS 05 とはHome Energy Management Systemのことで、住宅のエネルギーを住人自らが把握・管理するためのシステムです。電気・ガスなどの使用量のモニタリングや家電製品の自動制御が行えます。IoTと組み合わせることで電力・ガス会社は使用量の把握や状態の監視も行えます。政府は、2030年までに全ての住まいへのHEMS導入を目指しています。

05 HEMS

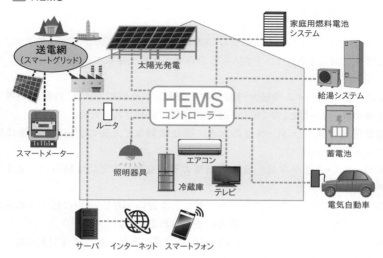

{スマートグラス・ARグラス・MRグラス}

　いずれも眼鏡の形をしたウェアラブルデバイス（179ページ）です 06 。スマートグラスは視界の一部に時刻などデジタル情報を映し出すもので、カメラやセンサは搭載されていません。一方、AR（拡張現実/Augmented Reality）・MR（複合現実/Mixed Reality）グラスは、現実空間にある壁や床などをカメラやセンサで認識し、そこにデジタル情報を重ねて表示します。机の上に実際にあるかのように物（デジタル画像）を映し出すことができます。

06 AR グラス

{ワイヤレス給電}

　非接触・無接点で電力を供給する技術です。電源ケーブルやコネクタが不要で、スマートフォンなどを置いておくだけ、またはカバンに入れておくだけで充電できます。IoTがより活用しやすくなります。

5 IoTネットワーク

　IoTを実現するネットワークに必要な特性として、以下のものが挙げられます。また、この特性に対応する5G、LPWAなどの通信が実用化されています。

- **同時に多数のデバイス接続が可能**…町中のセンサや防犯カメラ、各家庭の電力消費量のメーターなど、多くのIoT機器が同時に接続されるため。
- **大容量通信が可能**…データ量の大きい画像情報など大量のデータを高速に処理する必要があるため。
- **遅延の少ない通信が可能**…自動運転車の安全な制御などには瞬時のレスポンスが必要なため。
- **省電力での通信が可能**…農業用センサなどは電源のない場所に設置されるため。通信速度が多少遅くても省電力が優先されるため。
- **広域な通信が可能**…ドローンの飛行制御や農業・漁業などの情報収集には、幅広い通信エリアが必要なため。

1 5G

　第5世代 (5th Generation) 無線移動通信技術を指します。通信速度は10Gbps以上の高速で、4G (第4世代) の1000倍もの大容量データの送受信が可能な通信です。1平方キロメートル当たり100万台以上のデバイスの同時接続が可能となり、生活、交通、産業、医療、流通など、さまざま分野での応用が期待されています。今後さらに発展するIoTには不可欠な通信技術です。

2 LPWA

　上述の5Gと違い、速さよりも省電力や広範囲という特性をもった通信です。例えばIoTを農業で使用する場合は、広大な畑に大量のセンサを設置して作物の育成状況などの把握をします 07。通信量は多くありませんが、電源のない場所にセンサを設置するため、低コストで長期間使える低消費電力の通信の環境が必要です。LPWA (Low Power Wide Area) は、通信速度は数kbpsから数百kbps程度と低速ですが、一般的な電池で数年から数十年にわたって運用可能です。また、数kmから数十kmもの広域での通信が可能です。主なLPWAの通信規格としてSigfox、LoRaWAN、Wi-Fi HaLow、NB-IoTなどがあります。

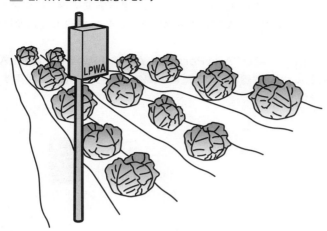

07 LPWA を使った農地のセンサ

3 エッジコンピューティング

IoTデバイスの周辺部（エッジ）にサーバを配置することで通信の遅れを抑え、クラウドサーバ（IoTサーバ）の負荷低減を図る技術を指します。自動運転車の制御などでは、センサ情報を逐一クラウドサーバまで送って処理していると瞬時の判断ができません。そこで、処理をするサーバを交差点周辺など町中に分散して配置する方がリアルタイム性が高まります。工場内などでもセンサや製造装置の近くにエッジサーバが設置されます。

4 BLE

Bluetooth Low Energyの略で、近距離無線通信であるブルートゥース（191ページ）のバージョン4.0で追加された低消費電力の通信モードのことです。省電力で通信できるためスマートデバイスやウェアラブルデバイス（179ページ）などにも活用できます。

5 IoTエリアネットワーク・IoTゲートウェイ

「IoTエリアネットワーク」は、工場内・施設内など限られた範囲のネットワークを指します。これがインターネットに接続されてIoTが実現されます 08 。この接続に使わ

れるのが「IoTゲートウェイ」です。IoTゲートウェイは、通信方式の違いの変換や、IoTエリアネットワーク内のデバイスを束ねて情報伝達を効率化するといった役目があります。

IoTエリアネットワークには、無線PAN（Personal Area Network）、無線LAN（Local Area Network）、有線LAN、また電力線をネットワークとして利用するPLCといった方法が使われます。

08 IoT ネットワーク

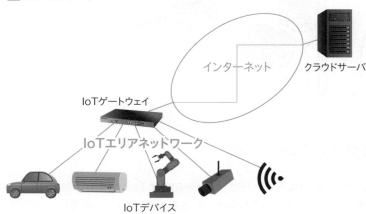

6 組込みシステム

組込みシステム（Embedded System）は、産業用ロボットや事務機器、自動車、家電品、通信機器、携帯電話、携帯情報端末などに搭載されているもので、その機械を制御するためのシステムです。組込みシステムにはマイクロコンピュータ（マイコン）09 という小型のコンピュータが使われています。産業用機器などでは回転数などを感知して瞬時に制御を行う必要があるため、リアルタイム処理の精度の高さや高い安全性・信頼性が求められます。近年ではインターネットを利用するIoT機能をもった組込みシステムが増えています。

09 組込みシステムに使われるマイコンボード

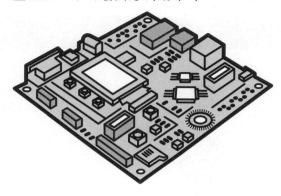

{ファームウェア}

　ファームウェア（Firmware）とは、機械の基本的な制御を行うプログラムです。機械に搭載された組込みシステムのマイコンのROM（180ページ）などにあらかじめ書き込まれた状態で出荷されます。導入後、ファームウェアをインターネットなどで更新できる機能を備えた組込み機器もあります。

{ロボティクス}

　「ロボット工学」を指す言葉です。ロボットの制作・設計に必要な機械工学、電気電子工学、ロボットの動きを制御するソフトウェアを扱う情報工学に関する学問を指します。

7　IoTのセキュリティ

　IoT機器は、センサやカメラが取得した情報をインターネットに送るものです。このため、秘密としておくべき情報や監視カメラなどが捉えたプライバシーに関する画像などが漏えいする場合があります。そのため十分なセキュリティ対策が必要です。特に一般ユーザは、IoT機器購入時に設定されているパスワード（デフォルト設定）をそのままで利用しないよう、注意する必要があります。

02

AI

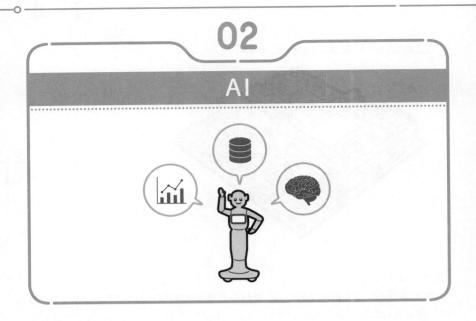

［ 1　AIは人工知能 ］

AIはArtificial Intelligenceの略で、認識、判断、推論、問題解決、学習など人間の知的行動をコンピュータに行わせる技術です。コンピュータが蓄積したデータから推論や判断を行ったり、人間の言葉や手書き文字を理解するパターン認識や音声認識、画像認識、さらに自動翻訳、天気予報にまで幅広く活用されています。

{ルールベース}

人間が記述したルールによって判断を行うAIです。例えば、犬は毛で覆われている、尻尾がある、4本足であるといった、人間が記述した事細かなルールによって、画像に映るものを犬と判断させるプログラムを作成するものです。現在主流の「機械学習」が確立される以前の方式です。

{特徴量}

対象となるものの特徴を数値化したものです。データを特徴量に変換する作業を特徴抽出といいます。例えば、後述する「ニューラルネットワーク」を利用した「機械学習」では、さまざまな犬の画像を大量に読み込ませる（学習させる）ことで、犬と判断するための特徴量をコンピュータが算出します。

1 機械学習

　機械学習とは、コンピュータにデータを数多く与え、そこに潜むデータの関係性やパターンをシステム自体が見つけ出し、分類、学習することです。学習した結果によって判定や将来の予測なども行えます。機械学習は、図のように「教師あり学習」、「教師なし学習」、「強化学習」の大きく3つに分類されます 10 。

10 AIの分類

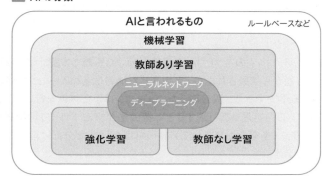

{教師あり学習}

　例えば、「犬」というラベル（正解）をつけたさまざまな犬の画像をコンピュータに与え、犬と判断するための特徴量をコンピュータに学習させるのが教師あり学習です。過去のデータを数多く学習させて、売上予測、病気の罹患（りかん）予測、契約の成約予測、顧客の離反予測などが行えます。

{教師なし学習}

　正解のない（ラベルづけしていない）データをコンピュータに与え、特徴量を学習させ、パターンやカテゴリーに分類させたり、規則性や相関性を解析させるのに適しているのが教師なし学習です。顧客セグメンテーション（顧客を同じようなニーズや属性のグループに分類すること）や、店舗クラスタリング（店舗を属性や商圏特性に応じて分類すること）などに適しています。

{強化学習}

　コンピュータに対し正解のあるデータを与えず、「行動の選択肢」と、評価や採点といった「報酬」を用意します。正解がわからない問題に対して、コンピュータがより高い「報酬」を獲得するために試行錯誤しながら答えを探していく学習法です。自動車

の自動走行制御、建築物の揺れ制御などに活用されています。

2 ディープラーニング（深層学習）

　機械学習の1つで、後述する人間の脳神経ネットワークを模倣した「ニューラルネットワーク」を利用したAI技術です。人間の指示を必要とせず、データを与えるとデータの特徴量を段階的に判断・抽出していきます。ニューラルネットワークを多層化して特徴を見つけることからディープラーニング（深層学習）といわれます。

｛ニューラルネットワーク｝

　脳内の神経細胞（ニューロン）のネットワーク構造を模したものです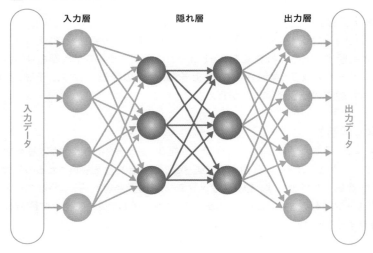。入力層、中間層（隠れ層）、出力層から構成されます。入力された情報は各ニューロンで処理され、別のニューロンに伝送されます。受け取ったニューロンはまた処理を行い、別のニューロンに伝送します。この処理を繰り返すことで特徴量が算出され、処理結果を出力します。中間層が多く（多層化されていて）情報処理が増えた分だけ精度の高い結果を出すことができます。

11 ニューラルネットワーク

｛バックプロパゲーション｝

　ニューラルネットワークで推論と正解が異なる場合、出力結果をもとに全体の修正を行います。これをバックプロパゲーション（誤差逆伝播法）といいます。誤差を出力

側から逆方向に戻して各ニューロンの誤りを修正する方法です。

2 AIの活用

1 AIのタイプ

{特化型AI}

　特定の決まった作業をするためのAIです。画像認識、文字認識、会話、自動運転など、1つの機能に特化して使われるタイプのAIです。すでにさまざまな分野で実用化が進んでいます。

{汎用AI}

　特定のことに限定せず、人間のように広い適用能力と汎化能力をもつAIです。実用化には課題も多いとされています。

2 AIを利活用するうえでの原則

　AI利活用の原則は、AIをより良い形で社会で共有することです。人間中心の原則、公平性、説明責任、透明性の原則など「人間中心のAI社会原則」を守っていく必要があります。

{AI利活用ガイドライン}

　AIサービスプロバイダ、最終利用者、データ提供者が留意する原則として総務省がまとめたガイドラインです。以下の10の原則が定められています。①適正利用の原則、②適正学習の原則、③連携の原則、④安全の原則、⑤セキュリティの原則、⑥プライバシーの原則、⑦尊厳・自律の原則、⑧公平性の原則、⑨透明性の原則、⑩アカウンタビリティの原則

{信頼できるAIのための倫理ガイドライン(Ethics guidelines for trustworthy AI)}

　欧州連合(EU)が発表した倫理ガイドラインです。①人の監督、②堅固な安全性、③プライバシーとデータのガバナンス、④透明性、⑤多様性、非差別、公平性、⑥社会および環境の幸福、⑦説明責任、以上の7つをAIの開発者が守るべき重要項目として挙げています。

{人工知能学会倫理指針}

　研究者は、人工知能が人間社会に有益なものとなるよう努力し、自らの良心と良識に従って倫理的に行動しなければならないとしています。「人類への貢献」、「法規制の遵守」、「安全性」などの根本的な考え方が記されています。

③ AIの活用分野と活用目的

　AIは、研究開発、調達、製造、物流、販売、マーケティング、サービス、金融、インフラ、公共、ヘルスケアなど、生産から消費、文化活動までさまざまな領域で活用されています。現在ではビッグデータ（286ページ）の分析にも欠かせないものになっています。AIは現在、仮説検証、知識発見、原因究明、計画策定、判断支援、活動代替など、さまざまな目的に利用されています。

{自動運転}

　自動運転車 12 は、「ロボットカー」や「UGV（Unmanned Ground Vehicle）」とも呼ばれます。レーダーやGPS、カメラなどで周囲の状況を認識し、収集した情報をAI（人工知能）によって処理して安全に走行します。自動運転車ではAIと「画像理解システム」が重要な役割を果たしています。

12 実用化に向けて実証実験が進む自動運転車

{AIアシスタント、スマートスピーカ、チャットボット}

　AIアシスタントは、ユーザからのさまざまな質問や依頼の音声を認識し、それに応えるAI技術です。スマートフォンなどに搭載された「Googleアシスタント」、「Siri」、「Alexa」といったチャットボット（423ページ）が代表的です。チャットボットとは、対話（chat）とロボット（bot）を合わせた造語です。スマートスピーカ 13 は、この機能をもった卓上型などの装置です。調べ物、商品の購入、家電の操作といった問い合わせや依頼を、音声などの対話を通して実現します。

13 スマートスピーカ「HomePod mini」アップル（左）、「Echo Dot」アマゾンジャパン（右）

｛ロボット｝

　産業用、医療用、介護用、災害対策用など、さまざまな分野でロボットの活用・実用化が進んでいます。センサなどによりその場の状況を把握し、AI（人工知能）やIoTを活用して製造を行う産業用ロボット**14**や、深海や事故現場など人が入り込めない場所を探索する遠隔操作ロボット、ホテルや企業の受付を行う人型ロボット**15**、山間部や離島など行きにくい場所に荷物を届けるドローンロボット、医療現場で手術を行う手術ロボットなど、さまざまな分野にロボットが進出しています。

14 産業用ロボット　　　　　　**15 人型ロボット**

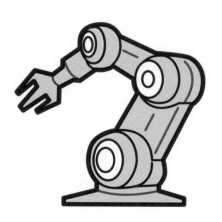 

4 AIの留意点

{データのバイアス、アルゴリズムのバイアス}

　AIによる判断にはさまざまな「偏り（バイアス）」が存在する可能性があります。AIの「機械学習」は、人間が集めてきたデータを使って学習するため、どうしても処理結果に偏りが生じます。こうしたデータのバイアスには、①統計的バイアス（標本の偏りなど）、②社会の様態によって生じるバイアス（人種差別などがデータに反映されてしまうなど）、③AI利用者の悪意によるバイアス（AIに悪意のあるデータを学習させる）などが挙げられます。

　また、アルゴリズムのバイアスとはAIシステムの出力から生じる公平性の欠如のことです。こうしたAIの長所・短所をよく理解したうえでAIを利用する必要があります。

ここが重要!

\ 絶対暗記! /

試験に出やすい キーワード ✓

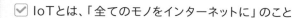

☑ IoTとは、「全てのモノをインターネットに」のこと　参照 P.151

☑ IoTは、センサ、インターネット、クラウドサーバ、アクチュエータで構成される　参照 P.152

☑ アクチュエータは現実世界を動かすもの　参照 P.152

☑ 磁気センサは、PCのモニタの角度でON/OFFする機構に使われる　参照 P.153

☑ ジャイロセンサはカメラの手振れ補正などに使われる　参照 P.153

☑ HEMSは住宅のエネルギーを住民自らが把握・管理できるシステム　参照 P.156

☑ スマートグラス・ARグラス・MRグラスは眼鏡型のウェアラブルデバイス　参照 P.157

☑ 5Gは第5世代無線移動通信技術。通信速度は10Gbps以上　参照 P.158

☑ LPWA（Low Power Wide Area）は省電力・広範囲の通信　参照 P.158

☑ IoTエリアネットワークは限られた範囲のネットワーク。無線PAN、無線LAN、有線LAN、電力線を利用するPLCが使われる　参照 P.159

☑ エッジコンピューティングは、IoTデバイスの近くにサーバを配置しリアルタイム性を向上　参照 P.159

☑ BLEはブルートゥースのバージョン4.0で追加された低消費電力の通信モード　参照 P.159

☑ 組込みシステムは、その機械を制御するためのシステム　参照 P.160

☑ ファームウェアは組込みシステムにあらかじめ書き込まれているプログラム　参照 P.161

☑ IoTのセキュリティで重要なのはデフォルト設定のパスワードをそのまま利用しないこと　参照 P.161

☑ AIは人工知能　参照 P.162

☑ ルールベースは人間が記述したルールによって判断を行うAI　参照 P.162

☑ 機械学習はコンピュータにデータを数多く与えて、システム自体が学習するAI技術　参照 P.163

☑ 特徴量は対象となるものの特徴を数値化したもの　参照 P.162

☑ 教師あり学習は、正解データをコンピュータに与えて特徴量を学習させる。判断、予測に向いている　参照 P.163

☑ 教師なし学習は正解のないデータをコンピュータに与え特徴量を学習させ、パターン分類する。属性ごとの分類に向いている 参照 P.163

☑ 強化学習はコンピュータが「報酬」を獲得するために試行錯誤しながら答えを探していく 参照 P.163

☑ ディープラーニング(深層学習)はニューラルネットワークを多層化したAI技術 参照 P.164

☑ ニューラルネットワークは人間の脳神経ネットワークを模倣したもの 参照 P.164

☑ AIアシスタントは音声を認識しそれに応える。スマートスピーカやスマートフォンがもつ機能 参照 P.166

☑ AIの基本原則は「人間中心」であること 参照 P.165

☑ データのバイアスはAIに与えるデータの偏り 参照 P.168

過去問にTry!

解説動画はこちら

本章で学んだことをもとに、ITパスポート資格試験の過去問に挑戦してみよう！

問 1　　　　　　　　　　　　　　　　　　　　　　令和4年　問97

水田の水位を計測することによって、水田の水門を自動的に開閉するIoTシステムがある。図中のa, bに入れる字句の適切な組合せはどれか。　ヒント P.152

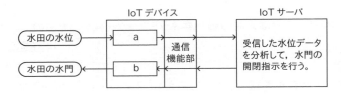

凡例 ──→：データや信号の送信方向

	a	b
ア	アクチュエータ	IoTゲートウェイ
イ	アクチュエータ	センサ
ウ	センサ	IoTゲートウェイ
エ	センサ	アクチュエータ

問 2　　　　　　　　　　　　　　　　　　　　　令和3年春期　問72

IoTデバイスとIoTサーバで構成され、IoTデバイスが計測した外気温をIoTサーバへ送り、IoTサーバからの指示で窓を開閉するシステムがある。このシステムのIoTデバイスに搭載されて、窓を開閉する役割をもつものはどれか。　ヒント P.152

ア　アクチュエータ　　　　　　　イ　エッジコンピューティング
ウ　キャリアアグリゲーション　　エ　センサ

問 3
令和3年春期 問86

店内に設置した多数のネットワークカメラから得たデータを，インターネットを介してIoTサーバに送信し，顧客の行動を分析するシステムを構築する。このとき，IoTゲートウェイを店舗内に配置し，映像解析処理を実行して映像から人物の座標データだけを抽出することによって，データ量を減らしてから送信するシステム形態をとった。このようなシステム形態を何と呼ぶか。 ヒント P.159

ア　MDM　　　　　　　　　　　　イ　SDN
ウ　エッジコンピューティング　　エ　デュプレックスシステム

問 4
平成31年春期 問73

LTEよりも通信速度が高速なだけではなく，より多くの端末が接続でき，通信の遅延も少ないという特徴をもつ移動通信システムはどれか。 ヒント P.158

ア　ブロックチェーン　　　　イ　MVNO
ウ　8K　　　　　　　　　　　エ　5G

問 5
令和3年春期 問92

IoT機器からのデータ収集などを行う際の通信に用いられる，数十kmまでの範囲で無線通信が可能な広域性と省電力性を備えるものはどれか。 ヒント P.158

ア　BLE　　　イ　LPWA　　　ウ　MDM　　　エ　MVNO

問 6
令和4年 問92

IoTエリアネットワークの通信などに利用されるBLEは，Bluetooth4.0で追加された仕様である。BLEに関する記述のうち，適切なものはどれか。 ヒント P.159

ア　Wi-Fiのアクセスポイントとも通信ができるようになった。
イ　一般的なボタン電池で，半年から数年間の連続動作が可能なほどに低消費電力である。

ウ 従来の規格であるBluetooth3.0以前と互換性がある。

エ デバイスとの通信には，赤外線も使用できる。

問 7　　　　　　　　　　　　　　　　　　　　　　　　　　　　令和元年秋期　問21

ディープラーニングに関する記述として，最も適切なものはどれか。　ヒント P.164

ア 営業，マーケティング，アフタサービスなどの顧客に関わる部門間で情報や業務の流れを統合する仕組み

イ コンピュータなどのディジタル機器，通信ネットワークを利用して実施される教育，学習，研修の形態

ウ 組織内の各個人がもつ知識やノウハウを組織全体で共有し，有効活用する仕組み

エ 大量のデータを人間の脳神経回路を模したモデルで解析することによって，コンピュータ自体がデータの特徴を抽出，学習する技術

問 8　　　　　　　　　　　　　　　　　　　　　　　　　　　　令和4年　問67

ディープラーニングに関する記述として，最も適切なものはどれか。　ヒント P.164

ア インターネット上に提示された教材を使って，距離や時間の制約を受けることなく，習熟度に応じて学習をする方法である。

イ コンピュータが大量のデータを分析し，ニューラルネットワークを用いて自ら規則性を見つけ出し，推論や判断を行う。

ウ 体系的に分類された特定分野の専門的な知識から，適切な回答を提供する。

エ 一人一人の習熟度，理解に応じて，問題の難易度や必要とする知識，スキルを推定する。

問 9　　　　　　　　　　　　　　　　　　　　　　　　　　　　令和元年秋期　問22

人工知能の活用事例として，最も適切なものはどれか。　ヒント P.162

ア　運転手が関与せずに，自動車の加速，操縦，制動の全てをシステムが行う。

イ　オフィスの自席にいながら，会議室やトイレの空き状況がリアルタイムに分かる。

ウ　銀行のような中央管理者を置かなくても，分散型の合意形成技術によって，取引の承認を行う。

エ　自宅のPCから事前に入力し，窓口に行かなくても自動で振替や振込を行う。

問 10　　　　　　　　　　　　　　　　　　　　　　　　　　令和3年春期　問20

画像認識システムにおける機械学習の事例として，適切なものはどれか。

ヒント P.163

ア　オフィスのドアの解錠に虹彩の画像による認証の仕組みを導入することによって，セキュリティが強化できるようになった。

イ　果物の写真をコンピュータに大量に入力することで，コンピュータ自身が果物の特徴を自動的に抽出することができるようになった。

ウ　スマートフォンが他人に利用されるのを防止するために，指紋の画像認識でロック解除できるようになった。

エ　ヘルプデスクの画面に，システムの使い方についての問合せを文字で入力すると，会話形式で応答を得ることができるようになった。

問 11　　　　　　　　　　　　　　　　　　　　　　　　　　令和4年　問80

自動車などの移動体に搭載されたセンサや表示機器を通信システムや情報システムと連動させて，運転者へ様々な情報をリアルタイムに提供することを可能にするものはどれか。

ヒント P.152

ア　アクチュエータ　　　　　　　イ　キャリアアグリゲーション

ウ　スマートメータ　　　　　　　エ　テレマティクス

コンピュータの構成

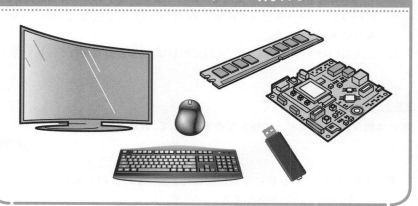

⌐ 1　入力、記憶、制御、演算、出力の5大機能 ⌐

コンピュータは、次の5つの機能 **01** で構成されています。

1. **入力機能**…処理するためのデータを入力する機能。キーボード、マウスなどが入力装置です。
2. **記憶機能**…データを記憶する機能。主記憶装置（メインメモリ）、ハードディスクなどの補助記憶装置がもつ機能です。
3. **制御機能**…各装置を制御したり、命令を解読し演算装置に渡すなど、プロセッサ内で行う演算以外の機能です。
4. **演算機能**…演算を行う機能。プロセッサ内にある機能です。
5. **出力機能**…処理した結果を出力する機能。ディスプレイ、プリンタなどが出力装置です。

テクノロジ系

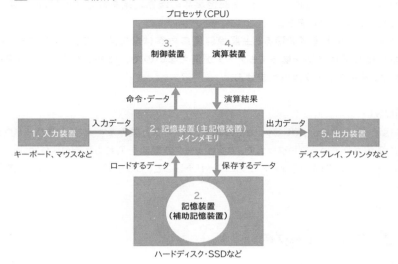

01 コンピュータを構成する5つの機能をもつ装置

⌈ 2 コンピュータの処理の流れ ⌋

コンピュータが5大機能を使って処理をする流れは以下のようになっています。

① 電源を入れるとBIOS（後述）の内容を読み込み、ハードディスクなどの補助記憶装置に保存されているOS（Windowsなど）のプログラムが主記憶装置（メインメモリ）に読み出されます（ロードされます）。

② アプリケーションソフト（表計算ソフトなど）を起動すると、補助記憶装置に保存されていたアプリケーションソフトのプログラムが主記憶装置にロードされます。

③ 利用者が入力装置（キーボードなど）からアプリケーションソフトに「データ」や「命令」を与えます。

④ 入力した「データ」や「命令」が主記憶装置に記憶されます。

⑤ プロセッサの制御装置が主記憶装置から命令を取り出して解読し、演算装置に渡します（足し算して、引き算してなど）。

⑥ 主記憶装置から処理に使う「データ」を取り出し、演算装置が演算を行い、処理結果を主記憶装置に書き込みます。

⑦ 主記憶装置に書き込まれた処理結果を出力装置（ディスプレイなど）に出力します。

⑧ 利用者が保存の操作を行うと、主記憶装置の演算結果を含むファイルが補助記憶装置に保存されます。

⑨ コンピュータの電源を切ると主記憶装置の内容は全て消えてしまいますが、補助記憶装置は電源を切ってもデータが消えないので、OSやプログラム、保存したファイルのデータは消えません。

{BIOS}

Basic Input Output Systemの略で、バイオスと読みます。マシン（ハードウェア）に搭載されているプログラムで、コンピュータの電源を入れるとBIOSが読み込まれ、ハードディスク内のOSをメモリにロードするなど、OSが起動する前に各種装置の制御を行います。

3 コンピュータの種類

用途によってさまざまなコンピュータがあります。

コンピュータの種類

名称	説明
PC （パーソナルコンピュータ）	一般的なパソコン。ノート型、デスクトップ型などがある。クライアント用OSが使われ、その上でアプリケーションソフトを使うことが一般的。ビジネスからプライベートまで幅広く使われている
サーバ	Webサーバ、メールサーバ、データベースサーバなど、サービスを提供する側のコンピュータとして使われる。サーバ用OSを入れて使用し、PCなどのクライアントマシンにさまざまなサービスを提供するのに適したコンピュータ
携帯端末	スマートフォン、タブレット端末などのスマートデバイス（多くの用途に使える携帯型多機能端末）などがある
汎用コンピュータ	企業の基幹業務システムなどに用いられる大型コンピュータのことで、メインフレームとも呼ばれる。ネットワークで複数の端末をつなげて、集中処理する場合などに使われる

{ウェアラブルデバイス}

　腕時計型や眼鏡型（スマートグラスなど）など、身につけて利用する機器を<mark>ウェアラブルデバイス</mark>といいます。<mark>アクティビティトラッカ</mark>は、歩数や運動時間、睡眠時間などを計測するウェアラブルデバイスです。

4　プロセッサ

　5大機能のうちの制御機能と演算機能をもつプロセッサ **02** は、コンピュータの頭脳ともいえる部品です。CPU（Central Processing Unit）ともいわれます。プロセッサの性能は、コンピュータの性能を大きく左右します。

02 プロセッサ　「Core i9 プロセッサー」インテル

■ クロック周波数

　プロセッサ内部では、クロック信号という動作のタイミングをとるための信号が一定の間隔で発せられています。この周期を表すのが<mark>クロック周波数</mark>です。単位はHz（ヘルツ）で表します。Hzには「1秒間に何回」という意味があります。100Hzならば1秒間に100回、クロックが発せられるプロセッサということになります。プロセッサはクロック周波数に合わせて処理を行うので、この値が大きいほど高速で性能が良いということになります。4GHz（1秒間に4,000,000,000回）の製品など、プロセッサの性能は進化しています。

ハードウェアとシステム構成

2 マルチコアプロセッサ

　最近のコンピュータは、処理を高速化するために1つのCPUに2つや4つの制御・演算装置（コア）を配置しています。こうしたプロセッサを マルチコアプロセッサ といいます。コアが2つのものはデュアルコア、4つのものはクアッドコアと呼ばれます。

3 GPU

　GPU（Graphics Processing Unit）は、3Dグラフィックスなどの画像描写における演算処理を行う画像処理に特化したプロセッサです。グラフィックコントローラとも呼ばれます。

5 メモリ

1 RAMとROM

　コンピュータ内部の主記憶装置（メインメモリ）は、電源の供給が途絶えると中のデータは全て消えてしまします。しかし、USBメモリやデジタルカメラのメモリの中のデータは、電源が供給されなくても消えません。これは、RAMとROMの違いです。RAM（Random Access Memory）03 は、電源の供給がないとデータが消えてしまう「揮発性」のメモリです。ROM（Read Only Memory）04 は、電源の供給がなくてもデータが消えない「不揮発性」のメモリです。

RAM の種類

種類	説明
DRAM	主に主記憶装置に使われる。8GBなど容量も大きく1バイト当たりの単価は安価で、アクセス速度（読み書き速度）が遅い
SRAM	キャッシュメモリ（184ページ）に使われる。容量は小さく1バイト当たりの単価は高価で、アクセス速度が速い

03 DRAM （パソコン用）

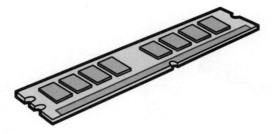

代表的な RAM

種類	説明
DDR3 SDRAM	SDRAMとはシンクロナスDRAMのことで、外部のクロック信号に同期して動作するDRAMのこと。DDR3は第3世代のSDRAMで高速なデータ伝送、消費電力の低減を実現している。入出力ピンの数は240ピン
DDR4 SDRAM	DDR3 SDRAMの2倍高速にデータ伝送が可能な第4世代のSDRAM。入出力ピンの数は288ピン
DIMM	Dual Inline Memory Moduleのことで、メモリの金属端子が表と裏でそれぞれ別の端子として機能するもの
SO-DIMM	Small Outline Dual Inline Memory Moduleのことで、ノートPCやタブレットPCなどに使われる小型のメモリモジュールのこと

代表的な ROM

種類	説明
マスクROM	製造時点で書き込まれたデータを、利用者があとから書き換えできないROM
フラッシュメモリ（EEPROM）	電気的にデータを消去して書き換え可能にしているROMをEEPROMという。フラッシュメモリはこのEEPROMの一種で、SDカードやUSBメモリなどが含まれる

04 USB メモリ

2 記憶媒体

{HDD（ハードディスクドライブ）}

補助記憶装置の代表が HDD（ハードディスクドライブ）**05** です。磁気でデータを記録します、10TB（テラバイト）以上の大容量のものもあります。セクタというディスクの表面の区分けされた領域にデータを保存します。データの書き込みや消去を繰り返していると、1つのまとまったデータが連続したセクタに入らず、あちこちのセクタに分散して入るようになってしまいます。これをフラグメンテーション（断片化）といいます。断片化するとデータの読み書き込み速度（アクセス速度）が遅くなります。フラグメンテーションをOSの機能などを使って解消することを「デフラグ」といいます。

05 ハードディスクドライブ 「Data Center HDDs」ウエスタンデジタル

{SSD（ソリッドステートドライブ）}

ハードディスクにはディスクを回転させるモータや、データの読み書きを行う磁気ヘッドなどの可動部分があります。このため、長期間使用していると壊れやすいという問題があります。SSD 06 はフラッシュメモリを大容量化し、ハードディスクに代わる記憶装置としたものです。可動部分がないため、衝撃や振動に強い他、データのアクセスが高速、消費電力が少ない、音が静かといった特徴があります。ただし、書き込み回数が増えてくると（数万回）、エラーが発生しやすくなるという問題があります。普及が進み、パソコンの補助記憶装置はHDDからSSDに変わってきています。

06 SSD「IX SN530 Industria NVMe SSD」ウエスタンデジタル

ハードウェアとシステム構成

{光ディスク}

光ディスクとはCD、DVD、Blu-rayディスクなど、レーザー光線でデータの読み書きを行う記憶媒体のことです。直径はどれも12cmで（8cmのものもあります）種類により、記憶容量の違いだけでなく、読み取り専用型、追記型、書き換え型があります。

光ディスクの種類

分類	記憶容量	記憶媒体	タイプ
CD	650MB 700MB	CD-ROM	読み取り専用型
		CD-R	追記型
		CD-RW	書き換え型
DVD	4.7GB（片面1層） 8.5GB（片面2層） 9.4GB（両面1層） 17GB（両面2層）	DVD-ROM	読み取り専用型
		DVD-R	追記型
		DVD-RW DVD-RAM DVD+RW	書き換え型
Blu-rayディスク	25GB（片面1層） 50GB（片面2層）	BD-ROM	読み取り専用型
		BD-R	追記型
		BD-RE	書き換え型

{Blu-rayディスク（ブルーレイディスク）}

　光ディスクの1つですが、レーザー波長をDVDよりも短くし、25GB以上の大容量を実現させたディスクです。2時間以上の映画なども1枚に収録できます。青紫色レーザーでデータを読み取ることから「ブルーレイ」と呼ばれています。

{SDカード}

　USBメモリと同じく、フラッシュメモリの一種です。SDカードには、形状（サイズ）の違いによって、SDカード、miniSDカード、microSDカードの3つの規格があります **07**。また2Gバイトまでを一般のSDカード、2Gバイト超32Gバイトまでの容量のものをSDHCカード、32Gバイト超2TバイトまでのものをSDXCカードといいます。

07 各種 SD カード

---

3 記憶階層

　大容量でアクセス速度の遅いハードディスクなどの補助記憶装置から、容量は非常に小さくアクセス速度が速いプロセッサ内のレジスタまで、コンピュータにはさまざまな記憶装置が使われています。これを記憶階層といいます。**08** で、アクセス速度が速いのは上からレジスタ→キャッシュメモリ→主記憶装置→ディスクキャッシュ→補助記憶装置です。容量が大きい順はその逆になります。

{キャッシュメモリ}

　プロセッサと主記憶装置のアクセス速度の差を解消させるメモリです。容量は小さいですがアクセス速度の速いSRAMというメモリが使われます。

{ディスクキャッシュ}

　主記憶装置と補助記憶装置の速度差を埋めるための記憶装置です。

08 記憶装置の階層

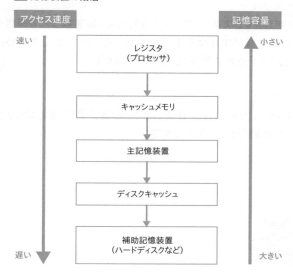

6 入力装置

　キーボードはもちろん、マウスやスマートフォンのタッチパネルなども画面上の座標の位置情報を入力するポインティングデバイスという入力装置です。代表的な入力装置には以下のものがあります。

{キーボード}
　文字や数字を入力する装置です。

{マウス}
　机上で動かすことによって、画面上の座標の位置情報を入力します。底面から出す光の反射を読み取る光学式、レーザー式、ブルーLED方式の他、ボール型（機械式）などがあります。

{タッチパッド、トラックパッド}
　ノートパソコンなどにある平板上で指を動かして使用する装置。指の動きによる微弱な静電容量の変化でマウスポインタを動かします。

ハードウェアとシステム構成

185

{タッチパネル、タッチスクリーン}

　画面を直接タッチして使用します。スマートフォンや銀行のATM装置などで幅広く使われています。指で触れた位置の電圧変化を感知する「抵抗膜方式」、触れると発生する微弱な電流を感知する「静電容量方式」などがあります。

{タブレット・ディジタイザ}

　イラストなど手書きの内容を入力するときに使用します。手書きするときと同じように、平板上でペン型のものを移動させて使用します **09**。

09 **タブレット・ディジタイザ**

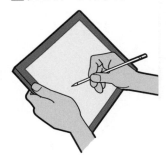

{イメージスキャナ}

　コピー機のようにガラス面に読み込ませたいものを置き、スキャンして使います。画像情報の入力に使うものです。

{バーコードリーダ}

　店舗のレジのPOSシステム（352ページ）などに使われます。バーコードを読み取る装置です。

{Webカメラ}

　パソコンなどに内蔵または外付けで使用するWebカメラ **10** も入力装置の1つです。テレワークやWeb会議には欠かせないものとなっています。

10 Web カメラ

7 出力装置

1 ディスプレイ

{液晶ディスプレイ}

　液晶に電圧をかけて画像を表示します。液晶自体は光らないので、LEDなどの バックライト で裏側から照らす構造になっています。

{有機ELディスプレイ}

　電気を通すと発光する有機化合物により画像を表示します11。電圧を加えると 自ら発光 するので、バックライトが必要なく、消費電力が少ない、薄い、応答速度が速いなどの特徴があります。スマートフォンやパソコンのディスプレイなど、用途が広がってきています。湾曲させて使用することもできます。

11 有機 EL ディスプレイ

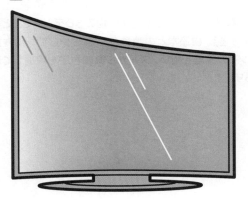

{プロジェクタ}

コンピュータが出力する画像や映像を大型スクリーンなどに投影する装置です。会議やプレゼンテーション以外に、最近は建物などに大型画像を投影するプロジェクションマッピングなどにも使われています。

2 プリンタ

プリンタには以下のようなものがあります。プリンタの精細さを表す指標として、1インチ（2.54cm）の中に何個ドットを印刷できるかを表すdpi（dot per inch）が使われます。

{レーザープリンタ}

レーザー光を使ってトナーを紙に定着させるプリンタです。コピー機と同じ方式で、ページ単位で印刷を行うページプリンタです。

{インクジェットプリンタ}

インクをノズルの先から紙に吹き付けて印刷するプリンタです。家庭などで多く使われます。ドット単位で印刷するので「シリアルプリンタ」と呼ばれます。

{ドットインパクトプリンタ}

印字ヘッドと紙の間にインクリボンを挟み、ヘッドでリボンを打刻することで紙に印字していくプリンタです。カーボン紙を使った複写式の伝票の印刷などに利用されることが多くあります。

{3Dプリンタ}

インクやトナーで印刷する一般的なプリンタとは違い、立体物の3Dデータをもとに立体造形物を形成していく装置です 12 。樹脂などの特殊な材料を少しずつ積み重ねる積層方式、インクジェットプリンタの原理を用いノズルから微細粒子を噴射して形成するインクジェット方式などがあります。

⑫ 3D プリンタ

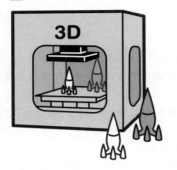

8 入出力インタフェース

入出力インタフェースとは、コンピュータの主要部分と周辺装置などの間でデータのやり取りをする仕組みや方式のことです。よく耳にするUSB（Universal Serial Bus）も、この入出力インタフェースの1つです。

1 シリアルとパラレル

入出力インタフェースは、大きく「シリアル転送」と「パラレル転送」に二分されます⑬。1本の伝送路で1ビットずつデータを転送するのがシリアルインタフェースです。また、複数本の伝送路で数ビットずつ並行して転送するのがパラレルインタフェースです。一般的に、高速に転送できるのはシリアルです。転送速度（伝送速度）は、bps（bit per second：1秒間に何ビット送れるか）で表します。

⑬ シリアル転送とパラレル転送

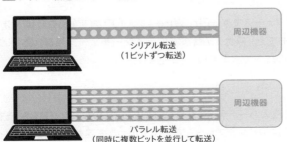

シリアル転送
（1ビットずつ転送）

周辺機器

パラレル転送
（同時に複数ビットを並行して転送）

周辺機器

2 有線インタフェース

{USB}

　最も一般的な入出力インタフェースであるUSBには、以下のような特徴があります。

- USBハブという集線装置を使えば、最大127台までコンピュータに周辺装置を
  ツリー状に接続することができます 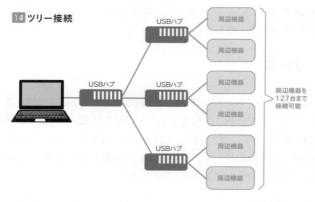。
- いくつかの転送モードがあり、USB3.1以降の規格には10Gbpsの高速な「スー
  パースピードプラスモード」もあります。
- 1ビットずつ転送するシリアルインタフェースです。
- バスパワー機能により、マウスなどの接続した装置に電力の供給もできます。
- ホットプラグ対応なので、コンピュータの電源がONのままケーブルの抜き差し
  ができます。
- Type-A、Type-B、Type-C、Mini、microなどさまざまなタイプのコネクタがあ
  ります。

14 ツリー接続

{IEEE1394（アイトリプルイー1394）}

　シリアル転送のインタフェースです。FireWire（ファイアワイア）とも呼ばれます。
3.2Gbpsの高速転送もでき、最大17台までのデイジーチェーン接続（数珠つな
ぎ）、63台までのツリー接続ができます（ハブが必要）。

{シリアルATA}

　コンピュータ内部で内蔵のハードディスクやSSD、CDやDVDドライブを接続する
際に使われるシリアル転送のインタフェースです6Gbpsの高速転送ができるタイプ
もあります。もともとパラレルのATAという規格（IDE）をシリアルにし、高速にした
ものです。

{SCSI（スカジー）}

パラレル転送のインタフェースです。USBやシリアルATAが登場する以前に多く使われていました。転送速度320Mbpsの規格もあります。

3 無線インタフェース

{Bluetooth（ブルートゥース）}

スマートフォンとワイヤレスヘッドフォン、パソコンとワイヤレスマウスの通信など、多くの用途に使われる無線のインタフェースです。2.4GHz帯の電波を使い、10m範囲内で障害物があっても通信できます。Bluetooth 5.0は最大48 Mbpsの転送速度があります。

{RFID}

RFID（Radio Frequency IDentification）は、ICチップが埋め込まれているカード「ICカード」や「ICタグ」を使って、無線通信や認証、データ記録を行う技術です。電波や電磁波によって非接触で行います。物流で使われるICタグの他、交通系電子マネーカードでも利用されています。汚れに強く、梱包の上からでも読み取れるなどの利点があります。

{NFC}

NFC（Near Field Communication：近距離無線通信）は、前述のRFIDの一種です。非接触型ICカードと対応機器との10cm程度の間で無線通信を行う技術で、パスポートや自販機でタバコを購入するカードなどに使われています。

{IrDA}

IrDA（Infrared Data Association）は赤外線通信を利用した近距離データ通信の技術です。スマートフォン以前の携帯電話同士のデータのやり取りなどに使われていました。

4 画像関連インタフェース

{HDMI}

映像や音声を1本のケーブル接続でき、デジタル信号で伝送するインタフェースです。テレビとハードディスクレコーダーやゲーム機、パソコンとディスプレイやプロジェクタなどの接続に使われます15。著作権保護機能や暗号化機能ももっています。

High-Definition Multimedia Interfaceの略です。

15 HDMI ケーブル

{アナログRGB}

　画像をR（赤）、G（緑）、B（青）の色に分解してアナログ信号として転送する方式
です。「RGB端子」や「VGA端子」と呼ばれるコネクタが利用されます。

{DVI}

　Digital Visual Interfaceの略です。デジタル方式のディスプレイの接続方式の
標準規格の1つです。

{DisplayPort}

　DVIの後継規格として策定されました。超高解像度のディスプレイに対応している
ため医療用画像機器などでも利用されています。

5 デバイスドライバ

　プリンタ、ディスプレイなど周辺機器を接続する場合、その制御を行うためにコン
ピュータにインストールするソフトウェアのことです。最近のコンピュータには、周辺機
器を接続するだけで機器のデバイスドライバがコンピュータにインストールされ、設定
などを自動的に行う仕組みが備わっています。これをプラグアンドプレイといいます。
デバイスドライバは、同じプリンタでもWindowsのパソコンを使用するのであれば
Windows用のもの、macOSで使うのであればmacOS用のものが必要です。

システムの構成

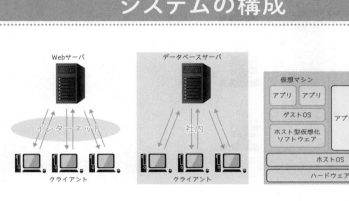

ハードウェアとシステム構成

1 処理形態

コンピュータの処理形態には以下のものがあります。

{集中処理}

1台のホストコンピュータが全ての処理をします。複数の端末がつながっていて、全ての端末がホストコンピュータに処理の依頼をします 16。そのため負荷が大きすぎると、ホストコンピュータが処理しきれず止まってしまうこともあります。ただし1台で全て処理しているため、保守やセキュリティなどは1台だけを管理すればいいという利点があります。

1-5

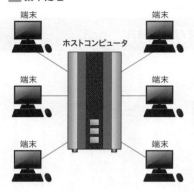

16 集中処理

{分散処理}

　複数台のコンピュータが、それぞれの仕事を分担して処理を行います17。1台が止まっても他のコンピュータは動いているので、システム全体は止まりません。ただし、複数のコンピュータで構成されているため、保守やセキュリティの管理などは複数台必要になります。

17 分散処理

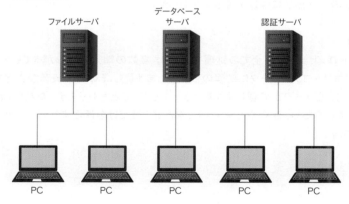

{並列処理}

　複数のコンピュータを用いて1つの仕事を同時に並列して処理する形態です。複数のコンピュータからなる1つの自律的なシステムとなります。

{レプリケーション}

　レプリケーションとはデータベースのレプリカ（複製）を作っておき、通信ネットワークを介してリアルタイムでオリジナルと同期させる（オリジナルが更新されるとレプリカも更新される）ことをいいます。オリジナルにトラブルがあった場合に役立つ他、アクセスの負荷を分散することもできます。レプリカを離れた場所においておくことで、災害時対策にもなります。

2　システム構成

1 クライアントサーバシステム

　例えばWebページの閲覧は、Web閲覧というサービスを提供するコンピュータ「Webサーバ」とそのサービスを受ける（要求する）コンピュータ「クライアント」から構成されています。このような分散処理の形をクライアントサーバシステム18といいます。Webページを閲覧しているとき、スマートフォンやパソコンはクライアントということになります。企業などでは、社内やネットワーク上にあるサーバに、社員のパソコンがクライアントとしてつながっている形が一般的です。

18 クライアントサーバシステム

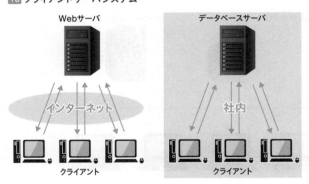

{サーバの種類}

ネットワーク関係のサーバとしては、以下のようなものが挙げられます。

● Webサーバ（WWWサーバともいう）…Webページ閲覧のサービスを提供します。

- メールサーバ…メールの転送サービスを提供します。
- プロキシサーバ…社内のコンピュータに代わって外部のコンピュータとやり取りしてくれるサーバです（114ページ）。
- DNSサーバ…DNSサービスを提供します（084ページ）。
- DHCPサーバ…DHCPのサービスを提供します（072ページ）。

企業内で使われるサーバとしては、以下のようなものが挙げられます。

- データベースサーバ…データベースの機能を提供してくれるサーバ。企業内の他、Webシステムでも使われます。
- ファイルサーバ…業務で使用するファイルの管理を行うサーバです。
- プリンタサーバ…プリンタを管理するサーバです。

{NAS}

NAS（Network Attached Storage）19 は、専用のサーバを用意しなくてもネットワークに直接つなげてデータを保存しておけるストレージ（記憶装置）です。また、こうしたストレージ専用のネットワークをSAN（Storage Area Network）といいます。

19 NAS

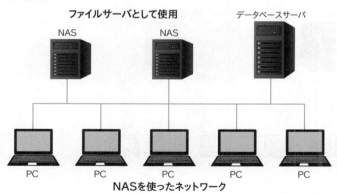

ファイルサーバとして使用　　データベースサーバ

NAS　　NAS

PC　PC　PC　PC　PC

NASを使ったネットワーク

2 ピアツーピア

どれがサーバ、どれがクライアントという関係ではなく、対等な関係で構成される

ネットワークの形を<mark>ピアツーピア</mark>（peer to peer）といいます。小規模な組織などで使われる形です。

3 クラスタ

　クラスタは複数のコンピュータを組み合わせることで、全体で1台のコンピュータであるかのように振舞うシステムです。クラスタ（cluster）には「房」という意味があります。1つのコンピュータよりも処理能力を向上でき、また、いずれか1台のコンピュータが停止した場合でも他のコンピュータで負荷を分散して処理する方法です。

4 Webシステムのシステム構成

　例えばネットショッピングサイトは、①そのサイトのWebページや商品の検索結果を表示してくれる「Webサーバ」、②買い物処理という機能を提供してくれる「アプリケーションサーバ」、③大量の商品データの中から利用者が入力したキーワードの商品を探してくれる「データベースサーバ」などで構成されています[20]。「買い物ソフト」が利用者のパソコンではなく、Web上のアプリケーションサーバにあるのが特徴です。このとき、利用者のパソコンやスマートフォンにあるブラウザ（Webページ閲覧ソフト）は、入力したり結果を表示したりする役割を果たしています。

[20] **Web システムの構成**

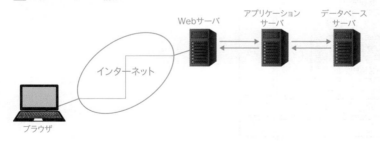

3 仮想化

　1台のコンピュータの中で複数のOSやアプリケーションソフトが動き、あたかも複数台のコンピュータのように機能させる技術を<mark>仮想化</mark>といいます。サーバ（物理マシン）に仮想化ソフトなどをインストールし、その上で複数のOSやアプリケーション（仮

想マシン）を動かす技術です。以下のメリット・デメリットがあります。

- サーバの台数が少なくなるため管理が容易になる。
- 物理マシンのメモリやCPUなどの資源（リソース）を、それぞれの仮想マシンの必要量に応じて柔軟に配分できる。
- 仮想化しない場合より、1台のサーバの利用率が高くなり有効利用ができる。
- 物理マシンが故障した場合、その上で動く全ての仮想マシンが停止するなどの影響を受ける。

1 仮想化の方式

｛ホスト型｝

物理マシンのOS（ホストOS）上に「ホスト型仮想化ソフトウェア」をインストールし、そのソフトウェア上で仮想マシン（仮想的なコンピュータ）のOS（ゲストOS）やアプリケーションを動かす方式です21。ホスト型の特徴は、すでに利用しているサーバやパソコンにも手軽に導入できる点です。しかし仮想マシンがハードウェアへアクセスするにはホストOSを経由しなければならないため、オーバーヘッド（機器やシステムへ掛かる負荷、余分に費やされる処理時間など）が高くなってしまいます。

21 ホスト型仮想化

｛ハイパバイザ型｝

ハイパバイザ型は、「ハイパバイザ」と呼ばれる仮想化ソフトウェアをサーバへ直接インストールし、その上で仮想マシンを稼働させる方式です22。ホストOSを必要としないため仮想マシンのゲストOSがハードウェアを直接制御でき、オーバーヘッドが少なくて済みます。

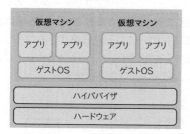

22 ハイパバイザ型仮想化

{コンテナ型}

コンテナ型 23 は、物理マシンのOS（ホストOS）上に「コンテナエンジン」と呼ばれる環境を導入し、「コンテナ」と呼ばれる区画化された環境を構築し、これを稼働させる方式です。区画化されたコンテナ内にはゲストOSがないためオーバーヘッドが少なく、アプリケーションの起動が速いという特徴があります。

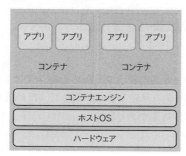

23 コンテナ型仮想化

2 VDI

VDI（Virtual Desktop Infrastructure：仮想デスクトップ環境）24 は、従来端末で行っていたコンピュータ処理を仮想化したサーバ側で行う仕組みのことです。

{VDIの仕組み}

データセンタや社内のサーバを仮想化し、社員など利用者の人数分の仮想マシンを作ります。この仮想マシンにそれぞれの利用者の端末をネットワークを介してつなげて利用します。ここで使われる端末は一般的なパソコンではなく、入出力が行える

だけの「シンクライアント」を利用します。個々のユーザのOSやアプリケーションといった「デスクトップ環境」は全て仮想マシンにあるため、計算や保存といった処理は全て仮想マシン内で行われます。デスクトップ環境をサーバで一元管理できるためシステム管理の負担軽減といったメリットがあります。また、VDIサーバがクラウド上にある場合をDaaS（Desktop as a Service：381ページ）といいます。

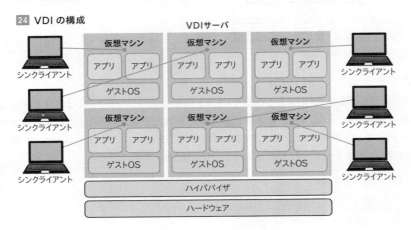

24 VDI の構成

{シンクライアント}

　データの入力と、サーバで処理された結果を画面に表示するための端末です。パソコンの購入・管理コストが抑えられる他、データの保存もサーバ側で行うため社員による情報漏えい対策などセキュリティ確保にも効果があります。

{マイグレーション}

　システムやデータを全面的に新しい環境に移動することをマイグレーションといいます。仮想化においては、仮想マシンを別の物理コンピュータに移動することを指します。仮想マシン上で稼働しているソフトウェアを一旦停止して移動し、そのあとに再開する方式をクイックマイグレーションといい、また実行状態のままで移動することをライブマイグレーションといいます。

4 RAID

　ハードディスクが1つしか装備されていないパソコンと違い、「サーバ」と呼ばれるコンピュータにはハードディスクが複数装備されていることが多くあります。これは、

記憶容量を増やすためだけではありません。複数のディスク装置を使って、データの読み書きの高速性や信頼性を高める仕組みRAID（Redundant Arrays of Inexpensive Disks）の機能をもたせていることが多いためです。RAIDには、高速性を重視したもの、信頼性を重視したものなどさまざまなタイプがあります。

{RAID0（ディスクストライピング）}

データを一定サイズのブロックに分割し、複数のディスクに分散して書き込むことでアクセスの高速化を図ります 25 。ただしディスクが1台でも壊れてしまうと、残ったデータは役に立たないものになってしまいます。

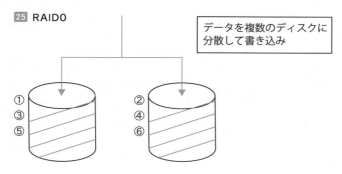

25 RAID0

データを複数のディスクに分散して書き込み

{RAID1（ディスクミラーリング）}

複数のディスクにまったく同じデータを同時に書き込みます 26 。読み書き速度の高速化は図れませんが、1つのディスクが壊れても、もう1つのディスクにデータが全て残っているため安心です。信頼性のある方式です。ただし、10GBの容量のディスクが2台あっても、10GBしか格納することができません。

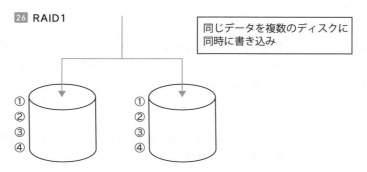

26 RAID1

同じデータを複数のディスクに同時に書き込み

{RAID5}

最低3台のディスクを使う方式で、RAID0と同じように分散して書き込むので高速化が図れます**27**。2つのディスクに分散して書き込み、さらに「パリティ」というデータをもう1つのディスクに書き込みます。パリティは、他の分散したデータの片方が喪失した際、残ったもう片方のデータで喪失したデータを復元できるデータです。そのため、ディスクのどれか1台が壊れてもデータは復元できます。これによりファイルアクセスの高速性と信頼性を同時に実現しています。

27 RAID5

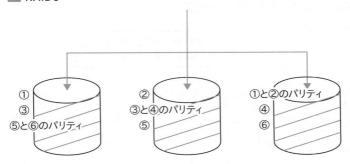

① ③ ⑤と⑥のパリティ   ② ③と④のパリティ ⑤   ①と②のパリティ ④ ⑥

5 利用形態

{バッチ処理}

データを一定期間まとめて処理する方式です。月末までの勤務時間データをまとめて一括処理する給料計算などがこれに当たります。

{リアルタイム処理}

その都度コンピュータに処理をさせ、即座に結果を出させる方式です。チケットの予約やネットショッピングなどがこれに当たります。特に、インターネットなどオンラインによる処理をオンラインリアルタイム処理といいます。

{対話型処理}

ユーザがコンピュータの質問に答える形で処理を進めていきます。ディスプレイや音声で会話をするように作業を進めていく処理方式です。

03

システムの性能

$$稼働率 = \frac{MTBF}{MTBF + MTTR}$$

稼働中	修理中	稼働中	修理中	稼働中	修理中

1 性能の指標

システムの性能を測るための指標には以下のようなものがあります。

{ターンアラウンドタイム}

コンピュータに処理要求を出してから全ての結果が出し終わるまでの時間のことです。バッチ処理の性能指標として使われます。

{レスポンスタイム（応答時間）}

コンピュータに処理要求を出してから応答の始まりまでの時間のことです。オンラインリアルタイム処理の性能指標として使われます。

{スループット}

単位時間当たりの仕事量を示します。同じ時間内にどれだけの処理ができるかを表します。1分間に100件処理できるコンピュータは、1分間に10件しか処理できないコンピュータよりスループットが大きいということになります。

{MIPS（Million Instructions Per Second）}

1秒間に何百万命令実行できるかという性能指標のことです。50,000,000命

令実行できるなら50MIPSとなります。

{ベンチマーク}
　性能評価用の専用プログラムである「ベンチマークプログラム」を使って、CPUの性能、処理時間などを測定することです。

2　信頼性の指標

　信頼性を評価する指標として稼働率があります。「稼働率が高い」とは、使いたいときに使える確率が高い、つまり「可用性が高い」ということです。故障しづらく、また故障をしても修理の時間が短ければ稼働率は高くなります。稼働率の計算にはMTBF（平均故障間動作時間）とMTTR（平均修復時間）を使います。

{MTBF（平均故障間動作時間：Mean Time Between Failures）}
　故障と故障の間隔、つまりシステムが継続して動いている時間の平均を表します。MTBFが長いということは、壊れにくく「信頼性が高い」ということになります。ディスクなどが壊れる前に、時期を見て事前に取り換えるなどの予防保守をすることで、MTBFは長くなります。

{MTTR（平均修復時間：Mean Time To Repair）}
　修復に掛かる時間の平均を表します。この時間が短いということは「保守性が高い」ということになります。

{稼働率}
　稼働率は稼働している時間の割合です。壊れにくく修理に時間が掛からないほど稼働率は大きくなります。MTBFとMTTRから稼働率を求めます。計算式は 28 のとおりです。

28 稼働率

$$稼働率 = \frac{MTBF}{MTBF+MTTR}$$

稼働中	修理中	稼働中	修理中	稼働中	修理中
240時間	12時間	250時間	11時間	230時間	13時間

この時間の平均がMTBF（平均故障間動作時間）

MTBF（平均故障間動作時間）＝（240時間＋250時間＋230時間）÷3＝240時間
MTTR（平均修復時間）＝（12時間＋11時間＋13時間）÷3＝12時間

$$稼働率 = \frac{240時間}{240時間+12時間} = 0.9523$$

{連結されたシステムの稼働率}

　複数のシステムが連結されている場合の全体の稼働率を算出する方法です。直列の場合と並列に連結されている場合で異なります。

● **直列の場合の稼働率の求め方（両方が稼働している場合）**

稼働率＝A×B　　0.9×0.8＝0.72

A 稼働率 0.9	B 稼働率 0.8

● **並列の場合の稼働率の求め方（どちらか一方が稼働していればよい場合）**

稼働率＝1－(1－A)×(1－B)　　1－(1－0.9)×(1－0.8)＝0.98

A 稼働率 0.9
B 稼働率 0.8

ハードウェアとシステム構成

● 直列と並列が混在する場合の計算方法

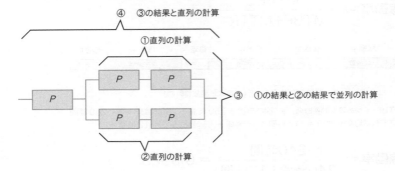

まず①の部分と②の部分（直列の計算）の稼働率をそれぞれ求めます。
次に①の計算結果と②の計算結果で並列の計算をして、③の部分の稼働率を求めます。
最後に③の計算結果と直列の計算をして④の稼働率を求めます。

｛信頼性の設計思想｝

信頼性を高めるための設計思想には以下のものがあります。

- **フォールトトレラント**…故障しにくい部品を使うなど、障害に強い性質をもたせる設計思想。
- **フェールソフト**…システムの一部が故障しても、残りの部分で機能を維持・継続させる設計思想。
- **フェールセーフ**…故障の際に事故などに発展しないよう、安全側に機能する設計思想。
- **フールプルーフ**…操作や使い方を「人間は間違える」ことを前提とした設計思想。

｛冗長構成｝

例えば1つしかないシステムに重要な処理をさせている場合、もし故障してしまったら業務が全て止まってしまいます。そこで、もう1台のコンピュータに並行して同じ処理をさせる方法があります。こうした二重化など、信頼性を高めるシステム構成を冗長（じょうちょう）構成といいます。

- **デュアルシステム**

  2つの系統で全く同じ処理を常に行うシステム構成のことです。このため、一方に障害が発生しても継続して処理が行えます。2つの系列で処理結果の照合（クロスチェック）も行う信頼性の高い方法です[29]。

- **デュプレックスシステム**

  現用系と待機系の2系統があり、普段は現用系が処理を行い、現用系に障害が発生した場合は待機系に切り替える方式です[29]。デュプレックスシステムには、以下のような方法があります。

方法	説明
ホットスタンバイ	待機系には現用系と同じプログラムを常に起動しておくことで、処理の切り替えが短時間で行える
コールドスタンバイ	待機系には、普段は現用系とは違う処理を行わせ、現用系の障害時に現用系と同じプログラムを起動し、処理を切り替える

[29] デュアルシステムとデュプレックスシステム

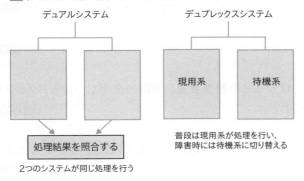

3 経済性の評価

{TCO}

システムの経済性を評価する際に必要なのがシステムに掛かる総コストです。購入の際に掛かった初期コスト（イニシャルコスト）と、電気代や保守料などの運用コスト（ランニングコスト）を全て合わせたものをTCO（Total Cost of Ownership）といいます。TCOにはシステム導入時に職員にシステムの使い方を教えるための研修費なども含まれます。TCOでシステムの費用対効果などを評価します。

\ 絶対暗記！/

試験に出やすい キーワード ✓

☑ コンピュータの5大機能は、入力、記憶、制御、演算、出力 　参照 P.176

☑ プロセッサの性能を決めるクロック周波数。Hz（ヘルツ）で表す

　参照 P.179

☑ GPUは画像処理に特化したプロセッサ 　参照 P.180

☑ RAMは揮発性。電源の供給がないとデータの記憶が保持できないメモリ 　参照 P.180

☑ ROMは不揮発性。電源がなくても記憶を保持できるメモリ 　参照 P.180

☑ USBメモリやSDカードはフラッシュメモリ。ROMの仲間 　参照 P.181

☑ SSDはHDDに代わる補助記憶装置。可動部分がないからアクセス高速、消費電力も小さい 　参照 P.183

☑ Blu-rayディスクはレーザーの波長を短くして25GB以上の大容量を実現 　参照 P.184

☑ 液晶ディスプレイはバックライトが必要。有機ELは自ら発光するから薄くて省電力 　参照 P.187

☑ 3Dプリンタは立体物を形成するプリンタ。積層方式やインクジェット方式がある 　参照 P.180

☑ シリアルは1ビットずつ、パラレルは複数ビットを並行して転送 参照 P.189

☑ USBはハブを使えば127台までツリー接続可能。10Gbpsの高速通信、バスパワーで電源供給もできるシリアルインタフェース 参照 P.190

☑ Bluetoothは2.4GHz帯の電波を利用。10m範囲内で障害物があっても通信可能 参照 P.191

☑ RFID、NFCは電波によってICタグやICカードの非接触認証が可能 参照 P.191

☑ デバイスドライバはプリンタなど周辺機器を制御するためのプログラム 参照 P.192

☑ レプリケーションはデータベースのレプリカ（複製）を作りリアルタイムで同期させること 参照 P.195

☑ NASはネットワークに直接接続されているストレージ（記憶装置） 参照 P.196

☑ ハイパバイザ型の仮想化は、ハイパバイザの上に仮想マシンのゲストOSやアプリを入れる方式。ホストOSが不要 参照 P.198

☑ VDIは仮想デスクトップ環境。クラウドを利用すればDaaS 参照 P.199

ハードウェアとシステム構成

☑ シンクライアントはVDIで使う入出力のための端末。データ保存不可でセキュリティに有効 　参照 P.200

☑ ライブマイグレーションは仮想マシンを別の物理マシンに実行状態で移動させること 　参照 P.200

☑ RAID0はストライピング、複数のディスクに分散書き込みするから高速 　参照 P.201

☑ RAID1はミラーリングで複数のディスクに同じ内容を保存するから信頼性が高い 　参照 P.201

☑ RAID5は、パリティを使って高速性と信頼性を同時に実現 　参照 P.202

☑ バッチ処理はまとめて処理、リアルタイム処理はその都度処理 　参照 P.202

☑ レスポンスタイムは応答時間。MIPSは1秒当たり何百万命令処理するか 　参照 P.203

☑ 稼働率＝MTBF（平均故障間動作時間）÷（MTBF＋MTTR（平均修復時間）） 　参照 P.205

☑ 直列のシステムの稼働率はA×B、並列は1－（1－A）×（1－B） 　参照 P.205

☑ フェールセーフは故障時に安全に機能、フールプルーフは「人は間違える」を考慮した設計思想 　参照 P.206

☑ デュアルシステムは2つが並行して稼働し結果を照合　参照 P.207

☑ デュプレックスシステムは故障したら切り替え。ホットスタンバイは同じ
　システムを立ち上げて待機　参照 P.207

☑ TCOは全ての初期コストと運用コストを合わせたもの　参照 P.207

過去問にTry!

解説動画はこちら

本章で学んだことをもとに、ITパスポート資格試験の過去問に挑戦してみよう!

問 1

平成28年春期 問85

利用者がPCの電源を入れてから，そのPCが使える状態になるまでを四つの段階に分けたとき，最初に実行される段階はどれか。

ヒント P.177

- ア　BIOSの読込み
- イ　OSの読込み
- ウ　ウイルス対策ソフトなどの常駐アプリケーションソフトの読込み
- エ　デバイスドライバの読込み

問 2

令和3年春期 問90

CPUのクロックに関する説明のうち，適切なものはどれか。

ヒント P.179

- ア　USB接続された周辺機器とCPUの間のデータ転送速度は，クロックの周波数によって決まる。
- イ　クロックの間隔が短いほど命令実行に時間が掛かる。
- ウ　クロックは，次に実行すべき命令の格納位置を記録する。
- エ　クロックは，命令実行のタイミングを調整する。

問 3

令和元年秋期 問60

コンピュータの記憶階層におけるキャッシュメモリ，主記憶及び補助記憶と，それぞれに用いられる記憶装置の組合せとして，適切なものはどれか。

ヒント P.180

	キャッシュメモリ	主記憶	補助記憶
ア	DRAM	HDD	DVD
イ	DRAM	SSD	SRAM
ウ	SRAM	DRAM	SSD
エ	SRAM	HDD	DRAM

問 4　　　　　　　　　　　　　　　　　　　　　令和3年春期　問64

CPU内部にある高速小容量の記憶回路であり,演算や制御に関わるデータを一時的に記憶するのに用いられるものはどれか。　ヒント P.184

　ア　GPU　　　　　イ　SSD　　　　ウ　主記憶　　　　エ　レジスタ

問 5　　　　　　　　　　　　　　　　　　　　　平成29年秋期　問82

USBに関する記述のうち,適切なものはどれか。　ヒント P.190

　ア　PCと周辺機器の間のデータ転送速度は,幾つかのモードからPC利用者自らが設定できる。
　イ　USBで接続する周辺機器への電力供給は,全てUSBケーブルを介して行う。
　ウ　周辺機器側のコネクタ形状には幾つかの種類がある。
　エ　パラレルインタフェースであり,複数の信号線でデータを送る。

問 6　　　　　　　　　　　　　　　　　　　　　令和2年秋期　問63

記述a〜dのうち,クライアントサーバシステムの応答時間を短縮するための施策として,適切なものだけを全て挙げたものはどれか。　ヒント P.195

a　クライアントとサーバ間の回線を高速化し,データの送受信時間を短くする。
b　クライアントの台数を増やして,クライアントの利用待ち時間を短くする。
c　クライアントの入力画面で,利用者がデータを入力する時間を短くする。
d　サーバを高性能化して,サーバの処理時間を短くする。

ア a, b, c　　イ a, d　　　ウ b, c　　　エ c, d

問 7　　　　　　　　　　　　　　　　　　　　　令和4年　問99

1台の物理的なコンピュータ上で，複数の仮想サーバを同時に動作させることによって得られる効果に関する記述a〜cのうち，適切なものだけを全て挙げたものはどれか。　　　　　　　　　　　　　　　　　　　　　　　ヒント P.198

a　仮想サーバ上で，それぞれ異なるバージョンのOSを動作させることができ，物理的なコンピュータのリソースを有効活用できる。
b　仮想サーバの数だけ，物理的なコンピュータを増やしたときと同じ処理能力を得られる。
c　物理的なコンピュータがもつHDDの容量と同じ容量のデータを，全ての仮想サーバで同時に記録できる。

ア a　　　　　　イ a, c　　　　ウ b　　　エ c

問 8　　　　　　　　　　　　　　　　　　　　　平成31年春期　問62

複数のハードディスクを論理的に一つのものとして取り扱うための方式①〜③のうち，構成するハードディスクが1台故障してもデータ復旧が可能なものだけを全て挙げたものはどれか。　　　　　　　　　　　　　　　　　ヒント P.200

①RAID5
②ストライピング
③ミラーリング

ア ①, ②　　　イ ①, ②, ③　　ウ ①, ③　　　エ ②, ③

問 9　　　　　　　　　　　　　　　　　　　　　令和4年　問84

IoT機器の記録装置としても用いられ，記録媒体が半導体でできており物理的な駆動機構をもたないので，HDDと比較して低消費電力で耐衝撃性も高いものはどれか。　　　　　　　　　　　　　　　　　　　　　　　　ヒント P.183

テクノロジ系

ア DRM　　イ DVD　　ウ HDMI　　エ SSD

平成31年春期　問90

問 10

入力画面で数値を入力すべきところに誤って英字を入力したらエラーメッセージが表示され, 再入力を求められた。このような工夫をしておく設計思想を表す用語として, 適切なものはどれか。 ヒント P.206

ア　フールプルーフ
イ　フェールソフト
ウ　フォールトトレランス
エ　ロールバック

問 11

令和3年春期　問100

システムの経済性の評価において, TCOの概念が重要視されるようになった理由として, 最も適切なものはどれか。 ヒント P.207

ア　システムの総コストにおいて, 運用費に比べて初期費用の割合が増大した。
イ　システムの総コストにおいて, 初期費用に比べて運用費の割合が増大した。
ウ　システムの総コストにおいて, 初期費用に占めるソフトウェア費用の割合が増大した。
エ　システムの総コストにおいて, 初期費用に占めるハードウェア費用の割合が増大した。

ハードウェアとシステム構成

正解

問11…イ
問10…ア　問9…エ　問8…ウ　問7…イ　問6…イ
問5…ウ　問4…エ　問3…ウ　問2…エ　問1…イ

01

ソフトウェア

1 OS（オペレーティングシステム）の役割

コンピュータは、マシン（ハードウェア）だけでは動きません。ソフトウェアが必要です。その1つがOS（オペレーティングシステム）です。日本語では「基本ソフト」と呼ばれています。OSはコンピュータのハードウェアやソフトウェア資源を効率的に利用するための管理機能、制御機能をもっています。パソコンのWindowsやスマートフォンのAndroid、iOSは代表的なOSです。コンピュータは、マシンの上でOSが動き、その上で表計算ソフトなどのアプリケーションソフト（応用ソフト）が動く「マシン、OS、アプリ」の3段重ね 01 になっています。

01 コンピュータを動作させる3段重ねの構成

アプリケーションソフト（応用ソフト）　◀ Word、Excel、写真加工アプリなど

OS（基本ソフト）　◀ Windows、Linux、Android、iOSなど

マシン（ハードウェア）　◀ コンピュータの機械そのもの

｛OSの主な機能｝

● ハードウェアの管理…入力・出力・記憶・演算装置、周辺機器などのハードウェアを管理・制御します。

- タスクの管理…コンピュータに与えられた仕事（タスク）を効率的に処理するよう管理します。
- メモリ管理…仮想記憶（後述）など、限られた容量の記憶装置を効率的に管理します。
- ファイルの管理…ファイルやフォルダを管理します。
- ユーザ管理…ユーザ（利用者）の管理や、ユーザごとの設定の管理などを行います。
- ネットワーク・セキュリティ機能…ネットワーク、セキュリティに関する各種機能をもっています。

｛マルチタスク…タスクの管理｝

　複数のプログラムを同時に立ち上げて利用できる技術です。最近のOSのほとんどはマルチタスクOSです。タスクとは、コンピュータ側から見た仕事の単位のことです。マルチタスクOSは、複数あるタスクを効率的にプロセッサに割り当てて処理をする仕組みが備わっています。

｛仮想記憶…メモリ管理｝

　コンピュータはプログラムを起動すると、メモリ（主記憶装置）にハードディスクなどからプログラムの内容を読み込んで実行します。しかしメモリには容量に限りがあるため、いくつものプログラムを全て読み込むわけにはいきません。この問題を解消するため、OSには仮想記憶という技術が使われています。実際はそれぞれのプログラムの一部しかメモリには読み込まず、ハードディスクなどの仮想記憶領域から必要な部分のデータをその都度読み込んでいます。

　仮想記憶領域では、プログラムのデータは均等の大きさの「ページ」という単位に区切ってあります。この「ページ」をメモリとハードディスクなどの間で出し入れして、あたかも全てのデータがメモリに読み込まれているように見せかけています。この出し入れのことをページングやスワッピングといいます。ページングが多いとコンピュータの動きが遅くなります。

｛スプーリング…ハードウェアの管理｝

　例えばプリンタで印刷している間、パソコンが使えないとしたら生産性が低下します。OSにはスプーリングという仕組みがあり、プリンタに出力するデータをハードディスクなどの補助記憶装置に溜めて（逃がして）、そこからプリンタにデータを送っています。これによりメモリやプロセッサが解放され、次の処理ができる状態になります。スプーリングはコンピュータの単位時間当たりの仕事量「スループット」を向上させます。

ソフトウェアと情報デザイン

{アカウント・プロファイルの管理…ユーザ管理}

　ユーザアカウントの管理や、ユーザごとの設定の管理（プロファイル管理）なども
OSが行います。ユーザIDの登録や抹消、ユーザ別アクセス権の管理などもOSの機
能です。

{代表的なOS}

- **Windows**…一般的なパソコン用のOSとして有名。マイクロソフト社の製品。サー
  バ用のものもあります。
- **macOS**…アップル社が開発したアップル社製コンピュータ用のOS。UNIXをベー
  スに作られています。
- **Linux**…Debian系、Red Hat系、SUSE系などさまざまなタイプのものがありま
  す。Webサーバやメールサーバなど、Web系サーバのOSとして使われることが
  多いOSです。UNIXと互換性があります。OSS（226ページ）として有名です。
- **UNIX**…米AT&T社のベル研究所が開発したOSです。Linuxの元となったも
  のです。
- **iOS**…アップル社が開発したiPhoneやiPadなどの携帯端末用のOSです。
- **Android**…グーグル社が開発した携帯端末用のOSです。Androidのスマート
  フォンなどのOSです。
- **Chrome OS**…グーグル社が開発したOS。モバイルPCであるChromebookに
  搭載されています。メールや文書作成といったほとんどの作業をブラウザ上で行
  えるのが特徴です。

2　ファイルシステム

　OSの役割の1つ、ファイルの管理は、必要なときにファイルを取り出せるよう整理・
保管しておく機能です。これにより業務効率の向上が図れます。OSにはファイルシス
テムというファイルを管理する機能が備わっています。

{ファイル共有・アクセス権}

　多くのOSではファイルを多くのユーザが共有できるようするファイル共有機能や、
権限のあるユーザだけがファイルを開いたり、更新したりできるようにするアクセス権
の設定機能をもっています。

1 階層構造でファイルを管理

多くのOSではディレクトリによる階層構造でファイルを管理しています。ディレクトリは、Windowsのパソコンなどでいうフォルダのことです。階層構造とは、Aというフォルダの中にBというフォルダがあり、その中にCというファイルが入っているという構造です。

{ルートから表記する「絶対パス」}

目的のファイルやディレクトリ（フォルダ）を指し示す経路をパスといいます。パスには2つの方法があり、一番上のディレクトリから指し示す「絶対パス」と、今作業している場所から指し示す「相対パス」があります。一番上のディレクトリをルートディレクトリといいます。ルートには根という意味があります。

例えば02で「OS入門」というワープロファイルは、「ルート」ディレクトリの中の「勉強」ディレクトリの中の「情報」ディレクトリの中の「ITパスポート」ディレクトリ中にあります。これを絶対パスでは以下のように表現します。「/」は前に何もなければ「ルートディレクトリ」という意味で、前に何か書いてあれば区切り記号です。「/」ではなく「¥」で表現される場合もあります。

02 「OS 入門 .docx」というファイルを指し示す絶対パス

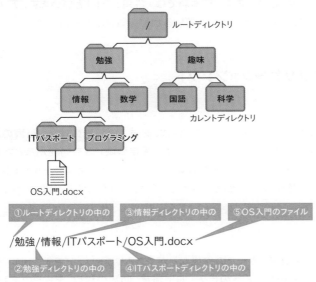

{今作業しているところから表記する「相対パス」}

必ずルートディレクトリから指し示す「絶対パス」と違い、相対パスは今作業している場所から表記します。今作業しているディレクトリのことをカレントディレクトリといいます。「科学」ディレクトリがカレントディレクトリだった場合、相対パスでは「OS入門」ファイルは、03 のように表現します。「..」のドット2つは「1つ上の」という意味です。ここには登場しませんが、「.」のドット1つはカレントディレクトリという意味です。

03 「OS入門.docx」というファイルを指し示す相対パス

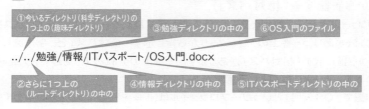

3 アプリケーションソフト

表計算、文書作成、写真の加工など、特定の目的を達成するために使うソフトウェアをアプリケーションソフトといいます。日本語では「応用ソフト」といいます。アプリケーションソフトは、OSがインストールされている状態のコンピュータにインストールして使います。

1 代表的なアプリケーションソフト

● 文書作成ソフト

「ワープロソフト」と呼ばれるもので、文書作成、書式設定、表の挿入、図表の埋め込み、クリップボード（コピー＆ペーストに使う保存領域）の有効利用などが行えます。文書作成ソフトは、行頭に来てしまった句読点や閉じ括弧を前の行の行末に移動させる禁則処理という機能を持っています。マイクロソフト社のWordが代表的です。

● 表計算ソフト

集計などの計算や表作成、グラフの作成などができるソフトウェアです。セル（値を入力するマス目）参照やセルへの代入、四則演算、関数の利用、データの選択・追加・削除・挿入・並べ替え、検索が手軽に行えます。また、グラフの作成やデー

タの分析に役立つピボットデータ表（ピボットテーブル）の作成などが行えます。マイクロソフト社のExcelが代表的です。

- **プレゼンテーションソフト**

  プレゼンテーション用のスライドを作成するためのソフトウェアです。フォントの選択、図形の作成、画像の取り込みなどの機能で効果的なプレゼンテーションが作成できます。マイクロソフト社のPowerPointがあります。

- **ブラウザ**

  Webページ閲覧ソフト。グーグル社のChromeやMozillaのFirefoxなどがあります。

- **メールソフト**

  メールの送受信ができるソフトウェア。マイクロソフト社のOutlookやMozillaのThunderbirdなどがあります。

｛その他のソフトウェア｝

- **グループウェア**

  社内のメンバのスケジュールの一元管理や、社内メール、会議室の予約、掲示板など、組織の中でメンバ同士が情報を共有するためのソフトウェアです。メンバがそれぞれのパソコンや携帯端末で利用でき、情報を共有することができます。最近は、クラウドタイプのものが主流になっています。

- **プラグイン**

  ブラウザやアプリケーションソフトが、もともと備わっている機能を拡張するためのソフトウェアです。アドインともいいます。ブラウザではプラグインを追加することで特定の形式の動画を再生したり、特定のファイルが開けるようになります。

2 表計算ソフト

　表計算ソフトはビジネスで幅広く使われています。ITパスポート試験でも関連する問題が出題されることがあります。

ソフトウェアと情報デザイン

｛ワークシートとセル｝

　表計算ソフトは**ワークシート**という作業領域で作業を行います。ワークシートの1つひとつのマス目のことを**セル**といいます。行と列で構成されていて、行番号は1、2、3…というように数字で表し、列番号はA、B、C…、というアルファベットで表します。セル番地はA5やC3、F7という形で表します。複数のセルをまとめて選択する場合は、C2：E4という形で表します。また、表計算ソフトでは×は＊、÷は／の記号を使います。

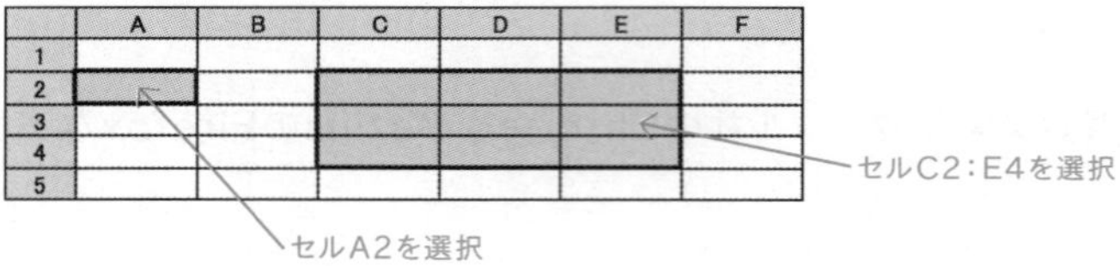

	A	B	C	D	E	F
1						
2						
3						
4						
5						

セルC2：E4を選択

セルA2を選択

｛セル参照が基本｝

　A1のセルに50、A2に3、A3にはA1×A2と数式を入力すると、A3には150という結果が表示されます。A3は「A1×A2」の答えを表示します。これを**セル参照**といいます。セルという入れ物があり、その入れ物の中身を参照しているのです。ですから、A1の50を60に変えるとA3には180と表示されます。もしA3に「50×3」と入力すると、A1やA2の数字を変えてもA3は150のままです。セルを参照している数式ではないからです。また、セル参照によりC1にA1と入力するとC1には50が表示されます。

	A	B	C
1	50		A1
2	3		
3	A1×A2		
4			
5			

シート1（入力した内容）

	A	B	C	D	E	F
1	50		50			
2	3					
3	150					
4						
5						

シート1（表示される内容）

｛絶対参照と$マーク｝

　下の図でB2＋C2＋D2という数式をE2に入力し、E3とE4に複写（コピー）します。表計算ソフトは「E2の答えを出すときにB2、C2、D2を参照するのだから、その1行下のE3の答えを出すなら1行下のB3、C3、D3を参照します」と参照先を変えてくれます。このため正しい答えが表示されます。つまり、答えを出したいセルに合わせて、参照する先を相対的に変えてくれるのです。これを**相対参照**といいます。表計算ソフトは、何も指示しなければいつでもこの相対参照です。

	A	B	C	D	E	F		E
1		4月	5月	6月	合計			合計
2	東京支店	25000	32000	43000	B2+C2+D2			100000
3	静岡支店	35000	61000	24000	↓数式を複写する			120000
4	大阪支店	62000	100000	18000				180000
5								
6								

	A	B	C	D	E	F
1		4月	5月	6月	合計	
2	東京支店	25000	32000	43000	B2+C2+D2	
3	静岡支店	35000	61000	24000	B3+C3+D3	
4	大阪支店	62000	100000	18000	B4+C4+D4	
5						
6						

答えを出したいセルの位置に
合わせて参照先が変わる

次は絶対参照についてです。3支店の売上の合計が400000です。それに占める各支店の構成比は、東京支店ならE2÷E5×100（パーセントで表示したいため100を掛けます）、静岡支店はE3÷E5×100、大阪支店はE4÷E5×100、合計の行ならE5÷E5×100です。先ほどのようにF2にE2/E5*100と数式を入力してF3〜F5まで複写します。残念なことに、結果は数式を入力したF2以外はエラーになってしまいます。

	A	B	C	D	E	F		F
1		4月	5月	6月	合計	売上構成比(%)		売上構成比(%)
2	東京支店	25000	32000	43000	100000	E2/E5*100		25
3	静岡支店	35000	61000	24000	120000			エラー
4	大阪支店	62000	100000	18000	180000	↓数式を複写する		エラー
5	合計	122000	193000	85000	400000			エラー
6								
7								

各セルの数式を見ると、どのセルもE5を参照しなくてはいけない部分がE5、E6、E7、E8と変化しています。相対参照してしまっているのです。表計算ソフトは「答えを出したいセルの左のセル÷その3つ下のセル×100」と繰り返してしまい、E6、E7、E8を参照しているのです。

	A	B	C	D	E	F
1		4月	5月	6月	合計	売上構成比(%)
2	東京支店	25000	32000	43000	100000	E2/E5*100
3	静岡支店	35000	61000	24000	120000	E3/E6*100
4	大阪支店	62000	100000	18000	180000	E4/E7*100
5	合計	122000	193000	85000	400000	E5/E8*100
6						
7						

そこで、次のような数式を入力して複写します。この場合、E5は絶対に参照しなくてはいけないセルです。E5の「5」の前に「$」を入れています。

ソフトウェアと情報デザイン

E2/E$5*100

	A	B	C	D	E	F
1		4月	5月	6月	合計	売上構成比(%)
2	東京支店	25000	32000	43000	100000	E2/E$5*100
3	静岡支店	35000	61000	24000	120000	
4	大阪支店	62000	100000	18000	180000	数式を複写する
5	合計	122000	193000	85000	400000	
6						
7						

　これが絶対参照です。E5の「5」の前に「$」を入れたのは5行目を固定したのです。下に向かって行方向に複写するときにE5が、E6、E7、E8と変わってしまったので、「5」の前に「$」を入れて固定したのです。特定のセルの値を使った計算で、その後複写する場合は絶対参照が必要です。

	A	B	C	D	E	F
1		4月	5月	6月	合計	売上構成比(%)
2	東京支店	25000	32000	43000	100000	E2/E$5*100
3	静岡支店	35000	61000	24000	120000	E3/E$5*100
4	大阪支店	62000	100000	18000	180000	E4/E$5*100
5	合計	122000	193000	85000	400000	E5/E$5*100
6						
7						

　これにより、E5を絶対参照するようになりました。行方向（下に向かって）の複写なので、行番号の前に$を入れましたが、列方向（横に向かって）の複写の場合は列番号の前に「$」を入れて「$E5」のようにします。行方向も列方向も固定したいときは「E5」のように、行と列の両方に$を入れます。

{関数の表記は「関数名（引数）」}

　関数とは、表計算ソフトにあらかじめ用意されているプログラムです。

	A	B	C	D	E	F
1		4月	5月	6月	合計	
2	東京支店	25000	32000	43000	合計(B2:D2)	
3	静岡支店	35000	61000	24000		
4	大阪支店	62000	100000	18000		
5						
6						

　E2に「合計 (B2:D2)」という数式を入力するとB2〜D2の合計が表示されます。「合計」の部分を関数名、(B2:D2) のかっこの部分を引数（ひきすう）といいます。よく使われる関数を紹介します。

よく使われる関数

関数名	例	機能
合計関数	合計 (B2：D2)	合計を出す
平均関数	平均 (B2：D2)	平均を出す
最大関数	最大 (B2：D2)	最大値を出す
最小関数	最小 (B2：D2)	最小値を出す
個数関数	個数 (B2：D2)	空白でないセルの個数を数える
整数部関数	整数部 (3.9) →3を返す	最大の整数を返す
	整数部 (−3.9) →−4を返す	
剰余関数	剰余 (10,3) →1	割った余りを返す

{IF関数}

　IF関数は、簡単にいうと"もしも"の処理をする関数です。B2の値が"もしも"150,000以上なら評価のセルに「A」、そうでなければ「B」の結果を出すIF関数です。

● IF(B2≧150000, 'A' ,'B')

	A	B	C
1		第一四半期合計	評価
2	東京支店	100000	IF(B2≧150000,'A','B')
3	静岡支店	120000	←数式を複写する
4	大阪支店	180000	↓
5			
6			

　これは、「もしB2の値が150000以上だったら、その場合は「A」としてください。そうでなければ「B」としてください」という意味です。IF関数の引数はカンマで3つに分かれています。それぞれに以下の意味があります。

IF (B2 ≧ 150000, 'A', 'B')

結果は以下のようになります。

	A	B	C
1		第一四半期合計	評価
2	東京支店	100000	B
3	静岡支店	120000	B
4	大阪支店	180000	A
5			
6			

{ピボットデータ表（ピボットテーブル）}

　ピボットデータ表は、集計したデータを分析するための機能です。クロス集計した表の縦軸、横軸の項目を違うものに入れ変えたり、日にちを週ごと、月ごとにまとめたりすることが簡単にできる機能です。このため、いろいろな角度からデータを見ることができ、データ分析が行えます。

4　オープンソースソフトウェア（OSS）

　ソースコード（プログラマーが書いたプログラムそのもの）が公開されているソフトウェアをOSS（Open Source Software）といいます。OSSは、誰でも自由に使用、複製、改変、再配布、また自分の開発したプログラムに使用することもできます。動作は無保証ですが、OSI（Open Source Initiative）という団体は、再配布は自由（有料、無料は問わない）、変更・派生ソフトウェアの作成も許可といった基準を設けています。Webサーバやブラウザなど、多くのOSSが身近なところで利用されています。

{代表的なOSS}

- **Linux**…オペレーティングシステム（OS）。特にWeb系のサーバに幅広く利用されているOSSです。
- **Apache HTTP Server**…Webサーバ用ソフト。WebサーバでWebページの公開に使われるOSSです。
- **Postfix、sendmail**…メールサーバ用ソフト。メールサーバでメールの転送などに使われるOSSです。
- **MySQL、PostgreSQL（ポスグレSQL）**…データベース管理システム（DBMS：250ページ）。データベースサーバで使われるOSSです。
- **BIND**…DNSサーバソフト。DNSサーバ（084ページ）で使われています。
- **Firefox**…ブラウザ。Webページを閲覧するソフトです。パソコンやスマートフォンで使われています。
- **Thunderbird**…メールソフト。メールの送受信で使われます。パソコンやスマートフォンで使われています。

⌐ 5 バックアップ ⌐

バックアップ 04 とは、業務データが記録されているハードディスクなどが破損したときに備えて、一定の間隔で別の媒体にその内容をコピーしておくことです。業務のデータは日ごとに増え、また更新されていくので、一度バックアップを取ったら終わりというわけにはいきません。

また、仕事中にバックアップを取ると、タイミングによってはその間に更新されたデータはバックアップに反映されなくなってしまいます。そのため通常、夜間など業務終了後に行います。バックアップには次の3つの方法があります。

{フルバックアップ}

ハードディスクなどの内容を全てバックアップします。

{差分バックアップ}

前回のフルバックアップからの差分だけバックアップします。

{増分バックアップ}

前回のバックアップ（フル、増分どちらでも）からの差分だけバックアップします。

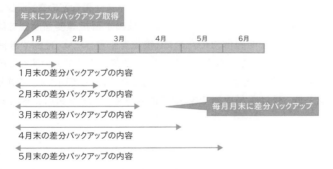

04 バックアップ

例えば、年末に一度フルバックアップを取り、翌年からは月末ごとに差分バックアップを取っていたとします。「差分バックアップ」は前回のフルバックアップからの差分なので、月末ごとに、昨年末以降のデータをバックアップします。5月末の差分バックアップ取得後にサーバのハードディスクが破損したとすると、復旧のためには、交換した新品のハードディスクに、まず昨年末のフルバックアップを書き戻し（リストアするといいます）、次に5月末にとった差分バックアップを書き戻します。これにより5月末までの状態にリカバリーすることができます。

02

情報デザイン

［ 1　情報デザインとは ］

　情報デザインとはWebページ、プレゼンテーション、ビジネス文書などのコンテンツや、アプリケーションソフトなどのデザインのことです。高校の学習指導要領解説では「効果的なコミュニケーションや問題解決のために、情報を整理したり、目的や意図を持った情報を受け手に対してわかりやすく伝達したり、操作性を高めたりするためのデザインの基礎知識や表現方法及びその技術のことである」としています。つまり受け手に情報を伝える際、受け手が理解できるように情報を伝えるための工夫であるといえます。

{要素を画面に配置する際のルール}

　デザイン原則としてよく知られているものとして「近接」「整列」「反復」「対比 / 強弱」のルール 05 があります。情報デザインを行う際、人間の目の特性を理解することで、まとまりのあるレイアウトにすることができます。

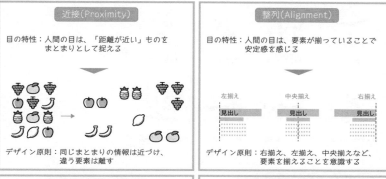

05 画面への配置の際の目の特性とデザイン原則

近接(Proximity)

目の特性：人間の目は、「距離が近い」ものを
まとまりとして捉える

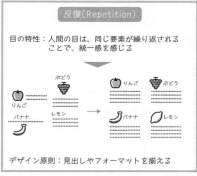

デザイン原則：同じまとまりの情報は近づけ、
違う要素は離す

整列(Alignment)

目の特性：人間の目は、要素が揃っていることで
安定感を感じる

左揃え　　　　中央揃え　　　　右揃え

見出し　　　　見出し　　　　　見出し

デザイン原則：右揃え、左揃え、中央揃えなど、
要素を揃えることを意識する

反復(Repetition)

目の特性：人間の目は、同じ要素が繰り返される
ことで、統一感を感じる

ぶどう
りんご
バナナ　レモン

りんご　ぶどう
バナナ　レモン

デザイン原則：見出しやフォーマットを揃える

対比／強弱(Contrast)

筆圧の違いによる印象の変化
（左から、サインペン、ボールペン、
鉛筆）

目の特性：人間の目は、要素ごとの差分を取って、
違いを認識する

大見出し
小見出し

小見出し

デザイン原則：要素ごとの大小や強弱を明確にする。
見出しは本文よりも太くする

※高等学校情報科「情報Ⅰ」教員研修用教材「第2章　コミュニケーションと情報デザイン」掲載の図をもとに作成

{シグニファイア}

　人に適切な行動を伝えるシグナルをシグニファイアといいます。例えばWebショッピングのサイトで購入ボタンに立体感をつけることで、押すという行動を促すことができます。

{ピクトグラム}

　絵文字や、図記号といった視覚文字のことで、街で見かけるトイレの案内やオリンピックの種目 06 など、見ただけで簡潔に意味のわかるものを指します。Webデザインにおいてはアイコンやボタンのデザインにピクトグラムの考え方を取り入れることで、より使いやすいWebページとなります。

ソフトウェアと情報デザイン

06 ピクトグラム　東京オリンピック

体操競技　　アーティスティック　陸上競技　　バドミントン
　　　　　　スイミング

バスケットボール　ビーチバレーボール　ボクシング　カヌー スラローム

{インフォグラフィックス}

　伝えたい情報を「整理」「分析」「編集」し、イラストやチャート、グラフや表などを活用して、受け手にとって視覚的にわかりやすく表現したものです。

{UXデザイン（User Experienceデザイン）}

　User Experience（ユーザエクスペリエンス）とは「ユーザ体験」のことです。例えばメールのやり取りでは、受信したメッセージの画面と送信するメッセージの画面が別になっています。しかしSNSのアプリなどでは、やり取りした会話の吹き出しが時系列に並んだり、文字だけでなくスタンプも使えるなど、ユーザ体験を意識したデザインを行うことによって相手と良好なコミュニケーション体験が得られるように工夫されています。

2　ヒューマンインタフェースとは

　ヒューマンインタフェースとは、人とシステムとの接点を表す言葉です。ユーザインタフェースともいわれます。WindowsなどのOSは、視覚に訴えるアイコンや、マウスやタッチパネルによる直感的な操作など、グラフィカルな画面によって操作する人とシステムをつなげています。これをGUI（Graphical User Interface）といいます。GUIが登場する前は、文字だけが表示された画面で、全て文字でコマンド（命令）を入力していました。これをCUI（Character User Interface）といいます（エンジニアなどは今でも普通にCUIを使っています）。

CUI画面

GUI画面

1 ヒューマンインタフェース関連用語

{ジェスチャーインタフェース}

　指の動き（フィンガージェスチャー）や手の動きなど、身振りによってパソコンやスマートフォン、コンピュータゲームなどを操作するヒューマンインタフェースです。一般的には、身振りを認識するタッチレスインタフェースを指します（広義には画面にタッチすることも含まれます）。

{VUI（Voice User Interface）}

　声によるインタフェースです。声によってコンピュータと情報のやり取りを行うことを指します。スマートフォンのチャットボット機能やスマートスピーカなど、すでに幅広く使われています。

{ユーザビリティ}

　ソフトウェアやWebサイトなどの操作性の良さを意味する言葉です。Webサイトをデザインする際には、ユーザビリティを考慮してボタンやリンクなどを配置することが重要です。国際規格のISO 9241-11では「いかに効果的に、効率的に、満足できるように使えるかの度合い」としています。

{アクセシビリティ}

　利用しやすさ、近づきやすさなどの意味で、機器の操作やWebへのアクセスなどが身体の状態や年齢、能力に関係なく同じように利用できる状態やその度合いのことを指します。マウスの操作が困難な人のために音声で操作できるシステムなどは、アクセシビリティを考慮したものといえます。

ソフトウェアと情報デザイン

{ユニバーサルデザイン}

年齢や文化、障害の有無や能力の違いなどにかかわらず、できる限り多くの人が快適に利用できることを目指した設計をユニバーサルデザインといいます。

2 GUI

WindowsなどのGUI画面には、見やすく使いやすくするための部品 07 が使われています。代表的なものとして、複数の選択肢から選ぶ場合などに使われる**チェックボックス**と**ラジオボタン**があります。チェックボックスは複数回答ができますが、ラジオボタンは排他的、つまり1つ選ぶと他が選べないという違いがあります。

07 GUI の部品

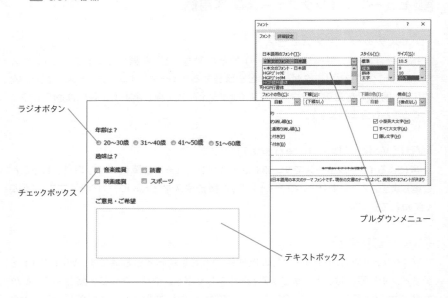

ラジオボタン

チェックボックス

プルダウンメニュー

テキストボックス

3 インタフェース設計

1 画面設計・帳票設計

{画面設計}

システム開発における画面設計では、入力の流れが自然になるように左上から右下に向かって入力部品を配置する、色の使い方にルールを設ける、操作ガイダンスを

表示するなど、操作性を考えた設計を行う必要があります。

{帳票設計}

　出力される（印刷される）帳票の設計には、関連項目を隣接させる、余分な情報は除いて必要最小限の情報を盛り込む、ルールを決めて帳票に統一性をもたせるなど、適切な帳票設計を行う必要があります。

2 Webデザイン

　Webのデザインにおいては、サイト全体の色調やデザインにスタイルシート（CSS：083ページ）を用いて統一性をもたせる、スマートフォンとパソコンの両方、また複数種類のブラウザに対応させるなど、ユーザビリティ（231ページ）を考慮することが重要です。

{モバイルファースト}

　Webページを作る際、パソコンだけでなくスマートフォンなどのモバイル端末に対応させるという意味にとられがちな言葉です。しかし、実際にはもう少し意味が広く、モバイル端末を意識したコンテンツやアイディアを膨らませることで、これまでにないような販売の形やコミュニケーションの形など、Webでイノベーションを起こすという概念を表す言葉です。

{Webアクセシビリティ}

　年齢や身体的条件にかかわらず、誰もがWebを利用して情報を受発信できる度合いをWebアクセシビリティといいます。

ソフトウェアと情報デザイン

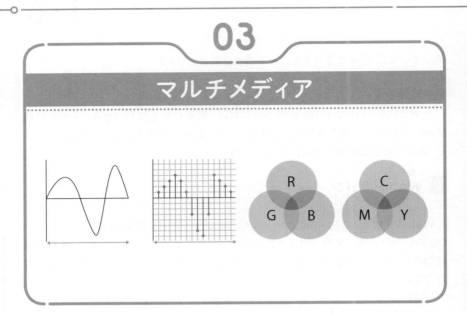

03

マルチメディア

1 マルチメディアとは

マルチメディアとは、文字情報に加えて、音声、画像（静止画・動画）などのさまざまな形態のアナログ情報をデジタル化し、コンピュータ上で統合的に扱うことです。コンピュータは静止画や動画、音声などの情報を、0と1のビットに符号化し（デジタル化し）ファイルとして扱っています。

1 マルチメディア関連技術

{ハイパメディア}

ハイパメディアはWebページのようにリンクによって文字、音声、動画、静止画などの情報に自由に行き来できることです。文中の任意の場所をクリックするだけで他の情報にリンクする仕組みをHyper Textといいます。

{ストリーミング}

ストリーミングは、ネット上の動画を再生するとき、データをダウンロードしながら再生する技術です。

{DRM(Digital Rights Management)}

デジタル著作権管理のことで、映画や音楽、小説などの著作権を守るため、特定のソフトウェアなどで、暗号化鍵がなければ再生できないようにし、複製を防ぐ技術です。暗号化されたコンテンツを復号しながら再生する方式が一般的で、最近のものは暗号化に使われる鍵をダウンロードすることが多くなっています。

{CPRM(Content Protection for Recordable Media)}

デジタル放送の「1回のみ録画が可能」である映像データを一度DVD等にコピーしたあとに、再び他のメディアにデジタルコピーをできなくする著作権保護技術です。

2 マルチメディアのファイル形式

静止画のデータフォーマットには、もともとのデータを圧縮した形式のものがインターネットなどで多く利用されています。圧縮によってファイルサイズが小さくなっているので、データ転送が速く、ネットワークに負荷が掛からず、保存にも適しているのです。

圧縮形式には、伸長（解凍）すると元のサイズに戻る可逆圧縮と、完全には復元できない非可逆圧縮（不可逆圧縮）のものがあります。

{圧縮の方法}

- **ランレングス法**

  例えば、AAAAABBBBBという10文字がある場合、最初の文字と連続する個数を記録することにすれば、A5B5のように4文字で表現されます。この考え方の圧縮法がランレングス法です。

- **ハフマン法**

  多く表われる文字に割り当てるビット数を減らし、あまり表われない文字のビット数を増やせば、全体のデータ量を減らすことができます。この考え方の圧縮方法をハフマン法といいます。

{静止画のファイル形式}

- **JPEG（Joint Photographic Experts Group）**

  非可逆圧縮。フルカラーなので写真に向いています。国際規格になっている形式。デジタルカメラやスマートフォンのカメラなどで幅広く使われています。

ソフトウェアと情報デザイン

- **PNG（Portable Network Graphics）**
可逆圧縮。フルカラー。可逆圧縮なので画像が劣化しません。JPEGと同様に幅広く利用されています。

- **GIF（Graphics Interchange Format）**
可逆圧縮。256色が扱えます。256色しか扱えないため、写真よりもイラストやロゴマークなどに向いています。

- **その他の静止画のファイル形式**
BMPは非圧縮の形式、TIFFも非圧縮ですが大きな画像や高解像度の画像の印刷データとしてよく使われます。EPSはアドビ社が開発した高品質の印刷に向いている画像ファイル形式です。

｛動画のデータ形式｝

　動画データは、静止画を連続して短い時間間隔で表示し、目の残像効果を利用して動いているように見せているものです。この静止画のことをフレームといい、1秒当たりのフレームの数をフレームレートといいます。
　動画の形式としてはMPEG（Moving Picture Experts Group）が多く利用されています。圧縮形式であるため、ファイルサイズが小さくダウンロードにも時間が掛かりません。MPEGはカラー動画の国際規格となっています。

- **MPEG-2**
デジタル放送やDVD-Videoに利用されています。

- **MPEG-4**
ネットでの動画配信や携帯電話などに利用されています。

｛音声のファイル形式｝

- **MP3（MPEG Audio Layer-3）**
ネット配信などで多く利用されています。MP3は、動画のデータ形式「MPEG」の音声部分です。音楽CDのデータ量の約10分の1程度にデータ量を圧縮できます。携帯音楽プレーヤーなどでも使われています。

- **MIDI（Musical Instrument Digital Interface）**
音楽の演奏情報をデータ化し、パソコンや電子楽器で再生できるようにしたもの

です。

- **その他の音声のファイルに関する知識**
  PCM（パルス符号変調）は、アナログ信号をデジタル信号に変換する方法の1つで、音楽CDに採用されています。WAVは非圧縮の音声ファイル形式、AACはMP3よりも1.4倍高い圧縮率をもつ音声ファイル形式です。

{CSV (Comma Separated Values)}

表計算ソフトで作ったデータのセルとセルの間をカンマで区切ってテキスト形式にしたものです。表計算ソフトのデータを他のソフトに利用したい場合などに利用します。

表計算ソフト

CSV形式で保存したテキストファイル

{PDF (Portable Document Format)}

アドビ社が開発した文書表示用のファイル形式です。印刷したものと同じ状態のデータとして保存します。ファイルサイズが比較的小さいため、インターネットで文書を表示したりダウンロードするのにも向いています。ファイルを開くには専用のPDFリーダソフトが必要です。

{アーカイブ}

メールで添付ファイル送るときなど、サイズの大きなファイルを圧縮したり、複数のファイルを1つのファイルにまとめる（アーカイブする）と、とても便利に扱えます。こうした圧縮やアーカイブには、専用の圧縮ソフトやアーカイバというソフトが使われます。ZIPやLZH形式が有名です。

ソフトウェアと情報デザイン

｛エンコードとデコード｝

エンコードとはデータを他の形式へ変換すること、デコードとはエンコードされたデータを元の形式へ戻すことです。

｛拡張子とは｝

Windowsのように、OSによってはファイル名の後ろにドットで区切った3～4文字のアルファベットがついている場合があります。「名簿.txt」や「集合写真.jpg」といった形です。これを拡張子といいます。拡張子は、ファイルの種類を表す情報です。下記はその一例です。

ファイルの拡張子

ファイルの種類	拡張子
テキストファイル（文字コードだけのファイル）	txt
HTMLファイル（Webページが記述してあるファイル）	htmまたはhtml
静止画ファイル	jpg（JPEG形式）、png（PNG形式）、gif（GIF形式）
動画ファイル	mpg（MPEG形式）
実行ファイル（プログラムそのもののファイル）	exe
表計算ソフト「Microsoft Excel」	xlsまたはxlsx
ワープロソフト「Microsoft Word」	docまたはdocx

3 グラフィックス処理

｛光の3原色「RGB」｝

ディスプレイは、光の3原色である赤・緑・青（Red・Green・Blue）で色を表示しています。フルカラーの表示では1ドット（1画素）当たり24ビットの情報量が必要です。これはRGBの3色がそれぞれ8ビットの情報量をもっているからです（8×3＝24）。8ビットは2の8乗種類のデータを扱えるので、それぞれの色で256段階の強さの光り方ができるということです。RGBの3色で約1,677万色を表現できます。

{色の3原色「CMY、CMYK」}

プリンタは、シアン、マゼンタ、イエローの色の3原色（CMY）と黒の4色（CMYK）で色を表現しています。色は色相、明度、彩度によって表現されています。

{解像度}

ディスプレイには小さな発光する点（画素：ドット）があり、その数で画面の解像度が決まります。解像度が高いほど精彩に映ります。コンピュータには1画面のデータを格納するVRAM（ビデオメモリ、グラフィックメモリ）があります。このメモリの容量は以下のように計算します。

● **VRAM容量（1画面当たりのデータ量）の計算**

横 × 縦のドット数 × 1ドット当たりのビット数
＝VRAM容量（1画面当たりのデータ量）

※計算の答えはビットなので、バイトにするには8で割ります。

横に1366個、縦に768個のドットがあり、フルカラー（24ビット）ディスプレイの場合のVRAM容量は次のように求めます。

① 1,366×768×24ビット＝25,178,112ビット
② 25,178,112ビット÷8＝3,147,264バイト
③ 3,147,264バイト＝約3.14Mバイト

{グラフィックスソフト}

画像の制作や編集を行うソフト。ペイント系とドロー系のソフトに大別されます。ペイント系では、画像を点（ピクセル）の集まりとして扱い（ラスタ形式の画像）、ドロー系では点と線のデータで画像が構成されます（ベクタ形式の画像）。

4 マルチメディア技術の応用

{コンピュータグラフィックス（CG：Computer Graphics）}

コンピュータを使った画像の描画です。3次元（3D）処理の手順は次の順序で行われます。

① モデリング…3次元の形状データを定義・作成する処理
② ジオメトリ処理…3次元の座標を、2次元の座標に変換する処理

③ レンダリング…映像化し、最終的な画像を出力する処理

{バーチャルリアリティ(VR：Virtual Reality)}

　仮想現実という意味です。コンピュータグラフィックスなどで作り出された仮想的な世界を、現実として知覚させる技術です。

{拡張現実(AR：Augmented Reality)}

　現実的な世界をコンピュータにより拡張することです。現実の映像に仮想世界を融合させ体感させる技術です。

{オーサリングソフト}

　動画、静止画、音声、文字データなどのマルチメディアを編集するソフト。Webオーサリングソフト、DVDオーサリングソフトなどがあります。

{シミュレータ}

　現実的に実現させることが困難な場面を仮想的に実現させるハードウェアやソフトウェアです。フライトシミュレータやドライブシミュレータなどがあります。

{4K・8K}

　現行ハイビジョン（2K：約200万画素）の画素数を大きく上回る、超高画質の映像規格です。4Kは、横3840×縦2160画素の約800万画素で現行ハイビジョンの4倍の画素数。また、8Kは横7680×縦4320画素の約3300万画素で、現行ハイビジョンの16倍です。精細で、臨場感のある映像が実現できます。

{デジタルサイネージ(Digital Signage)}

　大型ディスプレイやプロジェクタなどに映像を表示する電子看板です。これまでの看板と違い広告する内容が簡単に変えられます。動画を再生できるものが多くあります。

ここが重要！

\ 絶対暗記！/

試験に出やすい キーワード ✓

☑ LinuxはWeb系のサーバに多いOS（オペレーティングシステム）
参照 P.218

☑ ルートから書く絶対パス。「/」や「¥」は前に何もなければルート、あれば区切り記号
参照 P.219

☑ 今作業しているところから書く相対パス。ドット2つは「1つ上の」。ドット1つはカレント
参照 P.220

☑ 表計算ソフトの「ピボットデータ表」は表の縦横の項目を入れ替えて分析できる機能
参照 P.226

☑ 表計算ソフトの「$」は絶対参照。「$」がなければ相対参照
参照 P.222

☑ IF関数は、IF（もしも〜だったら、その場合は、そうでない場合は）
参照 P.225

☑ OSSはソースコードが公開されているソフト。複製、改変、再配布OK、動作は無保証
参照 P.226

☑ OSSの名前：LinuxはOS、Apache HTTP ServerはWebサーバ、Postfixはメールサーバ
参照 P.226

☑ OSSの名前：MySQLはDBMS、Firefoxはブラウザ、Thunderbirdはメールソフト
参照 P.226

ソフトウェアと情報デザイン

☑ 情報デザインは、コンテンツやアプリをデザインする際、受け手が理解できるように情報を伝えるための工夫　　　参照 P.228

☑ GUIはグラフィカルユーザインタフェース。アイコンやマウスで視覚的に　　　参照 P.230

☑ ユニバーサルデザインは年齢や文化、障害などにかかわらず快適に使えるデザイン　　　参照 P.232

☑ チェックボックスは複数回答が可、ラジオボタンは排他的で1つ選ぶと他が選べない　　　参照 P.232

☑ ストリーミングはデータをダウンロードしながら動画を再生する技術　　　参照 P.234

☑ 非可逆圧縮は元に完全には戻らない。可逆圧縮は元に戻る　　　参照 P.235

☑ 非可逆圧縮フルカラーのJPEG、可逆フルカラーのPNG、可逆256色のGIF　　　参照 P.235

☑ 動画はMPEG、音声はMP3、ともに圧縮の形式　　　参照 P.236

☑ CSVは表計算ソフトのデータをカンマで区切った文字データにしたもの　　　参照 P.237

☑ PDFは印刷したものと同じ状態のデータ。リーダソフトが必要

参照 P.237

☑ ZIPは圧縮や複数ファイルをまとめるアーカイブのファイル形式

参照 P.237

☑ VRAM容量は、縦×横のドット数×1ドット当たりのビット数。バイトにするなら8で割る

参照 P.239

☑ 画像を点(ピクセル)の集まりで扱うのがペイント系ソフトのラスタ形式画像、点と線のデータで画像ができているのがドロー系ソフトのベクタ形式画像

参照 P.239

☑ CGの3次元処理の手順は①モデリング、②ジオメトリ処理、③レンダリング

参照 P.239

☑ VRはバーチャルリアリティ、ARは拡張現実

参照 P.240

☑ デジタルサイネージは電子看板

参照 P.240

☑ 4Kは約800万画素、8Kは約3,300万画素

参照 P.240

過去問にTry!

本章で学んだことをもとに、ITパスポート資格試験の過去問に挑戦してみよう！

解説動画はこちら

問 1

平成28年秋期　問75

図に示すような階層構造をもつファイルシステムにおいて、＊印のディレクトリ（カレントディレクトリ）から"..¥..¥DIRB¥Fn.txt"で指定したときに参照されるファイルはどれか。ここで、図中の ⬜⬜⬜⬜⬜ はディレクトリ名を表し、ファイルの指定方法は次のとおりである。

ヒント P.219

〔指定方法〕
(1) ファイルは "ディレクトリ名¥…¥ディレクトリ名¥ファイル名" のように、経路上のディレクトリを順に "¥" で区切って並べたあとに "¥" とファイル名を指定する。
(2) カレントディレクトリは "." で表す。
(3) 1階層上のディレクトリは ".." で表す。
(4) 始まりが "¥" のときは、左端のルートディレクトリが省略されているものとする。

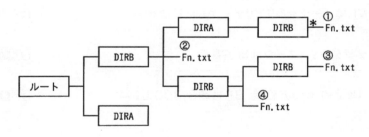

ア　①のFn.txt
イ　②のFn.txt
ウ　③のFn.txt
エ　④のFn.txt

問 2

Webサーバ上において，図のようにディレクトリd1及びd2が配置されているとき，ディレクトリd1（カレントディレクトリ）にあるWebページファイルf1.htmlの中から，別のディレクトリd2にあるWebページファイルf2.htmlの参照を指定する記述はどれか。ここで，ファイルの指定方法は次のとおりである。　ヒント P.219

〔指定方法〕

（1）ファイルは，"ディレクトリ名 / … / ディレクトリ名 / ファイル名"のように，経路上のディレクトリを順に"/"で区切って並べたあとに"/"とファイル名を指定する。

（2）カレントディレクトリは"."で表す。

（3）1階層上のディレクトリは".."で表す。

（4）始まりが"/"のときは，左端のルートディレクトリが省略されているものとする。

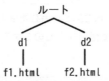

ア	./d2/f2.html	イ	./f2.html
ウ	../d2/f2.html	エ	d2/../f2.html

問 3

月曜日から金曜日までの業務で，ハードディスクに格納された複数のファイルを使用する。ハードディスクの障害に対応するために，毎日の業務終了後，別のハードディスクにバックアップを取得する。バックアップ取得の条件を次のとおりとした場合，月曜日から金曜日までのバックアップ取得に要する時間の合計は何分か。　ヒント P.227

〔バックアップ取得の条件〕

（1）業務に使用するファイルは6,000個であり，ファイル1個のサイズは3Mバイトである。

（2）1日の業務で更新されるファイルは1,000個であり，更新によってファイルのサイズは変化しない。

(3) ファイルを別のハードディスクに複写する速度は10Mバイト／秒であり，バック
アップ作業はファイル1個ずつ，中断することなく連続して行う。

(4) 月曜日から木曜日までは，その日に更新されたファイルだけのバックアップを
取得する。金曜日にはファイルの更新の有無にかかわらず，全てのファイルの
バックアップを取得する。

ア　25　　　　　イ　35　　　　　ウ　50　　　　　エ　150

問 4　　　　　　　　　　　　　　　　　　　　　　　　　　平成30年春期　問60

支店ごとの月別の売上データを評価する。各月の各支店の"評価"欄に，該当支
店の売上額がA～C支店の該当月の売上額の平均値を下回る場合に文字"×"を，
平均値以上であれば文字"○"を表示したい。セルC3に入力する式として，適切
なものはどれか。ここで，セルC3に入力した式は，セルD3，セルE3，セルC5～
E5，セルC7～E7に複写して利用するものとする。　　　　　　ヒント P.222

単位　百万円

	A	B	C	D	E
1	月	項目	A支店	B支店	C支店
2	7月	売上額	1,500	1,000	3,000
3		評価			
4	8月	売上額	1,200	1,000	1,000
5		評価			
6	9月	売上額	1,700	1,500	1,300
7		評価			

ア　IF($C2<平均(C2:E2),'○','×')
イ　IF($C2<平均(C2:E2),'×','○')
ウ　IF(C2<平均($C2:$E2),'○','×')
エ　IF(C2<平均($C2:$E2),'×','○')

問 5

IoTデバイスで収集した情報をIoTサーバに送信するときに利用されるデータ形式に関する次の記述中のa, bに入れる字句の適切な組合せはどれか。 ヒント P.237

|　　　　a　　　　| 形式は, コンマなどの区切り文字で, データの区切りを示すデータ形式であり, |　　　　b　　　　| 形式は, マークアップ言語であり, データの論理構造を, タグを用いて記述できるデータ形式である。

	a	b
ア	CSV	JSON
イ	CSV	XML
ウ	RSS	JSON
エ	RSS	XML

問 6

OSS（Open Source Software）に関する記述として, 適切なものはどれか。 ヒント P.226

- ア　ソースコードを公開しているソフトウェアは, 全てOSSである。
- イ　著作権が放棄されており, 誰でも自由に利用可能である。
- ウ　どのソフトウェアも, 個人が無償で開発している。
- エ　利用に当たり, 有償サポートが提供される製品がある。

問 7

スマートフォンやタブレットなどの携帯端末に用いられている, OSS（Open Source Software）であるOSはどれか。 ヒント P.226

　ア　Android　　イ　iOS　　　　ウ　Safari　　エ　Windows

問 8

令和元年秋期　問89

OSS（Open Source Software）に関する記述のうち, 適切なものだけを全て挙げたものはどれか。　ヒント P.226

①Webサーバとして広く用いられているApache HTTP ServerはOSSである。
②WebブラウザであるInternet ExplorerはOSSである。
③ワープロソフトや表計算ソフト, プレゼンテーションソフトなどを含むビジネス統合パッケージは開発されていない。

ア ①　　　　**イ** ①, ②　　**ウ** ②, ③　　**エ** ③

問 9

令和4年　問71

文書作成ソフトがもつ機能である禁則処理が行われた例はどれか。　ヒント P.220

ア 改行後の先頭文字が, 指定した文字数分だけ右へ移動した。
イ 行頭に置こうとした句読点や閉じ括弧が, 前の行の行末に移動した。
ウ 行頭の英字が, 小文字から大文字に変換された。
エ 文字列の文字が, 指定した幅の中に等間隔に配置された。

問 10

令和元年秋期　問90

交通機関, 店頭, 公共施設などの場所で, ネットワークに接続したディスプレイなどの電子的な表示機器を使って情報を発信するシステムはどれか。　ヒント P.240

ア cookie　　　　　　　**イ** RSS
ウ ディジタルサイネージ　　**エ** ディジタルデバイド

正解
問1…エ　問2…ウ　問3…ウ　問4…エ　問5…イ
問6…エ　問7…ウ　問8…ア　問9…イ　問10…ウ

01

データベース方式

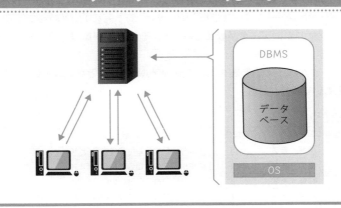

1 データベースとは

1 データを一元管理して効率よく扱う

　データベースとは「目的ごとにまとめたデータを一元管理したもの」です。例えばコンビニで買い物すると、そのデータはコンビニ本部が管理するデータベースサーバに蓄積されます。このサーバには全国の店舗データが一元管理されています。これによりコンビニ本部は、全国のどの店でどの商品がどれだけ売れているかを把握できます。この他にもデータベースはチケット予約、交通機関のICカードによる乗り降り、高速道路のETCなど、生活の中で幅広く使われています。

　データベースの目的は、まとめられたデータを一元的に蓄積・管理することで、データを効率よく扱うことです。

{データモデルとは}

　データベースは人間にわかりやすく、またコンピュータ処理に適している必要があります。これを実現するために、さまざまな種類のモデルがあります。これをデータモデルといいます。代表的なものとして、関係モデル（リレーショナルデータベース）、階層型モデル、ネットワーク型モデル、オブジェクト指向データモデルなどがあります。

2 表でデータを管理するリレーショナルデータベース

データモデルの中で最も一般的なのが関係モデル(リレーショナルデータベース)です。リレーショナルデータベースで扱うデータは、行と列の「表」の形で管理されています。いくつかの表にデータが収められ、それぞれの表が関連し合う形でデータを管理しています。

実際のデータが入っている表のことをテーブル、行のことをレコード、列のことをフィールドともいいます。

列(フィールド)

学籍番号	氏名	学部番号	住所
K-1	情報　義男	3	東京都○○市○○町○○○○○○○
K-2	出力　花子	3	神奈川県○○市○○町○○○○○○
K-3	記憶　美子	3	千葉県○○市○○町○○○○○○○
S-1	制御　武弘	1	埼玉県○○市○○町○○○○○○○
S-2	演算　小百合	1	群馬県○○市○○町○○○○○○○
B-1	入力　さつき	2	茨城県○○市○○町○○○○○○○
B-2	仮想　太郎	2	栃木県○○市○○町○○○○○○○

行(レコード)

2 DBMS

1 データベースを管理するソフトウェア

データベースはDBMS(DataBase Management System:データベース管理システム)というソフトウェアによって管理されています。DBMSは、人間が直接操作するよりもアプリケーションソフトからの処理依頼を受けて動くことが一般的です。データベースサーバにはネットワークを介して他のコンピュータ(クライアント)がつながっています。DBMSはデータベースサーバにインストールされ、クライアントのパソコンのアプリケーションソフトからの問い合わせによってデータベース操作を行い、結果を返しています 01。このため、DBMSはアプリケーションソフトではなく「ミドルウェア」と呼ばれます。リレーショナルデータベースで使われるDBMSをRDBMS(Relational DataBase Management System)といいます。

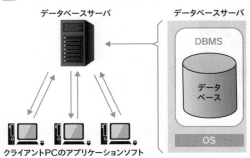

01 データベースサーバとクライアント

データベースサーバ

クライアントPCのアプリケーションソフト

データベースサーバ

DBMS

データ
ベース

OS

2 SQL

02の例では、社内のパソコン（クライアントPC）にアプリケーションソフトである顧客管理ソフトがインストールされています。社員はこの顧客管理ソフトを使って顧客情報を参照したり、更新したりしています。しかし顧客のデータそのものはデータベースサーバにあり、それをDBMSが管理しています。例えば、①ある社員が顧客管理ソフトに「住所が東京都のお客さんのデータだけ表示して」と命令すると、②顧客管理ソフトは、その命令（問い合わせ）をSQLにしてデータベースサーバのDBMSに届けます。

SQLとは、DBMSでデータを操作したり定義するためのデータベース言語です。③SQLを受け取ったDBMSは、顧客表の中から住所の列が東京都のデータだけを抽出して、④クライアントPCの顧客管理ソフトに返します。DBMSとSQLとアプリケーションソフトは、このような関係になっています。

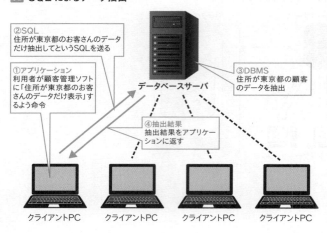

02 SQL によるデータ抽出

②SQL
住所が東京都のお客さんのデータだけ抽出してというSQLを送る

①アプリケーション
利用者が顧客管理ソフトに「住所が東京都のお客さんのデータだけ表示」するよう命令

データベースサーバ

③DBMS
住所が東京都の顧客のデータを抽出

④抽出結果
抽出結果をアプリケーションに返す

クライアントPC　　クライアントPC　　クライアントPC　　クライアントPC

3 NoSQL

　表でデータを管理しないデータベースのことをNoSQLといいます。SQLを使う一般的なリレーショナルデータベースでは行えない大規模な並列分散処理や柔軟なスキーマの設定などが行えることから、ビッグデータ（286ページ）の処理にも使われています。

{キーバリューストア（KVS）}

　保存したい値とそのデータを識別できる値を1つの組みとして保存する方式のデータベースです。キー（識別できる値）とバリュー（値）の組み合わせだけの単純な構造であるため、処理速度やスケーラビリティが高く、ビッグデータの処理にも使われています。

{ドキュメント指向データベース}

　表で扱えないようなデータを柔軟な構造で扱えるデータベースです。また、スケーラビリティを重視しているため大量のデータを扱うシステムに向いています。「MongoDB」などが代表的です。

{グラフ指向データベース}

　「有向グラフ」というデータ構造によって関係性が管理できるデータベースです。このためSNSの友達関係やWebのリンク構造などの「つながり」を表すデータモデルに利用されています。「ノード（実体）」「エッジ（実体間の関連や方向）」「プロパティ（属性情報）」の3要素によってノード間の関係性を表現します。

02

データベース設計

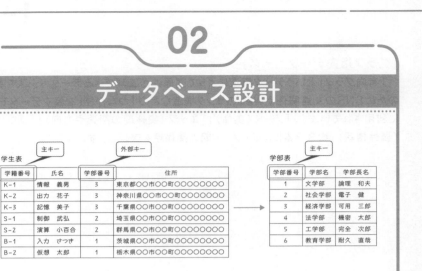

学生表

学籍番号	氏名	学部番号	住所
K-1	情報 義男	3	東京都〇〇市〇〇町〇〇〇〇〇〇〇〇〇
K-2	出力 花子	3	神奈川県〇〇市〇〇町〇〇〇〇〇〇〇
K-3	記憶 美子	3	千葉県〇〇市〇〇町〇〇〇〇〇〇〇〇
S-1	制御 武弘	2	埼玉県〇〇市〇〇町〇〇〇〇〇〇〇〇
S-2	演算 小百合	2	群馬県〇〇市〇〇町〇〇〇〇〇〇〇〇
B-1	入力 さつき	1	茨城県〇〇市〇〇町〇〇〇〇〇〇〇〇
B-2	仮想 太郎	1	栃木県〇〇市〇〇町〇〇〇〇〇〇〇〇

主キー　外部キー

学部表

学部番号	学部名	学部長名
1	文学部	論理 和夫
2	社会学部	電子 健
3	経済学部	可用 三郎
4	法学部	機密 太郎
5	工学部	完全 次郎
6	教育学部	耐久 直哉

主キー

1 データベース設計とは

データベース設計とは、E-R図（373ページ）などを用いて現実の世界を抽象化してリレーショナルデータベースなどを作成していく作業です。データモデリングともいいます。一般的に、①概念設計、②論理設計、③物理設計という3つの段階を通して行われます。

1 データ分析

データベース設計を始める前に、まず業務で使用するデータの洗出しや整理をする必要があります。

{データクレンジング}

「データの洗浄」という意味の言葉です。データの重複や表記の揺れ、誤記などを削除・修正し、データの質を高めることです。全角文字と半角文字の違いや、空白文字や区切り記号の有無、住所や電話番号の表記法などを、表記ルールを決めて修正・削除などを行っていきます。

{データの結合}

異なったデータを共通するキーをもとに連結させることです。例えば、「日ごとの商

店の売上データ」と「日ごとの天候データ」は、共通する「日付」で結合させれば、天気が晴れの日には〇〇が多く売れたなどの情報を得ることができます。

2 表の設計

1 主キー

次ページの2つの表（学生表と学部表）は、学生を管理する表です。学生表の学籍番号の列を主キーといいます。主キーとは、行を特定するための列のことです。氏名の列は、同姓同名の学生がいるかもしれないので主キーにはできません。また住所も、同じ住所の双子の学生がいるかもしれません。学籍番号は学生1人につき1つ割り当てるコードなので絶対に同じもの（だぶり）はないため、学籍番号K-1の行といったら1行だけが特定できます。主キーには同じものがあってはいけないという「一意性制約」と、値が何も入っていない空値（ヌル）ではいけない「非ヌル制約」があります。

2 外部キー

学生表の学部番号の列を外部キーといいます。外部キーは、他の表との関連づけをする列です。学生表だけを見て「学部番号3」といわれても何を示しているのかわかりませんが、学部表の主キーである学部番号の列で「3」と同じ行の学部名を見ると、「経済学部」であることがわかります。このように、他の表の主キーと関連づけるための列を外部キーといいます。外部キーの値は、参照先（ここでいう学部表の学部番号の列）に必ずあるものでなければいけません。これを参照制約といいます。

● **正規化された表**

学生表

主キー　　　　　　　外部キー

学籍番号	氏名	学部番号	住所
K-1	情報　義男	3	東京都○○市○○町○○○○○○○○
K-2	出力　花子	3	神奈川県○○市○○町○○○○○○○○
K-3	記憶　美子	3	千葉県○○市○○町○○○○○○○○
S-1	制御　武弘	2	埼玉県○○市○○町○○○○○○○○
S-2	演算　小百合	2	群馬県○○市○○町○○○○○○○○
B-1	入力　さつき	1	茨城県○○市○○町○○○○○○○○
B-2	仮想　太郎	1	栃木県○○市○○町○○○○○○○○

学部表

主キー

学部番号	学部名	学部長名
1	文学部	論理　和夫
2	社会学部	電子　健
3	経済学部	可用　三郎
4	法学部	機密　太郎
5	工学部	完全　次郎
6	教育学部	耐久　直哉

3 データの正規化

　ところで、上記の2つの表ですが、次ページの学生情報一覧表のような1つの表ではいけないのでしょうか。よく見ると学生情報一覧表は、学部名や学部長名が何度も出てきます。データが重複して冗長（無駄が多く長いこと）です。冗長なだけでなく、仮に経済学部の学部長名が変わった場合、経済学部の学生が2000人もいる大学だったら直すのも大変です。また、入力の間違えなどがあったら、正しい結果が得られずに矛盾が発生してしまいます。そこで、データの重複や矛盾が起きないよう、学生表と学部表に分けることで表を管理しやすくするのです。これをデータの 正規化 といいます。

　データの正規化の目的は、データの矛盾や重複を排除して、データの維持管理を容易にすることです。正規化はデータ設計の②論理設計で行われます。

● 正規化されていない表

学生情報一覧表

学籍番号	氏名	学部番号	学部名	学部長名	住所
K-1	情報　義男	3	経済学部	可用　三郎	東京都○○市○○町○○○○○○
K-2	出力　花子	3	経済学部	可用　三郎	神奈川県○○市○○町○○○○
K-3	記憶　美子	3	経済学部	可用　三郎	千葉県○○市○○町○○○○○
S-1	制御　武弘	2	社会学部	電子　健	埼玉県○○市○○町○○○○
S-2	演算　小百合	2	社会学部	電子　健	群馬県○○市○○町○○○○○
B-1	入力　さつき	1	文学部	論理　和夫	茨城県○○市○○町○○○○
B-2	仮想　太郎	1	文学部	論理　和夫	栃木県○○市○○町○○○○○

{複合キー}

　下の表の場合、行を特定する列である主キーは1つではありません。チーム名「Aチーム」の人も、選手番号「1」の人も複数います。そこでチーム名と選手番号の2つの列を指定してはじめて行が特定できます。このように複数の列で主キーを構成させることを複合キーといいます。

主キー　主キー

選手一覧表

チーム名	選手番号	氏名	住所
Aチーム	1	情報　義男	東京都○○市○○町○○○○○○○
Bチーム	3	出力　花子	神奈川県○○市○○町○○○○○○
Cチーム	1	記憶　美子	千葉県○○市○○町○○○○○○○
Aチーム	2	制御　武弘	埼玉県○○市○○町○○○○○
Bチーム	2	演算　小百合	群馬県○○市○○町○○○○○○
Cチーム	3	入力　さつき	茨城県○○市○○町○○○○○○
Dチーム	4	仮想　太郎	栃木県○○市○○町○○○○○○○

4 インデックス

　大量のデータの中から高速に対象のデータを見つけるため、データベースではインデックスという仕組みが使われています。インデックスは、表の中の特定の列に設定する情報を使って、高速に対象のデータを検索する仕組みです。ちょうど書籍の索引のようなものです。インデックスの定義は、データ設計の③物理設計で行われます。

データ操作とトランザクション

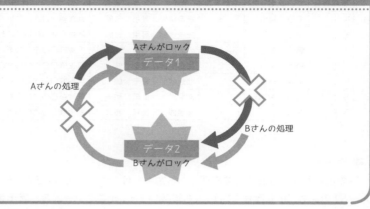

1 データの操作

1 選択、射影、結合

　DBMSは、アプリケーションソフトからのSQLに従い実際にデータベースを操作します。例えば「学生表で、住所が東京都の行だけ抽出」のような特定の条件で操作を実行します。そこで使われるのが関係演算です。関係演算には選択、射影、結合があります。

- **選択（Selection）**
  表の中から、条件に合致した行を抽出します。

- **射影（Projection）**
  表の中から、条件に合致した列を抽出します。

- **結合（Join）**
  複数の表を特定の列で関連づけて結合し、1つの表を作ります。

学生表

学籍番号	氏名	学部番号	住所
K-1	情報　義男	3	東京都○○市○○町○○○○○○○○
K-2	出力　花子	3	神奈川県○○市○○町○○○○○○○
K-3	記憶　美子	3	千葉県○○市○○町○○○○○○○○
S-1	制御　武弘	2	埼玉県○○市○○町○○○○○○○○
S-2	演算　小百合	2	群馬県○○市○○町○○○○○○○○
B-1	入力　さつき	1	茨城県○○市○○町○○○○○○○○
B-2	仮想　太郎	1	栃木県○○市○○町○○○○○○○○

学部表

学部番号	学部名	学部長名
1	文学部	論理　和夫
2	社会学部	電子　健
3	経済学部	可用　三郎
4	法学部	機密　太郎
5	工学部	完全　次郎
6	教育学部	耐久　直哉

● **選択：学生表から学部番号が3の行を選択**

結果

学籍番号	氏名	学部番号	住所
K-1	情報　義男	3	東京都○○市○○町○○○○○○○○
K-2	出力　花子	3	神奈川県○○市○○町○○○○○○○
K-3	記憶　美子	3	千葉県○○市○○町○○○○○○○○

● **射影：学生表から氏名の列と学部番号の列を射影**

結果

氏名	学部番号
情報　義男	3
出力　花子	3
記憶　美子	3
制御　武弘	2
演算　小百合	2
入力　さつき	1
仮想　太郎	1

● 結合：学生表と学部表を結合（学部番号の列で関連づける）

結果

学籍番号	氏名	学部番号	住所	学部名	学部長名
K-1	情報　義男	3	東京都○○市○○町○○○○	経済学部	可用　三郎
K-2	出力　花子	3	神奈川県○○市○○町○○○	経済学部	可用　三郎
K-3	記憶　美子	3	千葉県○○市○○町○○○○	経済学部	可用　三郎
S-1	制御　武弘	2	埼玉県○○市○○町○○○○	社会学部	電子　健
S-2	演算　小百合	2	群馬県○○市○○町○○○○	社会学部	電子　健
B-1	入力　さつき	1	茨城県○○市○○町○○○○	文学部	論理　和夫
B-2	仮想　太郎	1	栃木県○○市○○町○○○○	文学部	論理　和夫

2 挿入・更新

　表（テーブル）の中にデータを挿入したり、更新したりすることもSQLを使って行われます。データの挿入や更新は、文字型、整数型、文字数など、テーブルのそれぞれの列に設定されている型に合ったものでなければいけません。

2　トランザクション処理

1 トランザクションはデータベースの処理単位

　トランザクションとは、例えば「現在15,000円の残高の貯金を5,000円プラスして20,000円にする」とか「商品を10個注文する」といったデータベースに対する処理のまとまりを指します。もし、処理の途中でエラーが起きてしまうとデータが更新されたのか、されていないのか、中途半端な状態なのかわかりません。DBMSには、一連の処理が全て成功したら処理結果を確定（コミット）し、途中で失敗したら処理前の状態に戻す特性「原子性」があります。この特性をもつ一連の処理がトランザクションで、データベースにおける処理の単位となっています。ネットワークを使って、サーバに対してオンラインで処理を行うことをオンライントランザクション処理といいます。

2 ACID特性

　データベースに求められる特性の頭文字をとって「ACID特性」と呼ばれています。

- **Atomicity（原子性）**
  トランザクションが正しく完全に処理されているか、全く処理されていないかのどちらかになる特性をいいます。

- **Consistency（一貫性）**
  トランザクションが処理されても、データ間に矛盾がない特性をいいます。

- **Isolation（分離性）**
  複数のトランザクションが同時に実行されても、他のトランザクションの影響を受けない特性をいいます。

- **Durability（耐久性）**
  正しく完了したトランザクションは、障害の発生によっても失われることはない特性をいいます。

3 同時実行制御（排他制御機能）

　複数の利用者が同時にデータを更新しようとした際、DBMSは一方の利用者に対して一時的にデータの書き込みをさせないよう制限し「ロック」を掛けます。これが排他制御機能です。

　もし、03のようにDBMSに排他制御機能がなかった場合、例えば販売管理データベースで販売員のAさんとBさんが同時に同じお客さん（Cさん）のデータを更新しようとした場合、矛盾が生じることがあります。Cさんの商品購入個数はこれまで10個でした。Aさんはこれまでの購入個数10を参照し、自分が新たに商品を2つ売ったので2をプラスする更新処理をしました。同時にBさんも10を参照し、自分が新たに商品を3つ売ったので3をプラスする更新処理をしました。本当なら購入個数は10＋2＋3で15にならなければいけないのに、13になってしまいました。これは、2人の処理が混ざってしまったことで起きる矛盾です。Aさんが2をプラスした12に、Bさんの13が上書きされてしまったのです。そこで、04のようにAさんが10に2をプラスして12にしている間ロックを掛け、ロックが解放されたら今度はBさんが12に3をプラスしている間ロックを掛ければ、正しくデータを更新できます。

　データの参照と更新の両方をロックする「占有ロック」と、更新だけをロックする「共有ロック」があります。

03 排他制御機能がない場合

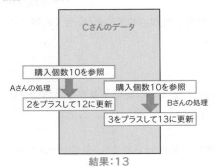

結果：13

04 排他制御機能がある場合

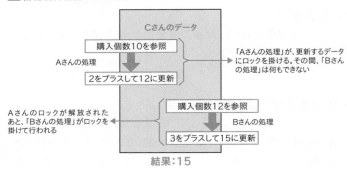

結果：15

{デッドロック}

2人の利用者のトランザクションが、それぞれ別のデータにロックを掛けた状態で、お互いに相手がロックしているデータのロック解放を待ち合ってしまうことがあります。これをデッドロック 05 といいます。

05 デッドロック

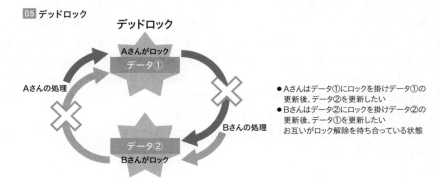

- Aさんはデータ①にロックを掛けデータ①の更新後、データ②を更新したい
- Bさんはデータ②にロックを掛けデータ②の更新後、データ①を更新したい
お互いがロック解除を待ち合っている状態

4 障害回復機能（バックワードリカバリ、フォワードリカバリ）

DBMSは障害が発生した場合に備え、更新情報を自動的に書き込む仕組みをもっています。更新の処理をすると更新前情報（更新前ログ）と更新後情報（更新後ログ）が、ログファイルに保存されます。処理の途中でエラーが発生した際など、更新前ログを使って処理以前の時点まで戻ることをバックワードリカバリ（ロールバック）といいます。また、データベースを保存するディスクに障害などが起きた場合などは、まず交換したディスクに過去にバックアップ（227ページ）しておいたデータを書き込み、それ以降の更新は更新後ログを書き込んでいき、障害が起きた時点の状態まで進めることをフォワードリカバリ（ロールフォワード）といいます。ログファイルはジャーナルファイルともいわれます。

5 チェックポイント

トランザクションの更新データはすぐにデータベース（ディスク）に反映されるのではなく、メモリ上のデータバッファに入ります。これをDBMSで設定されているタイミングでディスクに反映させています。このタイミングのことをチェックポイント06といいます。

06 チェックポイント

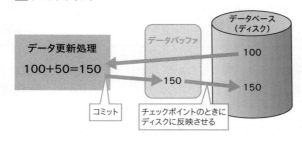

テクノロジ系

試験に出やすい キーワード ✓

☑ データベースの目的は、データを一元管理し効率よく扱うこと
　　　　　　　　　　　　　　　　　　　　　　　　　　　参照 P.249

☑ リレーショナルデータベースは列（フィールド）・行（レコード）の「表（テーブル）」で管理
　　　　　　　　　　　　　　　　　　　　　　　　　　　参照 P.250

☑ DBMSはデータベース管理システム。ミドルウェアという　参照 P.250

☑ SQLはデータベースの操作を行う言語　参照 P.251

☑ NoSQLは表でデータを管理しないデータベース。ビッグデータの処理にも使われる
　　　　　　　　　　　　　　　　　　　　　　　　　　　参照 P.252

☑ データクレンジングはデータの洗浄。重複、誤記などを削除・修正すること
　　　　　　　　　　　　　　　　　　　　　　　　　　　参照 P.254

☑ 主キーは行を特定する列。同じものがダメな「一意性制約」、空値がダメな「非ヌル制約」
　　　　　　　　　　　　　　　　　　　　　　　　　　　参照 P.255

☑ 外部キーは他の表と関連づける列。参照している表にあるものしか入れられない「参照制約」
　　　　　　　　　　　　　　　　　　　　　　　　　　　参照 P.255

☑ 正規化の目的は、データの矛盾や重複をなくしてデータの維持管理を容易にすること
　　　　　　　　　　　　　　　　　　　　　　　　　　　参照 P.256

Check

☑「選択」は行の抽出、「射影」は列の抽出、「結合」は表の結合

参照 P.258

☑ トランザクションはデータベースの処理の単位。途中でエラーが起きたら処理前に戻す

参照 P.260

☑ ACID特性は、A（原子性：完全に処理されるか・全くされないか）、C（一貫性：データ間に矛盾がないか）、I（分離性：処理が同時に実行されても大丈夫か）、D（耐久性：障害でも大丈夫か）

参照 P.260

☑ 排他制御は1つの資源に同時にアクセスしてきたら片方にロックを掛けて矛盾を防ぐこと

参照 P.261

☑ デッドロックはお互いのロックの解放を待ち合ってしまう状態

参照 P.262

☑ バックワードリカバリ（ロールバック）は、更新前ログを使って更新操作前の状態に戻すこと

参照 P.263

☑ フォワードリカバリ（ロールフォワード）はバックアップを書き戻し、更新後ログで、現在の状態まで進めること

参照 P.263

☑ チェックポイントは更新したデータをディスクに書き込むタイミング

参照 P.263

データベース

過去問にTry!

解説動画はこちら

本章で学んだことをもとに、ITパスポート資格試験
の過去問に挑戦してみよう!

問 1
平成31年春期　問95

関係データベースの操作を行うための言語はどれか。
ヒント P.251

　ア　FAQ　　　　イ　SQL　　　　ウ　SSL　　　エ　UML

問 2
平成28年春期　問84

データベースを設計するときに, データの関連を整理して表現することを目的とし
て使われるものはどれか。
ヒント P.254

　ア　E-R図　　　　　　　　　　イ　アローダイアグラム
　ウ　ガントチャート　　　　　　エ　フローチャート

問 3
令和3年春期　問62

金融システムの口座振替では, 振替元の口座からの出金処理と振替先の口座へ
の入金処理について, 両方の処理が実行されるか, 両方とも実行されないかのど
ちらかであることを保証することによってデータベースの整合性を保っている。デー
タベースに対するこのような一連の処理をトランザクションとして扱い, 矛盾なく処
理が完了したときに, データベースの更新内容を確定することを何というか。
ヒント P.260

　ア　コミット　　　　　　　　　イ　スキーマ
　ウ　ロールフォワード　　　　　エ　ロック

問 4　　　　　　　　　　　　　　　　　　　　　　　　　　平成28年秋期　問95

関係データベースにおける主キーに関する記述のうち，適切なものはどれか。

ヒント P.257

- **ア**　主キーに設定したフィールドの値に1行だけならNULLを設定することができる。
- **イ**　主キーに設定したフィールドの値を更新することはできない。
- **ウ**　主キーに設定したフィールドは他の表の外部キーとして参照することができない。
- **エ**　主キーは複数フィールドを組み合わせて設定することができる。

問 5　　　　　　　　　　　　　　　　　　　　　　　　　　平成29年秋期　問88

関係データベースにおける外部キーに関する記述のうち，適切なものはどれか。

ヒント P.255

- **ア**　外部キーがもつ特性を，一意性制約という。
- **イ**　外部キーを設定したフィールドには，重複する値を設定することはできない。
- **ウ**　一つの表に複数の外部キーを設定することができる。
- **エ**　複数のフィールドを，まとめて一つの外部キーとして設定することはできない。

問 6　　　　　　　　　　　　　　　　　　　　　　　　　　平成31年春期　問92

関係データベースを構築する際にデータの正規化を行う目的として，適切なものはどれか。

ヒント P.256

- **ア**　データに冗長性をもたせて，データ誤りを検出する。
- **イ**　データの矛盾や重複を排除して，データの維持管理を容易にする。
- **ウ**　データの文字コードを統一して，データの信頼性と格納効率を向上させる。
- **エ**　データを可逆圧縮して，アクセス効率を向上させる。

問 7　　　　　　　　　　　　　　　　　　　　　　　　平成30年春期　問65

関係データベースの操作a～cと，関係演算の適切な組合せはどれか。

ヒント P.258

a　指定したフィールド(列)を抽出する。
b　指定したレコード(行)を抽出する。
c　複数の表を一つの表にする。

	a	b	c
ア	結合	射影	選択
イ	射影	結合	選択
ウ	射影	選択	結合
エ	選択	射影	結合

問 8　　　　　　　　　　　　　　　　　　　　　　　　平成31年春期　問78

関係データベースの"社員"表と"部署"表がある。"社員"表と"部署"表を結合し，社員の住所と所属する部署の所在地が異なる社員を抽出する。抽出される社員は何人か。

ヒント P.260

社員

社員 ID	氏名	部署コード	住所
H001	伊藤　花子	G02	神奈川県
H002	高橋　四郎	G01	神奈川県
H003	鈴木　一郎	G03	三重県
H004	田中　春子	G04	大阪府
H005	渡辺　二郎	G03	愛知県
H006	佐藤　三郎	G02	神奈川県

部署

部署コード	部署名	所在地
G01	総務部	東京都
G02	営業部	神奈川県
G03	製造部	愛知県
G04	開発部	大阪府

ア　1　　　　　　イ　2　　　　　　ウ　3　　　　　　エ　4

問 9
令和4年　問77

トランザクション処理のACID特性に関する記述として，適切なものはどれか。

ヒント P.260

ア　索引を用意することによって，データの検索時の検索速度を高めることができる。

イ　データの更新時に，一連の処理が全て実行されるか，全く実行されないように制御することによって，原子性を保証することができる。

ウ　データベースの複製を複数のサーバに分散配置することによって，可用性を高めることができる。

エ　テーブルを正規化することによって，データに矛盾や重複が生じるのを防ぐことができる。

問 10
令和3年春期　問95

関係データベースで管理された"商品"表，"売上"表から売上日が5月中で，かつ，商品ごとの合計額が20,000円以上になっている商品だけを全て挙げたものはどれか。

ヒント P.258

商品

商品コード	商品名	単価（円）
0001	商品A	2,000
0002	商品B	4,000
0003	商品C	7,000
0004	商品D	10,000

売上

売上番号	商品コード	個数	売上日	配達日
Z00001	0004	3	4/30	5/2
Z00002	0001	3	4/30	5/3
Z00005	0003	3	5/15	5/17
Z00006	0001	5	5/15	5/18
Z00003	0002	3	5/5	5/18
Z00004	0001	4	5/10	5/20
Z00007	0002	3	5/30	6/2
Z00008	0003	1	6/8	6/10

ア　商品A，商品B，商品C
イ　商品A，商品B，商品C，商品D
ウ　商品B，商品C
エ　商品C

問 11　　　　　　　　　　　　　　　　　　　　　　　　　令和4年　問65

条件①～⑤によって，関係データベースで管理する"従業員"表と"部門"表を作成した。"従業員"表の主キーとして，最も適切なものはどれか。　　ヒント P.255

〔条件〕
①各従業員は重複のない従業員番号を一つもつ。
②同姓同名の従業員がいてもよい。
③各部門は重複のない部門コードを一つもつ。
④一つの部門には複数名の従業員が所属する。
⑤1人の従業員が所属する部門は一つだけである。

従業員

従業員番号	従業員名	部門コード	生年月日	住所

部門

部門コード	部門名	所在地

ア　"従業員番号"　　　　　　　　イ　"従業員番号"と"部門コード"
ウ　"従業員名"　　　　　　　　　エ　"部門コード"

第 2 部
ストラテジ系

01

経営と組織

第4次産業革命

Society5.0

データ駆動型社会

デジタルトランスフォーメーション（DX）

手段
対象
実施事項

D デジタルで

〇〇を

X 変革する

1 企業活動の目的

　企業とは、営利を目的として、生産・販売・サービスなどの経済活動を営む組織です。また、企業にとっての目的は利益の追求だけでなく、顧客や市場から「満足」を得ることで継続的に成長し、社会的責任を果たすことです。

1 企業活動と経営資源

{CSR（企業の社会的責任）}
　CSR（Corporate Social Responsibility）とは、企業の社会的責任のことです。企業は利益追求だけでなく、株主や取引先、債権者、地域住民などの利害関係者（ステークホルダ）に対し、会社の経営状況などの情報を正しく開示（ディスクロージャ）する責任があります。この他、環境への配慮、消費者保護、社会貢献活動などもCSR活動に含まれます。

{グリーンIT}
　地球環境にやさしいIT（情報技術）のことです。また、ITを活用して省エネルギー、省資源、地球温暖化防止などを実現する意味もあります。IT機器の省電力化や廃棄したIT機器の資源リサイクル、ITによるエネルギー効率の向上を目指す考え方です。

CSR活動の1つです。

{SRI（社会的責任投資）}

SRI（Socially Responsible Investment）とは、社会的責任投資のことです。投資家が投資先を財務面だけで判断するのではなく、環境問題などに積極的に取り組む企業など、社会的責任（CSR）に関する活動も考慮して投資対象を選ぶことをいいます。

{SDGs}

国連が定めた「持続可能な開発目標（Sustainable Development Goals）」の略で、貧困、教育、エネルギー問題など世界中で抱える17の問題に対し、2030年までに達成すべき目標値を設定したものです。日本でもこの目標に率先して取り組む企業が増えています。

2 経営管理

経営管理とは企業が事業活動を行うなかで、社内のリソース（資源）の調整や総括を行うことです。生産、販売、労務、人事、財務、情報管理など、ヒト、モノ、カネ、情報というリソースを管理します。経営管理によって企業のビジョンの実現や目標達成など、あるべき姿を目指していきます。

{OODAループ（ウーダループ）}

Observe（観察）、Orient（状況判断）、Decide（意思決定）、Act（行動）の4つの行動の頭文字をとったものです。経営や業務において判断や意思決定の際、観察して→状況をわかって→決めて→取り組むというプロセスを理論化したものです。もともとは米軍の戦術として編み出されたといわれています。

{BCP}

BCP（Business Continuity Plan）は事業継続計画のことで、災害などのリスクが発生したときに業務が継続できるよう、あらかじめ計画しておくことをいいます。災害時に事業が中断しないよう、また中断した場合でも目標復旧時間内に重要な機能を再開させるための計画をあらかじめ立てておきます。

{BCM}

BCM（Business Continuity Management）は、事業継続マネジメントのこ

とで、企業が災害などの発生時にいかに事業の継続を図り、顧客や取引先への影響を最小限にするかを目的とする経営手段をいいます。BCMによってできた計画が、前述の事業継続計画（BCP）となります。

2 企業と人財

　企業の重要なリソースとして人材があります。人的資源管理の目的は、優秀な人材を見つけ、適切に配属し、社員のモチベーションを高めるなど、人材を有効に活用・育成していくことです。

1 ヒューマンリソースマネジメント

{HRM}

　HRM（Human Resource Management）は、人的資源管理や人材マネジメントと訳されています。経営資源である人材を有効活用するため、採用、教育、配置などの人事活動を体系的に構築し運用管理していくことをいいます。

{HRテック}

　Human ResourceとTechnologyを合わせた造語です。ビッグデータ解析、AIなどのIT技術を、上述のHRM（人的資源管理）に役立てる手法をいいます。

{OJT、Off-JT}

　OJT（On-the-Job Training）とは、実際の業務に対象の社員を従事させ、先輩や上司の下で指導を受けながら研修を進める現場型の研修をいいます。Off-JT（Off-the-Job Training）は、職場ではなくセミナーなどによる社員教育です。外部から講師を招く座学の研修の他、インターネットや教育用ソフトを使ったe-ラーニングによるものもあります。

{e-ラーニング}

　Electric Learningの略で、インターネットを活用した教育や研修のことです。パソコンやスマートフォンを使って学習でき、質疑応答や学習進捗管理などの機能を備えているものも多くあります。

{アダプティブラーニング}

ITを使ってそれぞれの生徒に合わせた学習内容を提供する仕組みです。生徒1人ひとりの学習進捗度や理解度に応じて学習内容や学習レベルを最適化して提供するもので「適応学習」と訳されています。e-ラーニングやSNS、動画配信サービスを利用できるものやAI技術を活用したものもあります。

{リテンション}

人事におけるリテンションとは「人材の維持（確保）」という意味で、退職を防ぐための対策です。リテンションには金銭的報酬と非金銭的報酬があり、最近では働きやすい職場環境、ワークライフバランスの推進など、非金銭的報酬に力を入れる企業が増えています。

{ワークライフバランス}

ワーク（仕事）とライフ（生活）のバランスを取ることです。全ての働く人の仕事と生活の調和を図ること、そしてライフステージに合わせた多様で柔軟な働き方が選択できる社会を目指すための取り組みです。フレックスタイム制（312ページ）勤務やテレワーク（後述）、育児・介護休暇などの制度が広まってきています。

{テレワーク}

インターネットや情報機器を利用して、自宅など会社以外の場所で仕事を行う勤務形態です。在宅勤務、モバイルワーク、サテライトオフィス勤務などの形態があります。育児や介護など、従業員のさまざまな事情に対応できる他、交通費の削減、通勤ラッシュの緩和など多くのメリットがあります。仕事と生活の調和（ワークライフバランス）を実現する働き方として期待されています。しかし労務管理の難しさなどが指摘されています。

{ダイバーシティ}

性別や人種、また思想や価値観の異なるさまざまな人材を活用することをダイバーシティといいます。有能な人材の発掘、斬新なアイディアの喚起、社会のニーズへの対応などを目的としています。ダイバーシティは多様性という意味です。

3 経営組織

1 経営組織とは

{組織の形態}

経営組織の形態にはいくつかの形があります。

● **職能別組織（機能別組織）**

営業部、開発部、生産部、人事部、経理部のように仕事の内容ごとに分割された組織のことです。

● **階層型組織**

社長やCEOなどを組織のトップに置き、命令や指示が上の階層から下の階層へと伝えられる組織をいいます。社長、部長、課長、係長、一般社員というような階層別に組織されています。

● **事業部制組織**

地域や扱う製品種別ごとで分割された組織です。例えば地域ごとなら関東事業部・関西事業部といった形です。事業部ごとに利益や業務の進め方に一定の責任をもたせるのが特徴です。事業部の独立性を高め責任の範囲を広げ、子会社のような運営をすることをカンパニ制といいます。

● **カンパニ制**

事業部の独立性を高めて責任の範囲を広げ、子会社のような運営をする形態です。

● **プロジェクト組織**

一定期間、特定の目的のために実施される業務をプロジェクトといいます。そのプロジェクトごとに担当する人材を集めたのがプロジェクト組織です。営業担当者、開発担当者など各専門分野から人を集めてプロジェクトチームを編成する場合もあります。

● **マトリックス組織**

事業部制組織と職能別組織、職能別組織とプロジェクト組織など2つの組織形態を組み合わせた形の組織です。命令系統が2つになるため混乱する場合もあ

ります。

{組織の最高責任者}

- **CEO（Chief Executive Officer）**

  最高経営責任者のことです。会社の経営戦略を策定します。

- **CIO（Chief Information Officer）**

  最高情報責任者のことです。経営戦略の方針に合ったシステム戦略（情報化戦略）の立案を行います。また、情報システム全般の管理もCIOの仕事です。情報システムを統括する役員などがこれに当たります。

{持株会社}

　持株会社とは、自らは事業運営をせず、子会社の経営や事業を支配することを目的に株式を保有する会社です。持株会社は○○ホールディングスという社名などで、大規模なグループ会社に多く見られます。

4　ITの利活用

1　企業におけるIT利活用の重要性

{インダストリー4.0}

　ドイツ政府が推進する製造業の国家戦略的プロジェクトのことです。製造業の高度なIT化を推進するもので、日本では「第4次産業革命」と訳され、IoTやAIを活用した製造業の革新をいいます。

{Society5.0}

　サイバー空間（仮想空間）とフィジカル空間（現実空間）を高度に融合させたシステムにより、経済発展と社会的課題の解決を両立する人間中心の社会（Society）のことです。狩猟社会（Society1.0）、農耕社会（2.0）、工業社会（3.0）、情報社会（4.0）に続く、新たな社会を指すもので我が国が目指すべき未来社会の姿として提唱されました。

{データ駆動型社会}

　高度なIT技術で分析されたデータをもとに、人間が次のアクションや意思決定を

行う社会のことです。従来見えなかったものが見えるようなり、さらに未来を予測できるようになることで、生活がより便利になる社会を指しています。

{デジタルトランスフォーメーション（DX）}

「ITの浸透が人々の生活をあらゆる面でより良い方向に変化させる」という概念です。企業においてはITを活用することで、その事業領域や業績などを大きく変化させられるといった意味で用いられています。DXと表記されます。

{その他のIT利活用の施策}

地域や分野を限定し大胆な規制の緩和を行う国家戦略特区法（スーパーシティ法）、オープンデータの活用や行政手続きのオンライン化・マイナンバーカードの普及を推進する官民データ活用推進基本法、デジタル社会の形成の基本理念、国、自治体、事業者の責務、デジタル庁の設置などを定めたデジタル社会形成基本法などがあります。

02

業務分析

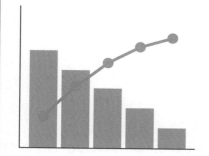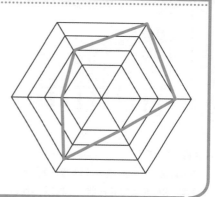

1 業務分析

　企業活動にはさまざまな業務分析が必要です。業務の実態を把握するための情報収集や業務フローのビジュアル表現（見える化）が重要となります。情報収集には関連するデータの利活用の他、アンケート、インタビュー、フィールドワーク（現場での実態調査）などの活動が必要となってきます。

　また、統計理論などを用いて品質や生産性の向上を図る生産工学「IE（Industrial Engineering）」や、業務の運用において、数理モデル、統計的な手法、アルゴリズムなど科学的な方法で適切な解決法を見つける手法「OR（Operations Research）」などが活用されています。

1 業務分析手法

　業務分析を行う際には、グラフによる可視化など、さまざまな手法が用いられています。

{パレート図}

パレート図は、作業の優先順位や重点的に対策すべき項目を決定するためのグラフです。項目ごとに分類した棒グラフと、それらの累積和を折れ線グラフで表現します。

ABC分析にも用いられます。

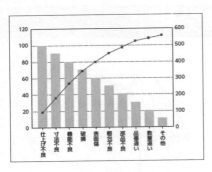

{ABC分析}

ABC分析とは、各項目を累積比率によって累積比率が全体の70%までの項目をA群、90%までをB群、それ以外をC群に分類し、重点項目（A群）を明確にする手法です。

{特性要因図（フィッシュボーンチャート）}

原因と結果の関連を魚の骨のような形に表現した図です。このためフィッシュボーンチャートともいわれます。特性（結果）に対し、どのような要因（原因）が関連しているかを明確にするための図です。

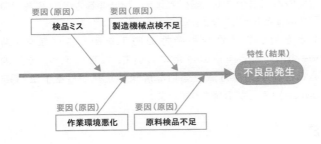

{管理図}

例えば精密な製品の寸法などで、品質の異常を判定するため、中心線、上方管理限界線、下方管理限界線を設定し、時系列的に発生するデータのばらつきを折れ線グラフで表現した図です。

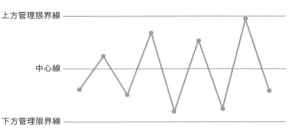

{レーダチャート}

　項目間のバランスを見るため、評価軸上に評価値をプロットし、それらを結んだ図です。

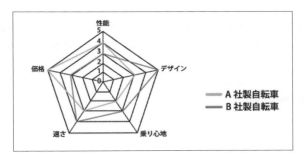

{ヒートマップ}

　数値を強弱で色分けしたグラフのことです。Webページに対するユーザの反応を見る際にも使われます。Webページのどこが多く見られているかを赤、青、黄、緑などの色で視覚的に表せます。SEO対策（340ページ）ツールの1つとなっています。

{ヒストグラム}

　データ分布を見るため、収集したデータを区分し棒グラフで表現した図です。品質のばらつきなどを捉える際に利用するものです。

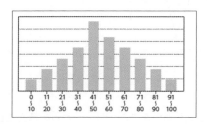

{散布図}

　2つのデータを横軸と縦軸に設定し、データを座標上にプロットして相関関係を表現するグラフです。プロットされた点が右肩上がりなら「正の相関」、右肩下がりなら「負の相関」があるといいます。

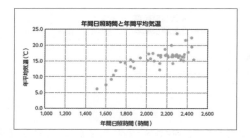

{チャートジャンク}

　グラフの中のビジュアル要素のことです。情報を伝えるうえで必ずしも必要ではないことから「チャートジャンク」と呼ばれています。画像や太線のグリッド、シャドー効果、3D要素などが該当します。

03

データの利活用

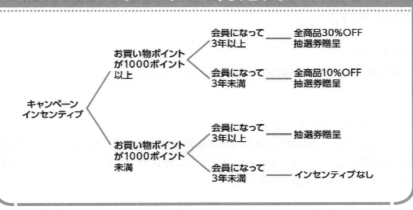

1 データの利活用

　データを分析して利活用することで、企業の業務改善や問題解決に役立てることができます。

1 データの種類と前処理

　データには各種の調査データ、実験データ、人の行動ログデータ、機械の稼働ログデータなど、さまざまなものがあります。

{量的データ、質的データ}
　量的データは年齢・身長・体重・売上金額など、数量として測定できるものです。一方、質的データは分類として示されるもので、性別・出身地・好きな色などが挙げられます。

{1次データ、2次データ}
　1次データとは、調査目的に合った方法で独自に集めたデータです。2次データとは、公開もしくは販売されている既存情報のことで、官公庁や調査機関などが提供しているデータを指します。

{メタデータ}

　メタデータとは、データそのものではなく、そのデータに関する属性などの情報を記述したデータです。メタデータは、データを効率的に管理したり検索するために欠かせないものです。

{時系列データ}

　気温の変化や渋滞の状況など、時間的に変化した情報をもつデータのことをいいます。

{クロスセクションデータ}

　一時点における、複数の対象の情報を横断的に集めたデータを指します。時間をある時点で固定して、場所やグループ別などに複数の項目を記録したデータです。時系列データと相反するものです。

{データの名寄せ}

　重複している顧客データを名前や電話番号などを手掛かりに1つにまとめる作業です。名寄せ作業をしていない顧客データは、同じ顧客に複数のダイレクトメールが届いてしまうなど、正確な顧客管理の妨げになります。

{データの外れ値、欠損値、異常値}

　データ全体の分布から外れている値を外れ値といいます。また、欠損値とは空白になっている値です。これら外れ値や欠損値は「異常値」と呼ばれることもあります。コンピュータで解析する際、エラーの原因となる場合があります。

{データのサンプリング}

　大規模なデータの中からデータの一部を抽出することをサンプリングといいます。母集団から無作為に抽出する「単純無作為抽出」や、母集団の最初のサンプルだけをランダムに抽出し、そこから等間隔にサンプリングを行う「系統抽出（等間隔抽出法）」などがあります。

{アノテーション}

　データにタグ（情報を示す札）をつける作業をいいます。AIの機械学習ではテキスト、音声、画像などのデータにタグをつけて取り込むことで、パターンを認識できるようになります。アノテーションは機械学習（163ページ）に不可欠な前処理です。

2 統計情報の活用

{母集団}

　調査対象となる数値、属性などの源泉となる集合全体のことをいいます。

{標本抽出}

　国勢調査のような母集団を全て調査対象とする全数調査ではなく、母集団からいくつかの標本を抽出して母集団の性質を推定することをいいます。標本抽出はアンケート調査などで行われ、いくつかの方法があります。

- **単純無作為抽出**…母集団から乱数表を用いて必要数だけサンプルを抽出する方法です。
- **層別抽出**…母集団をあらかじめいくつかのグループに分け、各グループから無作為抽出する方法です。
- **多段抽出**…母集団をいくつかのグループに分け、そこから無作為抽出でいくつかのグループを選び、さらにその中からいくつかのグループを選ぶ…を繰り返します。最終的に選ばれたグループから無作為抽出する方法です。

{A/Bテスト}

　AパターンとBパターンなど複数の比較対象物を用意して、どちらが効果があるかを測定するマーケティング施策です。特にWebマーケティングで使われ、2つのデザインのサイトを用意しコンバージョン率（サイト訪問者が商品を購入した確率など）やクリック数はどちらが高いかをテストします。

{仮説検定}

　統計学において、ある仮説に対して、それが正しいのか否かを統計学的に検証することを仮説検定といいます。

2　ビッグデータ

　ビッグデータ分析に不可欠なデータサイエンスは、データに潜む秩序やパターンの発見と、ビジネスの利益につながる傾向を特定するものです。データの特徴を読み解くことで、起きている事象の背景や意味合いを分析します。

1 データサイエンス

{ビッグデータ}

ビッグデータとは、形や性質や種類の異なる大量のデータのことです。さらに、時系列性やリアルタイム性のあるデータも含まれます。従来のデータベース管理システムなどでは扱えないような統一性のない巨大なデータ群で、データの量（Volume）、データの種類（Variety）、データの発生頻度・更新頻度（Velocity）の3つのVが特徴です。こうしたデータを分析することで近未来の予測や異変の察知、業務運営の効率化や新事業の創出などが期待されています。分析にはAI（機械学習）なども使われます。ビッグデータでは構造化データと非構造化データを扱います。

- **構造化データ**

  「列」と「行」の表で管理できるデータです。リレーショナルデータベース（250ページ）に格納されるデータで、売上データベースや、製品データベース、社員データベース、顧客データベースなどのデータを指します。

- **非構造化データ**

  電子メール、動画データ、写真データ、SNSでのツイートデータ、ブログデータ、提案書や企画書、見積書や発注書、CADデータなど、日常業務や生活で生成される、表で管理するには難しいデータのことを指します。企業で扱うデータの約8割が非構造化データといわれています。

{データサイエンス、データサイエンティスト}

データサイエンスは、ビッグデータの分析などに使われるデータ分析についての学問分野です。統計学、数学、計算機科学などでビッグデータから法則、関連性、共通点などを探る専門分野です。データサイエンスを行うデータサイエンティストを求める企業が増えています。

{BI}

BI（Business Intelligence）は、企業内のデータを収集・蓄積・分析・報告・管理し、経営上の意思決定に役立てる手法のことをいいます。経営者などの意思決定を支援するデータウェアハウス、データマイニング（次ページ参照）などが含まれます。これを実現する「BIツール」は、さまざまなデータを迅速・効果的に検索、分析する機能をもつシステムです。

{データウェアハウス}

　毎日の売上データなど大量のデータを蓄積したものです。分析することでビジネスに活用できます。

{データマイニング}

　データベースからパターンを発見する分析手法で、ビッグデータの解析にも使われます。マイニングは「発掘」という意味で、蓄積されたデータ（データウェアハウス）を分析し、データとデータの規則性や関連性を導き出します。例えば、スーパーで「日曜日に紙おむつとビールは一緒に売れる」など、思いもよらない関連性が発掘できます。

{テキストマイニング}

　テキストマイニング（Text Mining）は、文字列によるデータマイニングのことです。TwitterなどSNSでの発言やクチコミ分析、自由記述のアンケートやコールセンタへの問い合わせ内容の分析といった分野で活用されています。文書データを単語や文節で区切って出現頻度や出現傾向、時系列などを解析するものです。

3　意思決定

　どの方策を選ぶか、発注量をどれだけにするか、この業者と取引してもいいかなど、業務には適切な意思決定が欠かせません。過去のデータからの予測、似通ったデータのグルーピング、パターン発見などの方法を駆使し、できるだけ無駄なコストが発生しないよう意思決定を行う必要があります。意思決定を効率的に行うためのさまざまな手法があります。

1 意思決定手法

{デシジョンテーブル、デシジョンツリー}

　デシジョンテーブル（決定表）は「この条件とこの条件を満たしていたら、こういう処理をします」というような条件の組合せによる処理の違いを表にしたものです。01の二重線より上が条件です。Yは条件を満たしている、Nは満たしていないことを表します。二重線より下が処理です。Xは実行を表し、「ー」は実行をしません。この表では①の条件を満たしていて（Y）、②の条件を満たさない場合（N）はBとCの処理が実行されるということがわかります。デシジョンテーブルを木のような構造で表した

ものがデシジョンツリー（決定木）02 です。

01 デシジョンテーブル

① お買い物ポイントが1000ポイント以上	Y	Y	N	N
② 会員になって3年以上	Y	N	Y	N
A. 全商品30%OFF	X	—	—	—
B. 全商品10%OFF	—	X	—	—
C. 抽選券贈呈	X	X	X	—

02 デシジョンツリー

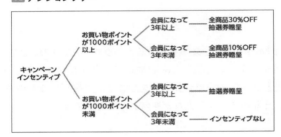

｛モデル化とシミュレーション｝

　モデル化とは、事物や現象の本質的な形状や法則性を抽象化することです。モデル化ができれば、実際には行うことが困難な実験を計算だけで行ったり、複雑な現象をコンピュータ上で再現したりすることができます。モデルを使って実際にどのような現象が起こるのかを予測することをシミュレーションといいます。

｛在庫管理における発注方式｝

　在庫管理とは、資材や商品などを安定して供給できるよう企業に合った水準で在庫を維持するための活動です。商品を販売する会社は、倉庫に一定の在庫をもち、注文に応えられるようにしています。しかし、一定量を超えて発注すると倉庫の費用が掛かってしまいます。そのためルールを決めて発注することが大切になります。

● **定期発注方式**

　定期的な発注日を定めておく方式です。発注の際には、発注から納品されるまでの消費量（販売量）も考慮して発注量を決定します。発注日から納品日までの期間をリードタイムといいます。「1日の消費量（販売量）×リードタイム」が納品日までに消費される在庫の量となります。

ストラテジ系

- **発注点方式**
   発注点という一定の在庫量の指標を定めておき、発注点から在庫が下回ると発注する方式です。管理は定期発注方式より厳密ではなくなります。

{在庫回転率}

在庫が一定期間に何回転したかを表す指標です。1年間に4回転したのであれば3か月に1度は在庫が入れ替わっていることになります。この値が高ければ商品がよく売れて、また在庫管理が効率的に行われていることになります。

$$在庫回転率＝売上高÷平均在庫高$$

{与信管理}

与信とは取引先ごとに設定する債権（未回収の金額）の限度額です。与信の余力といった場合は、与信から未回収の金額を差し引いた額になります。取引先の信用力を予測・分析しながら取引額を調整し、販売代金を回収できるよう管理することです。

{ブレーンストーミング}

できるだけ多くの意見を出すことを目的としたディスカッション技法です。代表的な問題解決手法です。ブレーンストーミングには「批判厳禁」、「質より量」、「自由奔放」、「結合便乗自由」という4つの決まりがあります。この決まりにより、自由にたくさんの意見を出し合うことができます。品質や業務を改善する問題解決法を見つけ出すときや、新商品のアイディア会議などに幅広く使われます。

{ブレーンライティング}

紙にアイディアを書き出し、回覧板のように順番に他の人に回して他の人のアイディアから新しいアイディアを生み出していく問題解決手法。顔を見合わせないため身分や立場の違いを意識しないで発想が生み出せます。

{親和図法}

複数の意見や事実、アイディアなどを、似通っている、関係が強いといった親和性によってグループ分けした図を作ります。これにより解決すべき問題や方針を明らかにしていく方法です。KJ法ともいわれます。

会計・財務

貸借対照表

単位：千円

資産		負債	
流動資産	420,000	**流動負債**	155,000
現金預金	150,000	支払手形	80,000
受取手形	130,000	買掛金	55,000
売掛金	100,000	短期借入金	20,000
有価証券	30,000	**固定負債**	320,000
商品	10,000	長期借入金	120,000
固定資産	530,000	社債	200,000
土地	180,000	**純資産**	
建物	230,000	資本金	360,000
機械	120,000	利益剰余金	115,000
合計	950,000	合計	950,000

（右側に）財産の元となったお金の調達方法／他人資本／自己資本

（左側に）会社が持っている財産

資産 ＝ 負債 ＋ 純資産

必ず左右の金額が一致する

⌐ 1 会計・財務 ⌐

　会社の会計は大きく2つに分かれます。会社の外部　に対して報告するための「財務会計」と、会社の内部での意思決定のための「管理会計」です。財務会計は、ステークホルダ（株主などの関係者）がその会社の財政状況を知るためのものです。

1 損益分析

　管理会計で日常的に行われているのが損益分析です。売上数や売上高に応じて、費用や利益がどのように変動するかを調査することをいいます。

{利益と費用}

　売上高から費用を差し引いたものが利益となります。費用は「固定費」と「変動費」を合わせたものです。固定費は売上に関係なく掛かってくる一定額の費用（家賃など）のことを指します。変動費は売上の増減によって変動する費用（材料費など）のことです。変動比率は売上高によって変わる変動費の比率です。

● 利益

売上高から費用を差し引いたものです。

$$利益＝売上高－費用$$

● **費用**

固定費と変動費を合わせたものです。

$$費用＝固定費＋変動費$$
$$利益＝売上高－（固定費＋変動費）$$

● **変動比率**

変動費は売上高によって変わるため、変動費の比率は以下の式によって求められます。

$$変動費率＝変動費÷売上高$$

{損益分岐点}

売上高・固定費・変動費がわかれば、損益分岐点売上高がわかります。損益分岐点とは、利益がゼロとなる点のことです。つまり、この分岐点より売上高が上回っていれば利益を得られ、下回っていれば損失が出る点のことです。損益分岐点売上高は、以下の式によって求められます。

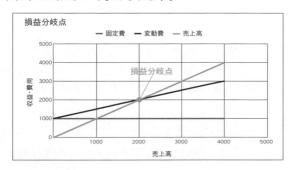

● **損益分岐点売上高**

$$損益分岐点売上高＝固定費÷（1－変動比率）$$

2 財務諸表の種類と役割

　財務諸表は、自社の財政の状態や経営成績をまとめたものです。税の申告に必要であり、株主など利害関係者に知らせることを目的とした計算書です。貸借対照表、損益計算書、キャッシュフロー計算書、株主資本等変動計算書が財務会計で使われる財務諸表です。

{貸借対照表}

　財務諸表の1つが貸借対照表です。貸借対照表は決算日など、その時点での企業の財政状況を表すものです。B/S（バランスシート）ともいいます。

{損益計算書}

　4月から翌年3月までなど、会計期間における企業の収益・費用にもとづいて利益を算出したものです。会社の経営成績を表しています。P/L（Profit and Loss Statement）ともいいます。損益計算書の各利益には、以下の関係があります。

- ●**売上総利益**…………売上高－売上原価
- ●**営業利益**……………売上総利益－販売費および一般管理費
- ●**経常利益**……………営業利益＋営業外収益－営業外費用
- ●**税引前当期純利益**…経常利益＋特別利益－特別損失

例題

ある企業の損益計算書が表のとおりであるとき、この会計期間の経常利益は何百万円か。

	単位 百万円
売上高	10,000
売上原価	5,000
利益A	
販売費及び一般管理費	4,600
利益B	
営業外収益	1,200
営業外費用	1,000
利益C	
特別利益	30
特別損失	50
利益D	
法人税等	230
当期純利益	350

注記　網掛けの部分は、表示していない。

ア　400　　　イ　580　　　ウ　600　　　エ　5,000

［平成26年秋期 問11］

解説

①利益Aは売上総利益です。「売上総利益＝売上高−売上原価」で求めるので、

10,000−5,000＝5,000（百万円）

となります。

②利益Bは営業利益です。「営業利益＝売上総利益−販売費及び一般管理費」で求めるので、

5,000−4,600＝400（百万円）

となります。

③利益Cは経常利益です。「経常利益＝営業利益＋営業外収益−営業外費用」で求めるので、

400＋1,200－1,000＝600（百万円）
となります。

④利益Dは税引前当期純利益です。「税引前当期純利益＝経常利益＋特別利益－特別損失」で求めるので、
600＋30－50＝580（百万円）
となります。

問題では「利益C」の経常利益を求めさせているので、正解は600の「ウ」となります。

{キャッシュフロー計算書}

　営業による収入、支出、投資によるお金の増減など、会計期間での資金の流れを示す財務諸表です。営業活動、投資活動、財務活動の3つに分けて報告します。

3 収益性の指標

{投資利益率（ROI）}

　投資によってどれだけ利益を上げたのかを知る収益性を表す指標です。利益を投資額で割ることによって算出できます。利益が投資額よりも小さい場合、投資利益率は100％を切ってしまい赤字になる可能性が高いことになります。

● 投資利益率（ROI）（％）＝（売上－売上原価－投資額）÷投資額×100

{自己資本利益率（ROE）、総資産利益率（ROA）}

　ROE（Return On Equity）やROA（Return On Asset）も収益性を表す指標です。ROEは自己資本利益率で、自己資本に対する収益性を表します。株主の投資が利益を生む割合を見る指標です。ROAは総資産利益率で、企業がもつ総資産に対する収益性を表す指標です。

● 自己資本利益率（ROE）（％）＝当期純利益÷自己資本×100
● 総資産利益率（ROA）（％）　＝当期純利益÷総資産×100

\ 絶対暗記！/

試験に出やすい キーワード ✓

企業と経営

☑ CSR（Corporate Social Responsibility）とは企業の社会的責任

参照 P.272

☑ グリーンITは地球環境にやさしいIT

参照 P.272

☑ SDGsは国連の持続可能な開発目標。17の問題の2030年までに達成すべき目標を設定

参照 P.273

☑ BCP（Business Continuity Plan）は事業継続計画。BCMは事業継続マネジメント

参照 P.273

☑ HRM（Human Resource Management）は人的資源管理。HRテックはそのIT化

参照 P.274

☑ OJT（On-the-Job Training）は実際の業務に従事させる現場型の研修

参照 P.274

☑ ダイバーシティは多様性。性別や人種、思想や価値観の異なるさまざまな人材を活用すること

参照 P.275

☑ 職能別組織（機能別組織）は営業部・開発部のように仕事の内容ごとに組織を分割

参照 P.276

☑ CIO（Chief Information Officer）は最高情報責任者

参照 P.277

☑ Society5.0はサイバー空間とフィジカル空間を融合させた人間中心の社会

参照 P.277

☑ デジタルトランスフォーメーション（DX）は、ITが生活を良い方向に変化させる概念 **参照 P.278**

☑ パレート図は棒グラフと累積比率を折れ線グラフで表現したもの **参照 P.279**

☑ 特性要因図は原因と結果の関連を魚の骨のように表現した図 **参照 P.280**

☑ 1次データは独自に集めたデータ。2次データは公開・販売されている既存データ **参照 P.283**

☑ メタデータはデータに関する属性などの情報を記述したデータ **参照 P.284**

☑ アノテーションはデータにタグ（情報を示す札）をつける作業。AIの機械学習に必須 **参照 P.284**

☑ データサイエンスはデータ分析についての学問分野。データサイエンティストが行う **参照 P.286**

☑ ビッグデータとは形や性質や種類の異なる大量のデータ。リアルタイム性のあるものも含む。データの量（Volume）、種類（Variety）、発生頻度・更新頻度（Velocity）の3つのV **参照 P.286**

☑ BI（Business Intelligence）は企業内のデータを収集・分析し意思決定に役立てる手法 **参照 P.286**

- ☑ データマイニングは蓄積されたデータを分析し、データ間の規則性や関連性を発掘する 　参照 P.287

- ☑ テキストマイニングは文字列によるデータマイニング 　参照 P.287

- ☑ ブレーンストーミングの決まりは①批判厳禁、②質より量、③自由奔放、④結合便乗自由 　参照 P.289

- ☑ 利益＝売上高－（固定費＋変動費） 　参照 P.290

- ☑ 変動費率＝変動費÷売上高 　参照 P.291

- ☑ 損益分岐点売上高＝固定費÷（1－変動比率） 　参照 P.291

- ☑ 決算日時点での企業の財政状況を表す貸借対照表。会計期間の経営成績は損益計算書 　参照 P.292

- ☑ 売上総利益＝売上高－売上原価 　参照 P.292

- ☑ 営業利益＝売上総利益－販売費および一般管理費 　参照 P.292

- ☑ 経常利益＝営業利益＋営業外収益－営業外費用 　参照 P.292

- ☑ 投資利益率（ROI）（％）＝（売上－売上原価－投資額）÷投資額×100 　参照 P.294

- ☑ 自己資本利益率（ROE）（％）＝当期純利益÷自己資本×100 　参照 P.294

過去問にTry!

解説動画はこちら

本章で学んだことをもとに、ITパスポート資格試験の過去問に挑戦してみよう！

問 1　　　　　　　　　　　　　　　　　　　　　　令和2年秋期　問9

国連が中心となり、持続可能な世界を実現するために設定した17のゴールから成る国際的な開発目標はどれか。　　ヒント P.273

ア　COP21　　イ　SDGs　　ウ　UNESCO　　エ　WHO

問 2　　　　　　　　　　　　　　　　　　　　　　令和4年　問4

ITの活用によって、個人の学習履歴を蓄積、解析し、学習者一人一人の学習進行度や理解度に応じて最適なコンテンツを提供することによって、学習の効率と効果を高める仕組みとして、最も適切なものはどれか。　　ヒント P.275

ア　アダプティブラーニング　　　　　イ　タレントマネジメント
ウ　ディープラーニング　　　　　　　エ　ナレッジマネジメント

問 3　　　　　　　　　　　　　　　　　　　　　　令和2年秋期　問26

全国に複数の支社をもつ大企業のA社は、大規模災害によって本社建物の全壊を想定したBCPを立案した。BCPの目的に照らし、A社のBCPとして、最も適切なものはどれか。　　ヒント P.273

ア　被災後に発生する火事による被害を防ぐために、カーテンなどの燃えやすいものを防炎品に取り替え、定期的な防火設備の点検を計画する。

イ　被災時に本社からの指示に対して迅速に対応するために、全支社の業務を停止して、本社から指示があるまで全社員を待機させる手順を整備する。

ウ　被災時にも事業を継続するために、本社機能を代替する支社を規定し、限られた状況で対応すべき重要な業務に絞り、その業務の実施手順を整備する。

エ 毎年の予算に本社建物の保険料を組み込み，被災前の本社建物と同規模の建物への移転に備える。

インダストリー4.0から顕著になった取組に関する記述として，最も適切なものはどれか。　　ヒント P.277

ア 顧客ごとに異なる個別仕様の製品の，多様なITによるコスト低減と短納期での提供

イ 蒸気機関という動力を獲得したことによる，軽工業における，手作業による製品の生産から，工場制機械工業による生産への移行

ウ 製造工程のコンピュータ制御に基づく自動化による，大量生産品の更なる低コストでの製造

エ 動力の電力や石油への移行とともに，統計的手法を使った科学的生産管理による，同一規格の製品のベルトコンベア方式での大量生産

企業の人事機能の向上や，働き方改革を実現することなどを目的として，人事評価や人材採用などの人事関連業務に，AIやIoTといったITを活用する手法を表す用語として，最も適切なものはどれか。　　ヒント P.274

ア e-ラーニング　　　　　　　　**イ** FinTech
ウ HRTech　　　　　　　　　　　**エ** コンピテンシ

ブレーンストーミングの進め方のうち，適切なものはどれか。　　ヒント P.289

ア 自由奔放なアイディアは控え，実現可能なアイディアの提出を求める。

イ 他のメンバの案に便乗した改善案が出ても，とがめずに進める。

ウ メンバから出される意見の中で，テーマに適したものを選択しながら進める。

エ 量よりも質の高いアイディアを追求するために，アイディアの批判を奨励する。

問 **7**　　　　　　　　　　　　　　　　　　　　　　　　令和3年春期　問19

ビッグデータの分析に関する記述として，最も適切なものはどれか。　ヒント P.286

- **ア**　大量のデータから未知の状況を予測するためには，統計学的な分析手法に加え，機械学習を用いた分析も有効である。
- **イ**　テキストデータ以外の，動画や画像，音声データは，分析の対象として扱うことができない。
- **ウ**　電子掲示板のコメントやSNSのメッセージ，Webサイトの検索履歴など，人間の発信する情報だけが，人間の行動を分析することに用いられる。
- **エ**　ブログの書き込みのような，分析されることを前提としていないデータについては，分析の目的にかかわらず，対象から除外する。

- -

問 **8**　　　　　　　　　　　　　　　　　　　　　　　　令和2年秋期　問7

蓄積されている会計，販売，購買，顧客などの様々なデータを，迅速かつ効果的に検索，分析する機能をもち，経営者などの意思決定を支援することを目的としたものはどれか。　ヒント P.286

- **ア**　BIツール
- **イ**　POSシステム
- **ウ**　電子ファイリングシステム
- **エ**　ワークフローシステム

- -

問 **9**　　　　　　　　　　　　　　　　　　　　　　　　令和3年春期　問21

ABC分析の事例として，適切なものはどれか。　ヒント P.280

- **ア**　顧客の消費行動を，時代，年齢，世代の三つの観点から分析する。
- **イ**　自社の商品を，売上高の高い順に三つのグループに分類して分析する。
- **ウ**　マーケティング環境を，顧客，競合，自社の三つの観点から分析する。
- **エ**　リピート顧客を，最新購買日，購買頻度，購買金額の三つの観点から分析する。

問 10
令和4年　問30

営業利益を求める計算式はどれか。
ヒント P.292

ア　（売上高）－（売上原価）
イ　（売上総利益）－（販売費及び一般管理費）
ウ　（経常利益）＋（特別利益）－（特別損失）
エ　（税引前当期純利益）－（法人税，住民税及び事業税）

問 11
令和元年秋期　問34

売上高，変動費，固定費，営業日数が表のようなレストランで，年間400万円以上の利益を上げるためには，1営業日当たり少なくとも何人の来店客が必要か。
ヒント P.290

客1人当たり売上高	3,000円
客1人当たり変動費	1,000円
年間の固定費	2,000万円
年間の営業日数	300日

ア　14　　　　　イ　20　　　　　ウ　27　　　　　エ　40

問 12
令和3年春期　問28

次の当期末損益計算資料から求められる経常利益は何百万円か。
ヒント P.292

単位　百万円

売上高	3,000
売上原価	1,500
販売費及び一般管理費	500
営業外費用	15
特別損失	300
法人税	300

ア　385　　　　　イ　685　　　　　ウ　985　　　　　エ　1,000

問 13

貸借対照表を説明したものはどれか。

ヒント P.292

- **ア** 一定期間におけるキャッシュフローの状況を活動区分別に表示したもの
- **イ** 一定期間に発生した収益と費用によって会社の経営成績を表示したもの
- **ウ** 会社の純資産の各項目の前期末残高，当期変動額，当期末残高を表示したもの
- **エ** 決算日における会社の財務状態を資産・負債・純資産の区分で表示したもの

問 14

あるオンラインサービスでは，新たに作成したデザインと従来のデザインのWebサイトを実験的に並行稼働し，どちらのWebサイトの利用者がより有料サービスの申込みに至りやすいかを比較，検証した。このとき用いた手法として，最も適切なものはどれか。

ヒント P.285

- **ア** A/Bテスト
- **イ** ABC分析
- **ウ** クラスタ分析
- **エ** リグレッションテスト

01 知的財産権

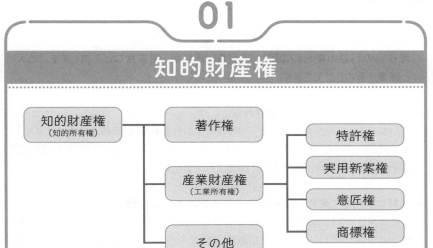

1 著作権法

音楽、動画、アニメーション、小説、コンピュータプログラムなど、知的創作物は著作権法で保護されています。このため無断でコピーする行為、違法にアップロードされたコンテンツと知りながらダウンロードする行為などは違法行為に当たります。歌手や放送事業者など、著作物をさまざまな手段で伝達する人々にも権利が発生し、無断で作品を公衆に伝達する行為は違法となります。ただし、教育機関における遠隔教育などの教育目的では、著作物の特例的な利用が認められています。

{著作権}

著作権は小説、音楽、絵などの創作物の作者がもつ権利のことをいいます。特許のように出願の必要がなく、創作した時点で権利が発生します。個人の場合は死後50年、法人・団体の場合は公表後50年保護されます。著作者のもつ権利は著作者人格権と著作財産権に分かれます。

● 著作者人格権

作者だけがもつ権利のことです。公表権・氏名表示権・同一性保持権などがこれに当たります。他人へと譲渡することはできません。

- **著作財産権**
  著作物の利益の権利のことで、複製権・貸与権・頒布権などを指します。他人へと譲渡することができます。

- **ソフトウェアも著作権で保護される**
  プログラム、データベースなどのソフトウェアも著作権で保護されます。また、マニュアルや、Webページも保護の対象です。ただしプログラム言語、アルゴリズム、アイディア、規約（プロトコル）は保護されません。

- **他社に委託して開発したソフトウェアは委託先に著作権**
  A社がソフトウェアの開発をB社に委託して開発した場合、委託先のB社が著作権をもつことになります。ただし事前に契約を交わしていれば、委託元の企業が財産権のみをもつことができます。その他のケースを紹介します。

① 複数人の個人で共同開発した場合、全員が著作権をもつ
② 社員が職務として制作した場合、社員の所属する企業が著作権をもつ
③ 派遣元企業が派遣先の企業へ送った労働者が、派遣先企業でソフトウェアを制作した場合は、派遣先の企業が著作権をもつ

2 産業財産権

　知的創作物以外の工業製品などは発明やデザインなどを登録することによって、その権利が守られます。無断使用することは違法になります。

{ 産業財産権 }
　産業財産権は産業の発展を保護する権利で、特許庁への出願、審査、登録が必要です。

- **特許法**…製品の発明などを保護する法律（発明の保護）
- **実用新案法**…製品の改良など、発明ほど高度ではないものを保護する法律（考案の保護）
- **意匠法**…製品の形状や模様、デザインなどを保護する法律（意匠の保護）
- **商標法**…商品名や、商品についたトレードマーク、またサービスについたサービスマークなどを保護する法律（商標の保護）

{ビジネスモデル特許}

　インターネットなどのIT技術を活用した独自のビジネスモデルに関する特許権です。ITを使ったビジネスの仕組みを特許として認めたものです。IT分野では新しいアイディアが事業に直結して成功しているビジネスモデルが多くあります。

3　不正競争防止法

　不正競争防止法は、不正な競争行為を規制するための法律です。著作権法、産業財産権関連法規では守られない、営業秘密などを保護する法律で、次のような行為を規制しています。

- **営業秘密（トレードシークレット）を詐欺などで不正に入手し使用する行為**
  営業秘密とは、企業が公にしていないノウハウや顧客情報、マニュアルなど企業内で秘密として管理されている情報のことです。

- **限定提供データ**
  ビッグデータなどで利用されている「商品として提供されるデータ」など、事業者が取引を通じて第三者に提供するデータを限定提供データといいます。不正競争防止法は、営業秘密に該当しない、電磁的方法で蓄積されたこうしたデータも保護の対象としています。

4　ソフトウェアライセンス

1 使用許諾

　著作権をもつ権利者が他者と契約を結び、使用許諾を与えるにはいくつかの方法があります。

{使用許諾契約}

　ライセンスとは使用許諾のことです。ソフトウェアは、ソフトウェア生産者と購入者の間の使用許諾契約（ライセンス契約）を結ぶことで使用できます。パッケージ製品などの場合、使用許諾契約が記載された封筒やビニールの封を切ることで、使用許諾契約に同意したとみなされる「シュリンクラップ契約」が多く使われます。また、ダウ

ンロードしたソフトウェアは「同意」のボタンをクリックする「クリックラップ契約」が多く使われます。生産者と購入者の当事者同士で使用許諾を定めることも可能です。企業などが大量にライセンスを必要とする場合、以下の方法などがあります。

- **ボリュームライセンス**
  メディアは1枚でも、あらかじめ決められた台数にインストールできる契約です。

- **サイトライセンス**
  指定された特定の団体、部門、施設、場所であれば台数に関係なくインストールできる契約です。

- **CAL（Client Access License）**
  クライアントマシンがサーバの機能を使うときに必要なライセンスです。サーバの機能を同時に利用したいクライアントの数だけ購入する必要がります。クライアントマシンの台数分だけ必要な「デバイスCAL」とユーザの数だけ必要な「ユーザCAL」があります。

{ パブリックドメインソフトウェア }

　著作権が放棄されたソフトウェアです。Webサイトからダウンロードできるものが多く、ソースコードの入手ができる場合は改変することもできます。

{ オープンソースソフトウェア }

　ソースコードが公開されているソフトウェアです（226ページ）。

{ アクティベーション }

　ソフトウェアの不正なコピー防止のための機能です。インストール後にユーザ名やシリアル番号などをインターネットでメーカに送信し登録することで、使用可能な状態になります。「ライセンス認証」や「プロダクト認証」という場合もあります。

{ サブスクリプション }

　最近のソフトウェアは、一定期間の利用権を購入し、継続して利用する場合には更新するという方式が増えています。これをサブスクリプションといいます。利用期限が過ぎると起動できなくなる仕組みなども導入されています。

02

セキュリティ関連法規

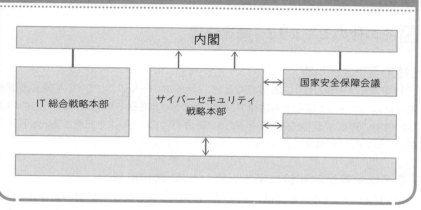

1 セキュリティ関連法規

1 サイバーセキュリティ基本法

　サイバーセキュリティ戦略策定の基本事項を規定している法律です。基本理念を定め、国や地方公共団体の責務などを明らかにしています。サイバーセキュリティ戦略本部の設置や、高度情報通信ネットワーク社会形成基本法と相まって、サイバーセキュリティに関する施策を推進するための法律です。また国民の努力として、サイバーセキュリティに対する関心と理解を深め、サイバーセキュリティの確保に必要な注意を払うことを求めています。

2 不正アクセス禁止法

　コンピュータネットワークなどの通信で、不正なアクセス行為を禁止する法律です。不正アクセス行為とは、本来アクセス権をもたない者が不正に取得した他人のパスワードを入力したり、セキュリティホールの攻撃などによって不正にシステムを動作させることです。また、他人のパスワードの提供や不正な目的でのパスワードの保管など、不正アクセスを助長する行為やフィッシング（125ページ）行為も規制されています。行為自体が不法であるため、実際に被害がなくても罰することができるのが特徴

です。さらに、管理者に対しパスワードの適切な管理や、アクセス制御機能の検証、高度化の義務も定めています。不正アクセス禁止法は、「ネットワークを通じた」不正アクセスを規制する法律です。

3 その他のセキュリティ関連法規

{特定電子メール法}

特定電子メールとは、広告宣伝など営利目的のメールのことです。特定電子メール法は迷惑メールを規制する法律で、特定電子メールを送る場合は、あらかじめ同意した相手に送信する（オプトインメール）、受信拒否のアドレスを記載する、送信元情報を偽っての送信禁止といったことが定められています。

{不正指令電磁的記録に関する罪（ウイルス作成罪）}

コンピュータウイルスの作成、提供、供用、取得、保管行為を処罰の対象とする罪です。「ウイルス作成罪」は、正当な目的がないのに、その使用者の意図とは無関係に勝手に実行させる目的で、コンピュータウイルスやそのソースコードを作成、提供、保管する行為を罰するものです。3年以下の懲役または50万円以下の罰金が課せられます。

4 各種の基準・ガイドライン

経済産業省やIPA（情報処理推進機構）などの機関によりIT、特にセキュリティに関する各種の対策基準やガイドラインが策定されています。

{コンピュータウイルス対策基準}

コンピュータウイルスに対する予防、発見、駆除、復旧などについて実効性の高い対策を取りまとめたものです。（経済産業省）

{コンピュータ不正アクセス対策基準}

コンピュータ不正アクセスによる被害の予防、発見、復旧、拡大・再発防止について、企業などの組織や個人が実行すべき対策を取りまとめたものです。（経済産業省）

{システム管理基準}

組織体が情報システム戦略に基づき情報システムの企画・開発・運用・保守を行

ううえで、効果的な情報システム投資やリスクの低減を適切に整備・運用するための実践規範です。

{サイバーセキュリティ経営ガイドライン}

　経営者を対象として、サイバー攻撃から企業を守るためのガイドラインです。経済産業省とIPAが発表しています。「経営者が認識すべき3原則」などをまとめています。

- **経営者が認識すべき3原則**
    - ① 経営者は、サイバーセキュリティリスクを認識し、リーダーシップによって対策を進めることが必要
    - ② 自社はもちろんのこと、ビジネスパートナーや委託先も含めたサプライチェーンに対するセキュリティ対策が必要
    - ③ 平時および緊急時のいずれにおいても、サイバーセキュリティリスクや対策にかかわる情報開示など、関係者との適切なコミュニケーションが必要

{中小企業の情報セキュリティ対策ガイドライン}

　中小企業に情報を安全に管理することの重要性を認識してもらうため、必要な情報セキュリティ対策を実現するための考え方や方策をIPAがまとめたものです。情報セキュリティ5か条などが盛り込まれています。

- **情報セキュリティ5か条**
    - ① OSやソフトウェアは常に最新の状態にしよう！
    - ② ウイルス対策ソフトを導入しよう！
    - ③ パスワードを強化しよう！
    - ④ 共有設定を見直そう！
    - ⑤ 脅威や攻撃の手口を知ろう！

2 個人情報保護法

個人情報を保有する全ての事業者（個人情報取扱事業者）を対象とする、個人情報の取り扱いや事業者の義務を定めた法律です。この法律でいう個人情報とは「生存する個人に関する情報」で、氏名、生年月日など特定の個人を識別できるものをいいます。指紋認証や顔認証のデータ、パスポート番号、免許書番号も個人情報に該当します。

1 個人情報保護法

{個人情報取扱事業者が守るべきルール}

① **個人情報を取得・利用するときのルール**
個人情報を取得した場合は、その利用目的を本人に通知、または公表すること（あらかじめ利用目的を公表している場合を除く）

② **個人情報を保管するときのルール**
情報の漏えいなどが生じないように安全に管理すること

③ **個人情報を他人に渡すときのルール**
個人情報を本人以外の第三者に渡すときは、原則として、あらかじめ本人の同意を得ること

④ **個人情報を外国にいる第三者に渡すときのルール**
次のいずれかに該当していること。本人の同意を得る、第三者が個人情報保護委員会の規則で定める基準に適合する体制を整備している、第三者が個人情報保護委員会が認めた国に所在する

⑤ **本人から個人情報の開示を求められたときのルール**
本人からの請求に応じて、個人情報を開示、訂正、利用停止などすること

{要配慮個人情報}

本人の人種、信条、社会的身分、病歴、犯罪の経歴、犯罪被害歴といった情報である要配慮個人情報は、本人の同意のない取得は原則禁止されています。

{匿名加工情報}

データ分析などの際に個人情報を識別できないようにした匿名加工情報は、本人の同意なしで第三者に提供できます。ただし、匿名加工情報を照合して本人を識別する行為は禁止されています。

{個人情報保護委員会}

　個人情報保護委員会は、個人情報（特定個人情報を含む）の有用性に配慮しつつ、その適正な取り扱いを確保するために設置された独立性の高い機関です。個人情報の保護に関する基本方針の策定・推進、個人情報などの取り扱いに関する監督などの業務を行っています。

{個人識別符号}

　指紋データや顔認識データのような個人の身体の特徴のデータ、旅券番号や運転免許証番号のような個人に割り当てられた番号などをいいます。

{オプトイン、オプトアウト}

　広告メールの送信やインターネット上での個人情報の利用などを、ユーザの意思に基づいて行う仕組みのことです。オプトアウトは、勝手に送信してきたメールに対し、ユーザが受け取りたくない場合に受信拒否を通知をする形です。これに対しオプトインは、受信者が事前に送信者に対してメール送信に同意を与えることによって、初めて送信者はメールを送ることができます。日本国内では改正法により、広告・宣伝メールなどの送信がそれまでのオプトアウト方式からオプトイン方式に変更されました。

{マイナンバー法}

　「番号利用法」や「番号法」などと呼ばれます。行政事務などの効率化や公正公平な社会の実現を図る「マイナンバー制度」の根拠となる法律です。マイナンバー制度は、住民票のある全ての人がもつ個人番号「マイナンバー」を使う制度です。マイナンバーを含む情報を特定個人情報といい、保護することが義務づけられています。この法律では行政機関などを個人番号利用事務実施者といい、民間企業を個人番号関係事務実施者といいます。

03

労働関連・取引関連法規

8時間労働

| 労働 | 休憩 | 労働 | 休憩 | 労働 |

ストラテジ系

1 労働関連

1 労働・請負・派遣に関する法規

{労働基準法}

最低賃金、残業賃金、労働時間など、労働契約において最低限守らなければならないことが決められている法律です。労働時間や休憩時間、休暇などの最低限基準も定めています。労働時間、残業手当、給与、有給休暇などの労働条件は、この法律を満たしていなければいけません。

● **フレックスタイム制**
1か月間の総労働時間を定めるものの、必ず勤務していなければいけない時間帯（コアタイム）が設定され、出勤・退勤時間は社員が選択できる働き方の制度です。

● **裁量労働制**
成果に応じて労働したとみなされます。業務の方法や実際の労働時間は社員の裁量にゆだねる制度です。

{労働者派遣法（労働者派遣事業法）}

　派遣で働く人の権利を守る法律です。労働者派遣とは、01のように派遣元と派遣労働者の間に雇用関係があり、派遣先と派遣労働者の間に指揮命令関係がある形態のことです。労働者派遣法には派遣事業者が守らなければならない規定があります。派遣先企業が派遣労働者をさらに別の派遣先に派遣する二重派遣の禁止、派遣元と雇用関係が終了したあと、派遣労働者が派遣先と雇用関係を結ぶことを禁止できないなど、派遣労働者の権利を守る規程です。労働者を派遣するには認可が必要です。

01 労働者派遣

派遣元会社　　労働者派遣契約　　派遣先会社

派遣労働者

雇用関係　　指揮命令関係

{請負契約}

　請負（うけおい）02とは、請負う事業者と注文者の間で請負契約を結び、請負事業者が雇用する労働者を請負事業者自らの指揮命令で、注文者の労働に従事させることです。請負契約は、仕事に対する完成を責務とします。なお、完成ではなく特定業務の処理を引き受けることを委任契約、または準委任契約といいます。

02 請負

請負事業者　　請負契約　　注文者

労働者

雇用関係
指揮命令関係

{雇用契約}

　従業員になろうとする人が労働力を提供し、雇用する側が報酬を支払うことを合意する契約です。

{NDA（守秘義務契約・秘密保持契約）}

　Non Disclosure Agreementの略で、職務上知りえた秘密を守るべき契約のことです。取引の際などに、営業秘密や個人情報のように業務を通して知った秘密を第三者に開示しない契約です。企業間の取引開始時などに取り交わされます。

2　取引関連法規

　下請代金の支払遅延などを防止する法律や、金融分野におけるITの活用に関連する法律、リサイクル法など、取引に関するさまざまな法律があります。

1 商取引に関する法規

{特定商取引法}

　事業者による違法・悪質な勧誘行為などを防止し、消費者の利益を守ることを目的とする法律です。具体的には訪問販売や通信販売などの消費者トラブルを生じやすい取引類型を対象に、事業者が守るべきルールと、クーリング・オフなどの消費者を守るルールなどを定めています。

{独占禁止法}

　公正かつ自由な競争を促進することを目的とした法律です。不当な低価格販売などで競争相手を市場から排除する行為や、本来、各事業者が自主的に決めるべき商品の価格や生産量などを業界団体が共同で取り決める行為「カルテル」、また「入札談合」などを取り締まる法律です。

{特定デジタルプラットフォームの透明性
及び公正性の向上に関する法律}

　デジタルプラットフォームとは、情報通信技術を活用したオンライン上の「場」を意味します。検索エンジンやTwitter、FacebookなどのSNS、ブログなどのソーシャルメディアなどを指します。こうしたサービスの取引の透明性と公正性の向上を図るために、取引条件の開示、運営における公正性確保、運営状況の報告と評価・評価

結果の公表など必要な措置を定めた法律です。

{下請法}

　下請法（下請代金支払遅延等防止法）は、下請代金の支払い遅延などを防止することで、下請事業者の利益を保護する法律です。

{資金決済法}

　銀行などに限定していた少額の送金業務を他業種にも認めることや、電子マネーの利用者保護の強化などを規定した法律です。商品券・プリペイドカード・ギフト券、電子マネーなど前払い式の支払い手段も規制しています。

{リサイクル法}

　廃棄物の発生量抑制や再資源化の促進のための法律です。使用済みパソコンのメーカによる自主回収や再資源化に関する省令もあり、業務用パソコンの他、家庭用パソコンの回収と再資源化がメーカに義務づけられています。これをパソコンリサイクル法といいます。その他、容器包装リサイクル法、家電リサイクル法、食品リサイクル法、建設資材リサイクル法、自動車リサイクル法などがあります。

企業が守るべき倫理

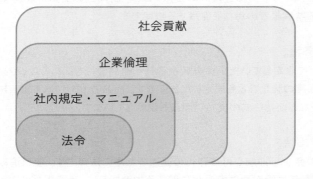

社会貢献
企業倫理
社内規定・マニュアル
法令

1 その他の法律・ガイドライン・技術者倫理

1 コンプライアンス

コンプライアンスは法令遵守という意味です。これは国などが定めた法律だけでなく社会的なルールを守るという意味でも使われます。業務を行ううえで法律以外にも遵守すべき倫理規定を設けている企業も多くがあります。社会やステークホルダに不利益を与えないよう、健全な企業活動を行う「コンプライアンス経営」が求められています。

2 情報倫理

今後さらに発展する情報化社会では、守るべき法令、社会的規範、モラル、倫理があります。これを情報倫理といいます。著作権などの知的財産や個人情報・プライバシーを保護し、ネチケット（ネット利用におけるエチケットという意味の造語）などのモラルを守ることが大切です。

SNSによる誹謗中傷や、迷惑行為を映した動画、他人の顔写真を勝手にネット上で公開したり（肖像権の侵害）、タレントの写真を勝手にネットで販売する（パブリシティ権の侵害）行為などは、情報倫理に反したものです。SNSなどで簡単に情報が

公開できてしまうので、1人ひとりの注意が必要です。

{プロバイダ責任制限法}

プロバイダの責任範囲を定めた法律です。ネット上で誹謗中傷の書き込みがあった場合、被害にあった人からの依頼があり（送信防止措置依頼）、正当な理由があればプロバイダが削除できます。

また、書き込みにより権利侵害された人に対し、情報発信者に関する情報をプロバイダが開示（発信者情報開示請求）できるといった法律です。

{パブリシティ権}

著名人の氏名や肖像を無断使用から守る権利です。著名人の許諾を受けずに、第三者が著名人の肖像や名前を使って商品やサービスを宣伝することは、パブリシティ権を侵害することになります。

{ソーシャルメディアポリシ（ソーシャルメディアガイドライン）}

企業が従業員のソーシャルメディアの使用について取り決めたガイドラインです。

{チェーンメール}

チェーンメールとは、連鎖的に不特定多数へ配布するように求める手紙です。いわゆる不幸の手紙と同じものです。転送しないことが大切です。

{有害サイトアクセス制限（フィルタリング）}

青少年を違法・有害情報との接触から守り安心・安全なインターネット利用を手助けするサービスです。携帯電話事業者をはじめ各社がフィルタリングサービスを提供しています。またペアレンタルコントロールとは、子供の情報通信機器の利用を親が監視して制限する取り組みをいいます。

{ファクトチェック}

世の中に広まっている情報やニュース、言説が事実かどうかを調べて記事化し、正確な情報を人々と共有することをいいます。インターネット上の情報、ニュース記事、政治家の言説も対象となります。いわば情報の「真偽検証」です。ファクト（fact）とは事実という意味です。

{倫理的・法的・社会的な課題（ELSI）}

Ethical, Legal and Social Issuesの頭文字をとって「ELSI（エルシー）」と

読みます。新しい科学技術普及させ、新たな産業や生活様式を作っていくに当たっての、倫理（E）、法（L）、社会（S）における全ての課題を意味します。

3 コーポレートガバナンス

　企業に対する信頼を獲得するための取り組みがコーポレートガバナンスです。企業統治と訳されています。経営管理が健全に行われているかを監視、改善する仕組みのことです。具体的には社外取締役や社外監査役など、第三者の目によって経営を監視する仕組みです。顧客、市場、株主などステークホルダに対して信頼を築くことを目的としています。

{公益通報者保護法}

　所属する企業の法令違反を知った労働者が、公益のため内部告発を行った場合、解雇や降格、減給などの不利益な扱いを受けないように保護する法律です。

{情報公開法}

　国の全行政機関が保有する資料を、原則として公開することを定めた法律です。情報公開法の特徴として、個人情報などは開示されない点、法人や外国人でも情報開示を請求できる点、警察、治安、外交、防衛などに関することは例外的に不開示にできる点があります。開示内容に不服がある場合は行政訴訟を起こすこともできます。

05

標準化

ISO	IEC	IEEE	W3C	JIS
国際標準化機構	国際電気標準会議	電気・ 電子技術者協会		日本産業規格

⌐ 1 標準化とは ⌐

　もしIT関連のメーカが各社独自の規格の製品だけを作り、そのメーカの製品だけがつながるネットワークの仕組みを作っていたら、互換性がなく非常に不便です。他社製品との互換性を確保するため、標準化団体などが統一の基準などを設けることはとても重要です。また、品質管理や環境保全の観点からも、標準化された一定の基準があると、その基準に達しているかどうかでその企業の能力が判断できます。

1 標準化のかたち

{デファクトスタンダード}
　事実上の標準のことです。ISOなどの標準化団体が決めなくても、世の中の標準になっているものがあります。インターネットで使われているプロトコル「TCP/IP」などがその代表です。こうした標準のことをデファクトスタンダードといいます。

{フォーラム標準}
　技術関連企業などで構成される「フォーラム」という組織で策定される、業界の実質的な標準です。業種ごとや課題ごとに、それに関わる複数の企業が集まり、意見を交わしながら技術標準を策定します。

2 ITにおける標準化の例

{QRコード、JANコード（バーコード）}

バーコードも標準化の一例です。商品のパッケージなどでよく見るバーコードはJANコード **03** といいます。国コード、メーカコード、アイテムコード、チェックキャラクタの1次元で構成されています。

QRコード **03** は、縦横の2次元で情報を収めたコードです。バーコードより情報量が多く、3個の切り出しシンボルにより、360度どの角度からでも読み取りが可能です。

その他、書籍などで使われるISBNコード、商品物流の標準シンボルであるITFコードなどがあります。

03 JAN コード（左）と QR コード（右）

3 標準化団体と規格

代表的な標準化団体

組織名	説明
ISO （国際標準化機構）	International Organization for Standardization 幅広い産業分野の規格化や標準化を行う団体
IEC （国際電気標準会議）	International Electrotechnical Commission 電気分野の規格化や標準化を行う団体。IT技術など一部はISOと共同で開発している
IEEE （電気・電子技術者協会）	Institute of Electrical and Electronics Engineers 電子機器関連の規格化や標準化を行う団体。LANの規格IEEE802.3などがよく知られている
W3C	World Wide Web Consortium インターネット関連技術の標準化や規格化を行う

JIS （日本産業規格）	Japanese Industrial Standards 日本の産業製品に関する規格や測定法などを定める日本の国家規格を策定する団体

｛ISOで策定した標準化規格｝

ISOで策定した規格の代表的なものは以下のとおりです。以下の認証を受けた企業は、各分野において一定の基準を満たしている組織ということになります。

● ISO 9000（品質マネジメントシステム）

適正な品質を維持する品質マネジメントに関する規格です。顧客満足の観点から策定されています。

規格	説明
ISO 9000	品質マネジメントシステム―基本および用語
ISO 9001	品質マネジメントシステム―要求用語
ISO 9004	組織の持続的成功のための管理方法―品質マネジメントアプローチ

● ISO 14000（環境マネジメントシステム）

環境保全に対するマネジメントに関する規格群です。

● ISO/IEC 27000（情報セキュリティマネジメントシステム）

ISOとIECが共同で策定した情報セキュリティマネジメントに関する規格群です（110ページ）。

● ISO 2660（社会的責任に関する手引き）

社会的責任を自身の組織文化に取り入れていくための「ガイダンス規格」です。認証を行うための規格ではありません。「手引き」として使うものです。CSR（272ページ）活動の指針となるものです。

\ 絶対暗記！/
試験に出やすい キ ー ワ ー ド ✓

☑ 著作権は登録、申請の必要なし
参照 P.303

☑ ソフトウェアも著作権で保護される
参照 P.304

☑ プログラム言語、アルゴリズム、アイディア、プロトコルは著作権で保護されない
参照 P.304

☑ 他社に委託して開発したソフトウェアは委託先（請負った側）に著作権
参照 P.304

☑ 意匠法はデザイン、商標法はトレードマークやサービスマークを保護
参照 P.304

☑ 不正競争防止法は営業秘密（トレードシークレット）を守る
参照 P.305

☑ サイバーセキュリティ基本法はサイバーセキュリティに関する施策を推進する法律
参照 P.307

☑ 不正アクセス禁止法はID・パスワードを盗んだり、ネットワークを使った不正なログインを禁止。被害がなくても有罪
参照 P.307

☑ 個人情報保護法は個人情報の利用目的を本人に通知、または公表する
参照 P.310

☑ 要配慮個人情報は人種、社会的身分、病歴、犯罪の経歴など
参照 P.310

☑ 匿名加工情報は個人情報を識別できなくしたもの。本人の同意なしで第三者に渡せる 参照 P.310

☑ 労働者派遣では派遣先と派遣労働者の間に指揮命令関係がある 参照 P.313

☑ コンプライアンスは法令遵守 参照 P.316

☑ コーポレートガバナンスは第三者の目によって経営を監視する仕組み 参照 P.318

☑ 公益通報者保護法は自社の不正を知った労働者が内部告発しても解雇や降格から守る法律 参照 P.318

☑ デファクトスタンダードは事実上の標準 参照 P.319

☑ ISOは国際標準化機構、IECは国際電気標準会議、IEEEは電気・電子技術者協会 参照 P.320

☑ ISO 9000は品質マネジメントシステム 参照 P.321

☑ ISO 14000は環境マネジメントシステム 参照 P.321

☑ ISO/IEC 27000は情報セキュリティマネジメントシステム 参照 P.321

過去問にTry!

解説動画はこちら

本章で学んだことをもとに、ITパスポート資格試験の過去問に挑戦してみよう！

問 1
令和3年春期　問7

著作権法によって保護の対象と成り得るものだけを，全て挙げたものはどれか。

ヒント P.303

a　インターネットに公開されたフリーソフトウェア
b　データベースの操作マニュアル
c　プログラム言語
d　プログラムのアルゴリズム

　ア　a, b　　　　**イ**　a, d　　　　**ウ**　b, c　　　　**エ**　c, d

問 2
令和元年秋期　問20

事業活動における重要な技術情報について，営業秘密とするための要件を定めている法律はどれか。

ヒント P.305

　ア　著作権法　　　　　　　　　　**イ**　特定商取引法
　ウ　不正アクセス禁止法　　　　　**エ**　不正競争防止法

問 3
令和4年　問9

不適切な行為a〜cのうち，不正アクセス禁止法において規制されている行為だけを全て挙げたものはどれか。

ヒント P.307

a　他人の電子メールの利用者IDとパスワードを，正当な理由なく本人に無断で第三者に提供する。
b　他人の電子メールの利用者IDとパスワードを本人に無断で使用して，ネット

　　ワーク経由でメールサーバ上のその人の電子メールを閲覧する。
c　メールサーバにアクセスできないよう，電子メールの利用者IDとパスワードを無
　　効にするマルウェアを作成する。

ア　a, b　　　　イ　a, b, c　　　ウ　b　　　　　エ　b, c

問 4　　　　　　　　　　　　　　　　　　　　　　　　　　令和元年秋期　問27

取得した個人情報の管理に関する行為a～cのうち，個人情報保護法において，本人に通知又は公表が必要となるものだけを全て挙げたものはどれか。

ヒント P.310

a　個人情報の入力業務の委託先の変更
b　個人情報の利用目的の合理的な範囲での変更
c　利用しなくなった個人情報の削除

ア　a　　　　　　イ　a, b　　　　ウ　b　　　　　エ　b, c

問 5　　　　　　　　　　　　　　　　　　　　　　　　　　平成31年春期　問24

刑法には，コンピュータや電磁的記録を対象としたIT関連の行為を規制する条項がある。次の不適切な行為のうち，不正指令電磁的記録に関する罪に抵触する可能性があるものはどれか。

ヒント P.308

ア　会社がライセンス購入したソフトウェアパッケージを，無断で個人所有のPCにインストールした。
イ　キャンペーンに応募した人の個人情報を，応募者に無断で他の目的に利用した。
ウ　正当な理由なく，他人のコンピュータの誤動作を引き起こすウイルスを収集し，自宅のPCに保管した。
エ　他人のコンピュータにネットワーク経由でアクセスするためのIDとパスワードを，本人に無断で第三者に教えた。

ストラテジ系

問 6

令和3年春期　問32

a〜cのうち，サイバーセキュリティ基本法に規定されているものだけを全て挙げたものはどれか。 ヒント P.307

a　サイバーセキュリティに関して，国や地方公共団体が果たすべき責務
b　サイバーセキュリティに関して，国民が努力すべきこと
c　サイバーセキュリティに関する施策の推進についての基本理念

　ア　a, b　　　イ　a, b, c　　　ウ　a, c　　　エ　b, c

問 7

令和3年春期　問12

労働者派遣に関する記述a〜cのうち，適切なものだけを全て挙げたものはどれか。 ヒント P.313

a　派遣契約の種類によらず，派遣労働者の選任は派遣先が行う。
b　派遣労働者であった者を，派遣元との雇用期間が終了後，派遣先が雇用してもよい。
c　派遣労働者の給与を派遣先が支払う。

　ア　a　　　　　イ　a, b　　　ウ　b　　　　エ　b, c

問 8

令和2年秋期　問12

A社では，設計までをA社で行ったプログラムの開発を，請負契約に基づきB社に委託して行う形態と，B社から派遣契約に基づき派遣されたC氏が行う形態を比較検討している。開発されたプログラムの著作権の帰属に関する規定が会社間の契約で定められていないとき，著作権の帰属先はどれか。 ヒント P.304

　ア　請負契約ではA社に帰属し，派遣契約ではA社に帰属する。
　イ　請負契約ではA社に帰属し，派遣契約ではC氏に帰属する。
　ウ　請負契約ではB社に帰属し，派遣契約ではA社に帰属する。
　エ　請負契約ではB社に帰属し，派遣契約ではC氏に帰属する。

問 9 令和2年秋期 問2

企業が社会の信頼に応えていくために，法令を遵守することはもちろん，社会的規範などの基本的なルールに従って活動する，いわゆるコンプライアンスが求められている。a〜dのうち，コンプライアンスとして考慮しなければならないものだけを全て挙げたものはどれか。 ヒント P.316

a　交通ルールの遵守　　　　b　公務員接待の禁止
c　自社の就業規則の遵守　　d　他者の知的財産権の尊重

ア a, b, c　　**イ** a, b, c, d　　**ウ** a, c, d　　**エ** b, c, d

- - - - - - - - - -

問 10 令和4年 問23

オプトアウトに関する記述として，最も適切なものはどれか。 ヒント P.311

ア SNSの事業者が，お知らせメールの配信を希望した利用者だけに，新機能を紹介するメールを配信した。
イ 住宅地図の利用者が，地図上の自宅の位置に自分の氏名が掲載されているのを見つけたので，住宅地図の作製業者に連絡して，掲載を中止させた。
ウ 通信販売の利用者が，Webサイトで商品を購入するための操作を進めていたが，決済の手続が面倒だったので，画面を閉じて購入を中止した。
エ ドラッグストアの事業者が，販売予測のために顧客データを分析する際に，氏名や住所などの情報をランダムな値に置き換え，顧客を特定できないようにした。

- - - - - - - - - -

01

経営戦略手法

SWOT 分析

内部環境			
		強み	弱み
内部環境	機会	強み × 機会	弱み × 機会
	脅威	強み × 脅威	弱み × 脅威

1 経営戦略とは

経営戦略とは、競争優位に事業を進めるための中長期的な構想です。経営理念を基本にし、また現状を分析し、将来のビジョンと整合性をもたせながら策定する必要があります。

1 経営情報分析手法

経営戦略を立てるには、自社や自社製品についての情報整理や分析が欠かせません。

{SWOT分析}
SWOT分析とは、内部環境（強み、弱み）、外部環境（機会、脅威）の視点から自社を分析・評価し、自社の立場を理解して事業戦略の立案に役立てるものです。SWOTは強み、弱み、機会、脅威の頭文字です。

内部環境…自社の社内リソース（自社の資源）

- **強み（Strength）**
  自社の強み。自社が優位性をもつ点、目標達成に有利な点のことです。
  例：他社製品と比べて製品の性能が高い

- **弱み（Weakness）**
  自社の弱み。不利な点、目標達成の障害となる点など自社が劣等性をもつ点のことです。
  例：他社製品と比べて製品価格が高い

外部環境…自社を取り巻く外部要因

- **機会（Opportunities）**
  目標達成に有利に働く外的要素、ビジネスチャンスなどです。
  例：業界で規制緩和があり、これまで以上に製品が売りやすくなる。

- **脅威（Threats）**
  目標達成に障害となる外的要素、外的な圧力などです。
  例：外国の競合企業が国内に進出してきている。

{プロダクトポートフォリオマネジメント（PPM）}

プロダクトポートフォリオマネジメント（PPM：Product Portfolio Management）
01 は、市場成長率と市場占有率の軸によって以下の4つのグループに分け、この座標に自社の製品をマッピングする分析法です。投資などの資源配分を検討し、経営戦略の立案に役立てます。

- 花形…**市場成長率、市場占有率ともに高い製品。メイン事業となり、さらに多くの投資が必要な事業**
- 金のなる木…**市場成長率は低いが、市場占有率は高い製品。資金の供給源となる。大きな投資は必要としない**
- 問題児…**市場占有率は低いが市場成長率は高い製品。資金の投下を行えば伸びる可能性のある事業**
- 負け犬…**市場成長率、市場占有率ともに低い製品。投資の必要性が低く、撤退を考えるべき事業**

経営戦略

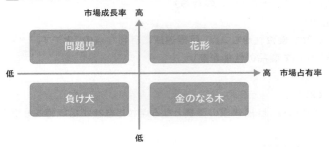

01 プロダクトポートフォリオマネジメント

市場成長率 高		
問題児	花形	
低 ←————————————————→ 高　市場占有率		
負け犬	金のなる木	
低		

{3C分析}

顧客、競合、自社の3つの視点からビジネスにおける市場環境を分析する手法です。

外部環境…自社を取り巻く外部要因

- **顧客（Customer）**
  現在の自社の顧客や、市場にいる顧客から需要や市場規模、消費活動の動きを分析します。

- **競合（Competitor）**
  自社と競合する企業の市場におけるシェアや脅威を分析します。

内部環境…自社の社内リソース（自社の資源）

- **自社（Company）**
  自社がもつ技術力や製品の強み、市場における製品のシェア、経営資源などを分析します。

2 経営戦略に関する用語

{コアコンピタンス}

コアコンピタンスは、自社の強みのことをいいます。他社より勝っており、自社が成長するための核（core）となる部分のことを指します。他社に真似できない独自の技術、ノウハウ、スキルを指します。これを活かした経営をコアコンピタンス経営といいます。

{ニッチ戦略}

　特定の顧客層や特定の分野、特定の地域に対象を絞る戦略です。例えば大型サイズ専門の洋品店などは、他社が参入していない隙間（ニッチ）を狙ったものの1つです。市場規模は小さいですが、競合が少ないため価格競争が起きにくいといったメリットがあります。

{ブルーオーシャン戦略}

　競争のない未開拓市場「ブルーオーシャン」を狙う戦略。これに対し競争が激しい市場をレッドオーシャンといいます。

{同質化戦略}

　チャレンジャ企業の差別化戦略をリーダ企業が模倣し、差別化戦略を無効化する戦略です。チャレンジャ企業が画期的な新製品を発売した際、リーダ企業が模倣した製品を後追いで発売する手法をいいます。

{他社との提携や買収}

　他社と提携したり、また買収したりすることで業績を伸ばそうといった経営戦略もあります。自社が弱い分野の製品を売るために、その分野に強い企業と組み、技術や製品を供給してもらうということもあります。

- **M&A（Mergers & Acquisitions）**
  企業の合併・買収。1つの企業に他の企業が吸収・買収されることです。

- **アライアンス（Alliance）**
  企業間で提携することです。技術や業務提携などを行い対等な関係で協働します。

- **OEM（Original Equipment Manufacturer）**
  他社ブランドで販売する製品を製造することです。相手先ブランド製造といいます。

- **ファブレス**
  他の企業に生産を委託することです。自社では生産設備をもたず、他社に委託することで企画や販売に集中した事業を行います。

- **フランチャイズ**
  ブランドをもつ本社が、その使用権・ノウハウを小規模店舗に提供し、その代わりに店舗側はロイヤリティとして売上の一部を本部へ支払う手法です。コンビニエンスストアなどに見られる手法です。

- **ジョイントベンチャ**
  複数の企業が出資して新しい会社を組織する形態です。「合弁企業」とも呼ばれます。

- **TOB（Take Over Bid）**
  株式公開買付けのことです。企業買収の際に行われ、不特定多数の株主から株を買い集め経営権を取得することです。

- **MBO（Management BuyOut）**
  経営陣買収のこと。経営陣が自社の株を買い取り、経営権を取得することです。一般の社員の場合はEBO（Employee BuyOut）といいます。

{コモディティ化}

市場参入当初は高付加価値をもっていた商品も、他社の類似商品の発売などで市場価値が低下し一般的な商品になることをいいます。コモディティ化が起こると、消費者にとって価格や量が商品の選択基準になります。

{ロジスティック}

物を保管して運ぶだけではなく、物の流れを顧客のニーズに合わせて、ITシステムなどを活用し効率的に計画・実行・管理することをいいます。

{カニバリゼーション}

自社の製品やサービス同士でシェアを取り合うことをいいます。「共食い」の意味があります。さらなるシェア拡大を狙って発売した新商品が自社の従来製品のシェアを奪ってしまうといった現象を指します。

2 ビジネス戦略と目標

　経営戦略や個々の事業ごとの戦略である事業戦略など、ビジネス戦略には目標の設定が必要です。企業にはビジョンとミッションがあります。ビジョンとは、企業が企業理念に基づいて作成した「ありたい姿」です。ミッションとは、企業が社会において成し遂げたいと考える役割です。ビジネス戦略は、このビジョンとミッションに沿って立案され、その目標が設定されます。

1 業績管理の手法

{バランススコアカード(BSC)}

バランススコアカード (BSC: Balanced Scorecard) とは、財務、顧客、業務プロセス、学習と成長の4つの視点で業績の管理を行う手法です。例えば「新商品をたくさん売り出して、これまで買ってくれなかった新しいお客さんを増やして売上を伸ばそう」という戦略であれば、財務の視点なら売上高、顧客の視点なら市場占有率、業務プロセスの視点なら新商品の年間開発数、学習と成長なら自社社員に対する新商品の販売に必要な知識の研修受講率などにそれぞれ目標を設定し、バランス良く業績をアップさせます。

- **財務の視点**
  売上やコストなどの財務に関する視点。売上高や利益率などの目標値を設定します。

- **顧客の視点**
  市場占有率や顧客満足度など、顧客からの視点。市場占有率やクレーム件数などの目標を設定します。

- **業務プロセスの視点**
  改善が必要な作業工程など、業務からの視点。残業時間や不良品率などの目標値を設定します。

- **学習と成長の視点**
  社員のスキルなど、学習と成長からの視点。離職率、研修受講率などの目標値を設定します。

2 目標管理の指標

{KGI、KPI、CSF}

目標管理の指標にKGI、KPI、CSFがあります。KGIは、「売上目標10億円」というような最終的なゴールとして達成させたい指標です。KPIは、「売上10億円のためには、来店者数1日1000人」のようなKGIに到達するための業務レベルの指標をいいます。CSFは、「売上目標10億円達成には、なんといっても来店者数を増やすこと」といった、KGIを達成するための重要成功要因のことです。こうした目標の指標と、計画を実践した結果（実績）を比較し評価します。

- **KGI（Key Goal Indicator）**…重要目標達成指標。目標売上など、定量的な指標
- **KPI（Key Performance Indicator）**…重要業績評価指標。KGIに到達するための顧客数など、業務のレベルの定量的な指標
- **CSF（Critical Success Factors）**…重要成功要因。KGIを達成するための成功要因

3 経営管理システム

経営管理を効果的に行うために、さまざまな経営管理システムがあります。

1 経営管理のシステムと手法

{CRM}

CRM（Customer Relationship Management）は、顧客情報や顧客とのやり取りを一元管理することで顧客との関係を深め、効果的な経営に結びつけようとする考え方です。顧客関係管理ともいいます。顧客生涯価値を最大化することが目標です。顧客生涯価値とは、顧客が生涯を通じてその企業にもたらす利益の大きさです。

{サプライチェーンマネジメント（SCM）}

サプライチェーンマネジメント（SCM：Supply Chain Management）は、物の流れを管理することです。サプライチェーン（供給連鎖）とは、材料の調達から生産・在庫・流通・販売までの物の流れのことで、これを管理することでリードタイムの短縮

や、物流コストの削減が図れます。SCMシステムは、メーカ、物流会社、販売会社など、他社間で連携させることでさらに効率化が図れます。

｛ERPパッケージ｝

　購買、生産、販売、経理、人事など、企業の基幹業務の全体を把握し、関連する情報を一元的に管理することによって、企業全体の経営資源の最適化と経営効率の向上を図るためのシステムです。「基幹業務システム」などと呼ばれます。これをソフトウェアパッケージとしたものを、ERP（Enterprise Resource Planning）パッケージといいます。

｛ナレッジマネジメント｝

　企業内で知識を共有し、それらを活用する考え方です。例えば、営業部で得た知識を開発部で共有化したり、開発の知識を営業部員に共有するなど、別の部門の知識を業務に活かし、効果的な経営に役立てるというものです。

マーケティング

顧客価値 Consumer value	顧客コスト Cost
利便性 Convenience	コミュニケーション Communication

ストラテジ系

1 マーケティングとは

マーケティングは、わかりやすくいうと「市場を見据えた商売」ということです。製品開発から価格設定や販売の方法まで、顧客（市場）を中心に考えていく活動です。

1 マーケティング用語

{顧客満足（CS）}

　提供するサービスや商品によって、顧客に満足してもらうことを目的とした概念のことです。「CS（Customer Satisfaction）」ともいわれます。顧客満足度調査を行う場合もあります。

{UX（User Experience）}

　Experienceは体験を意味しています。UXは、製品やシステム・サービスなどの利用場面を想定したり、実際に利用したりすることによって得られる人の感じ方や反応をいいます。スマートフォンのアプリと連携させて料理教室体験ができる調理家電など、体験型の製品が増えてきています。

{マーケティングミックスの4P}

マーケティングミックスは、製品、価格など以下の4つの要素をどのように組み合わせれば市場に受け入れられるかを検討することです。4つの言葉の頭文字を取って4Pといいます。

経営戦略

- 製品（Product）　• 価格（Price）
- 流通（Place）　• 販売促進（Promotion）

{顧客側から見たマーケティングミックス4C}

販売する側から見た4Pに対し、顧客側から見たマーケティングミックスを4Cといいます。4Pの製品には「顧客価値」、価格には「顧客コスト」、流通には「利便性」、販売促進には「コミュニケーション」がそれぞれ対応しています。

【4P】		【4C】
• 製品（Product）	→	• 顧客価値（Consumer value）
• 価格（Price）	→	• 顧客コスト（Cost）
• 流通（Place）	→	• 利便性（Convenience）
• 販売促進（Promotion）	→	• コミュニケーション（Communication）

{RFM分析}

RFM分析とは、個人客などの最終購買日（Recency）、購買頻度（Frequency）、累計購買金額（Monetary）を分析する手法です。それぞれの頭文字を取って、「RFM分析」と呼ばれています。このRFMの各要素で顧客をランクづけし、優良顧客なのか、他社に流れてしまった顧客なのかを判断・分析します。

- 最終購買日（Recency）
- 購買頻度（Frequency）
- 累計購買金額（Monetary）

{アンゾフの成長マトリクス}

企業が今後、新分野で事業を展開していくのか、既存分野で新製品を開発していくのかなど、事業の方向性を分析する手法です。対象となる市場と製品（事業）の2軸のマトリクスから分析します。例えば、既存製品を新市場で展開するのであれば市場開拓が必要、新製品で既存市場を狙うのであれば新しい製品を開発して既存の顧客に販売する、というように利用します。

	既存製品	新製品
新市場	市場開拓（拡大）	多角化
既存市場	市場浸透	製品開発

{オムニチャネル}

従来からあった、複数の販売チャネルを活用する「マルチチャネル」が進化したもので、実店舗の対面販売とネット販売を融合させたものです。あらゆるメディアで顧客との接点を作り、購入の経路を意識させない販売戦略とされています。

{ブランド戦略}

企業、商品、商品シリーズの名称（ブランド）に、価値の高いイメージを植えつけ、他と差別化を図る戦略です。顧客からのロイヤリティ（忠誠心）を高めることで得るブランド力により、価格も他商品より高く設定でき、利益の向上も図れます。

{オピニオンリーダ・アーリーアダプタ}

革新的な商品やサービスがどのように普及していくかを分析したイノベータ理論では、商品購入の早い順に5つの層に分類しています。

- **イノベータ**（Innovators：革新者）
  最初期に製品・サービスを採用する層
- **アーリーアダプタ**（Early Adopters：初期採用者）
  トレンドに敏感で、常に情報を収集し判断する層。オピニオンリーダとも呼ばれる

- **アーリーマジョリティ（Early Majority：前期追随者）**
  新しいものを採用することに比較的慎重な層
- **レイトマジョリティ（Late Majority：後期追随者）**
  新しい商品やサービスに対して懐疑的な層
- **ラガード（Laggards：遅滞者）**
  最も保守的な層

{プロダクトライフサイクル}

製品が市場に出てから撤退するまでの流れのことをプロダクトライフサイクルといいます。導入期→成長期→成熟期→衰退期と進んでいきます。

- **導入期…オピニオンリーダのような先進的な消費者に対して販売し、認知度を高める時期**
- **成長期…急激に売上が伸び、市場規模が拡大する時期。競合製品も参入してくる**
- **成熟期…市場の伸びが鈍化してくる時期。製品の改良などで利益やシェアの維持を図る**
- **衰退期…市場規模が縮小し、撤退も検討する**

2 マーケティング手法

{クロスメディアマーケティング}

テレビCM、雑誌広告といったマスメディアやECサイト、SNS、リスティング広告（340ページ）などのWeb媒体など、数種類を組み合わせて利用し、コンバージョン（商品の購入など）を達成させるマーケティング手法です。

{インバウンドマーケティング・アウトバウンドマーケティング}

インバウンドマーケティングは、SNSやブログ、検索エンジンなどを利用して商品やサービスの情報を発信し、商品に対する興味や関心をもってもらい顧客を引き寄せ、獲得した見込み客を顧客に転換させるマーケティング手法です。反対の意味をもつアウトバウンドマーケティングは、ダイレクトメールやテレアポなど、いわゆる売り込み型のアプローチです。

{マーチャンダイジング}

商品構成を企画するなど、店舗などで商品やサービスを購入者のニーズに合致するような形態で提供するために行う一連の活動のことをいいます。

3 Webマーケティング

Webマーケティングは、自社の製品やサービスをWebサイト、ブログ、SNSなど、さまざまなWeb上のメディアで紹介するマーケティング手法です。

{インターネット広告}

Webサイト、メール、SNSなどを使用したインターネットによる宣伝活動です。リスティング広告、アフィリエイト広告、SNS広告、動画広告、メール広告などがあります。

{オプトインメール広告}

あらかじめ受信者からの同意を得て（オプトイン）、受信者の興味がある分野に関連する広告をメールで送ることです。

{バナー広告}

広告主が広告費を支払い、検索サイトやブログに「バナー」という広告を出すことです。バナーをクリックすると、広告主のサイトにリンクするようになっています。

{リスティング広告（検索連動型広告）}

GoogleやYahoo!などの検索エンジンでユーザが検索したキーワードをもとに、検索結果の画面に掲載されるテキスト形式の広告のことです。

{SEO（Search Engine Optimization）}

検索エンジン最適化のことです。検索サイトで、自社のWebページが検索結果の上位に表示されるように対策することを指します。

{アフィリエイト}

ショッピングサイトが販売する商品を、自分のブログなどで紹介し、それを見た人が商品を購入した場合、購入額に応じて報酬をショッピングサイトから受け取れる仕組みのことです。

{レコメンデーション}

ECサイトなどで、過去の購買者の履歴をもとに好みを分析し、その顧客の興味・関心がありそうな情報を提示することです。「この商品を買った人は、こんな商品も買っています」といった形で表示されます。

03

技術開発戦略

発見　定義　!　展開　実現　!

「デザイン思考」のフレームワーク
「ダブルダイヤモンドプロセス」

1 技術開発戦略

技術開発戦略は、技術動向や製品動向を調査・分析し、自社が保有する技術を評価して行います。他社との技術提携なども視野に入れた立案が必要です。

◼ 技術開発戦略・技術開発計画

{MOT}

技術経営（Management Of Technology）という意味です。技術中心の企業が、技術がもつ可能性を見極めてイノベーションを創出し、経済的価値の最大化を目指す経営の考え方です。技術開発や研究に対して投資を行いながら事業を進めていきます。

{ロードマップ}

企業の将来的な見通しを図にして表現したものです。いつまでに、どのようなことを実施するかが記載されます。技術開発戦略では、技術動向予測などに基づいて作成されたロードマップによって技術開発が推進されます。

2 イノベーションに関する用語

イノベーションとは、技術革新や新しい技術の登場によって、市場や社会に大きな効果をもたらすことをいいます。

{プロセスイノベーション}

ある製品やサービスのプロセス（製造工程、作業過程など）を変革することです。品質や歩留まり率（不良品でないものの割合など）を大幅に向上させるものなど、製造プロセスにおけるイノベーションを指します。

{プロダクトイノベーション}

革新的な製品（プロダクト）を生み出すイノベーションです。例えばスマートフォンの登場など、既存の製品の延長線上にはない、製品そのものの革新を指します。

{オープンイノベーション}

社内だけでなく社外との交流や共同研究などにより、革新的な技術や商品を生み出すことをいいます。他の企業や大学・研究機関など、外部からの技術やアイディアを募集し、イノベーションにつなげます。異業種間の交流、企業と大学との産学連携、大企業とベンチャー企業の提携などがその例です。

{ハッカソン}

ITエンジニア、デザイナー、プランナーなどの専門家がチームを作り、その成果を競うイベントを指します。1日〜1週間程度の短期間で、与えられたテーマに対し、全員の技術とアイディアを結集して、システムや新サービスなどを開発します。エンジニアリングを指す「ハック（hack）」と「マラソン（marathon）」を組み合わせた造語です。IT企業が新サービスや新機能、斬新なアイディアを発掘することを目的として主催するケースが多くあります。

{デザイン思考}

デザイン思考とは、デザイナーの思考方法をビジネスなどに活用する思考法です。正しさや前例、固定概念よりも満足度を重視し、多くのアイディアとその組合せにより、斬新な製品や新サービスの開発、品質向上、といったビジネス上の問題の解決に役立てます。

{APIエコノミー}

　API（Application Programing Interface）とは、ソフトウェアが他のソフトウェアを呼び出して利用できる機能のことです。自社のWebサイトのアプリケーションが、他社の公開されているAPIを利用して、新たなビジネスや価値を生み出す仕組みをいいます。地図機能が利用できる「Google Maps API」が代表的で、このAPIを使えば、自社のWebサイトで地図を用意する必要がありません。また、店舗情報の発信などさまざまなビジネスに活用できます。

絶対暗記！
試験に出やすい キーワード ✓

- ☑ SWOT分析は強み、弱み、機会、脅威。強み・弱みは内部環境、機会・脅威は外部環境　参照 P.328

- ☑ PPMは市場成長率と占有率。両方高い花形、両方低い負け犬、占有率が高い金のなる木、成長率が高い問題児　参照 P.329

- ☑ 3C分析は顧客（Customer）、競合（Competitor）、自社（Company）の3C　参照 P.330

- ☑ コアコンピタンスは自社の強み。他社より勝っている点　参照 P.330

- ☑ OEMは他社ブランドで売る製品を作ること。M&Aは企業の合併・買収　参照 P.331

- ☑ ジョイントベンチャは複数の企業が出資して新しい会社を作ること　参照 P.332

- ☑ ニッチ戦略は特定の分野に対象を絞る隙間戦略　参照 P.331

- ☑ カニバリゼーションは自社の製品やサービス同士でシェアを取り合う「共食い」　参照 P.332

- ☑ 販売する側から見たマーケティングミックスの4Pは製品、価格、流通、販売促進のP　参照 P.337

- ☑ 顧客側から見たマーケティングミックスの4Cは顧客価値、顧客コスト、利便性、コミュニケーションのC　参照 P.337

Check

☑ RFM分析は最終購買日（Recency）、購買頻度（Frequency）、累計購買金額（Monetary）　参照 P.337

☑ オピニオンリーダは早期購入者。先進的な性格　参照 P.338

☑ プロダクトライフサイクルは導入期→成長期→成熟期→衰退期　参照 P.339

☑ リスティング広告は検索連動型広告。GoogleやYahoo！で検索結果に出てくる広告　参照 P.340

☑ SEOは検索サイトで検索結果の上位に表示される対策　参照 P.340

☑ レコメンデーションは「この商品を買った人は、こんな商品も買っています」　参照 P.340

☑ BSCはバランススコアカード。財務、顧客、業務プロセス、学習と成長の4つの視点　参照 P.333

☑ KGIはゴール目標値、KPIはKGI到達のための業務のレベルの目標値、CSFは重要成功要因　参照 P.334

☑ CRM（Customer Relationship Management）は、顧客情報の一元管理　参照 P.334

☑ SCM（Supply Chain Management）は生産、在庫、流通、販売までの物の流れの管理　参照 P.334

Check

☑ ERPパッケージは販売・生産・在庫・人事・会計などの業務を統合的に管理するシステム　　　参照 P.335

☑ MOT（Management Of Technology）は技術経営　　　参照 P.341

☑ ロードマップは企業の将来的な見通しを図にして表現したもの　　　参照 P.341

☑ プロダクトイノベーションは革新的な製品（プロダクト）を生み出すイノベーション　　　参照 P.342

☑ プロセスイノベーションは製品やサービスのプロセス（製造工程、作業過程など）を変革　　　参照 P.342

過去問にTry!

本章で学んだことをもとに、ITパスポート資格試験の過去問に挑戦してみよう！

問 1　　　　　　　　　　　　　　　　平成30年春期　問17

ある業界への新規参入を検討している企業がSWOT分析を行った。分析結果のうち，機会に該当するものはどれか。 ヒント P.328

- ア　既存事業での成功体験
- イ　業界の規制緩和
- ウ　自社の商品開発力
- エ　全国をカバーする自社の小売店舗網

問 2　　　　　　　　　　　　　　　　平成31年春期　問26

自社の商品についてPPMを作図した。"金のなる木"に該当するものはどれか。 ヒント P.329

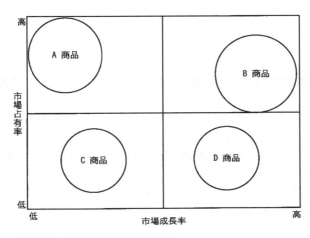

注記　円の大きさは売上の規模を示す。

ア　A商品　　イ　B商品　　ウ　C商品　　エ　D商品

問 **3**　　　　　　　　　　　　　　　　　　　　令和4年　問26

自社が保有していない技術やノウハウを，他社から短期間で補完するための手段
として，適切なものはどれか。　　　　　　　　　　　ヒント P.331

ア　BPR　　　　　　　　　　　イ　アライアンス
ウ　インキュベーション　　　　エ　ベンチマーキング

問 **4**　　　　　　　　　　　　　　　　　　　　令和3年春期　問8

画期的な製品やサービスが消費者に浸透するに当たり，イノベーションへの関心
や活用の時期によって消費者をアーリーアダプタ，アーリーマジョリティ，イノベー
タ，ラガード，レイトマジョリティの五つのグループに分類することができる。このう
ち，活用の時期が2番目に早いグループとして位置付けられ，イノベーションの価
値を自ら評価し，残る大半の消費者に影響を与えるグループはどれか。

ヒント P.338

ア　アーリーアダプタ　　　　　イ　アーリーマジョリティ
ウ　イノベータ　　　　　　　　エ　ラガード

問 **5**　　　　　　　　　　　　　　　　　　　　令和3年春期　問31

APIエコノミーに関する記述として，最も適切なものはどれか。　ヒント P.343

ア　インターネットを通じて，様々な事業者が提供するサービスを連携させて，よ
　　り付加価値の高いサービスを提供する仕組み
イ　著作権者がインターネットなどを通じて，ソフトウェアのソースコードを無料公
　　開する仕組み
ウ　定型的な事務作業などを，ソフトウェアロボットを活用して効率化する仕組み
エ　複数のシステムで取引履歴を分散管理する仕組み

問 6
令和元年秋期　問29

SEOに関する説明として，最も適切なものはどれか。　ヒント P.340

ア　SNSに立ち上げたコミュニティの参加者に，そのコミュニティの目的に合った検索結果を表示する。

イ　自社のWebサイトのアクセスログを，検索エンジンを使って解析し，不正アクセスの有無をチェックする。

ウ　利用者が検索エンジンを使ってキーワード検索を行ったときに，自社のWebサイトを検索結果の上位に表示させるよう工夫する。

エ　利用者がどのような検索エンジンを望んでいるかを調査し，要望にあった検索エンジンを開発する。

問 7
平成30年春期　問29

航空会社A社では，経営戦略を実現するために，バランススコアカードの四つの視点ごとに戦略目標を設定した。bに該当するものはどれか。ここで，a～dはア～エのどれかに対応するものとする。　ヒント P.333

四つの視点	戦略目標
a	利益率の向上
b	競合路線内での最低料金の提供
c	機体の実稼働時間の増加
d	機体整備士のチームワーク向上

ア　学習と成長の視点　　　　イ　業務プロセスの視点

ウ　顧客の視点　　　　　　　エ　財務の視点

問 8
令和元年秋期　問11

情報システム戦略において定義した目標の達成状況を測定するために，重要な業

績評価の指標を示す用語はどれか。　　　　　　　　　ヒント P.334

　ア　BPO　　　　イ　CSR　　　　ウ　KPI　　　　エ　ROA

問 9　　　　　　　　　　　　　　　　　　　平成26年春期　問16

経営管理システムのうち，顧客生涯価値を最大化することを目標の一つとするものはどれか。ここで，顧客生涯価値とは，顧客が生涯を通じてその企業にもたらすことが予想される利益の大きさのことである。　　　　　　　ヒント P.334

　ア　CRM　　　　イ　ERP　　　　ウ　SCM　　　　エ　SFA

問 10　　　　　　　　　　　　　　　　　　　令和4年　問22

SCMシステムを構築する目的はどれか。　　　　　　　ヒント P.334

- ア　企業のもっている現在の強み，弱みを評価し，その弱みを補完するために，どの企業と提携すればよいかを決定する。
- イ　商品の生産から消費に関係する部門や企業の間で，商品の生産，在庫，販売などの情報を相互に共有して管理することによって，商品の流通在庫の削減や顧客満足の向上を図る。
- ウ　顧客に提供する価値が調達，開発，製造，販売，サービスといった一連の企業活動のどこで生み出されているのかを明確化する。
- エ　多種類の製品を生産及び販売している企業が，利益を最大化するために，最も効率的・効果的となる製品の製造・販売の組合せを決定する。

問 11 平成31年春期 問3

購買，生産，販売，経理，人事などの企業の基幹業務の全体を把握し，関連する情報を一元的に管理することによって，企業全体の経営資源の最適化と経営効率の向上を図るためのシステムはどれか。 ヒント P.335

ア ERP イ MRP ウ SCM エ SFA

問 12 平成31年春期 問14

技術と経営の両面に精通し，組織横断的な事業推進能力を兼ね備えた人材を育成するプログラムが大学などの教育機関で開講されている。このような教育プログラムの背景にある，技術に立脚する事業を行う組織が，技術がもつ可能性を見極めてイノベーションを創出し，経済的価値の最大化を目指す経営の考え方を表すものとして，最も適切なものはどれか。 ヒント P.341

ア BPR イ CSR ウ HRM エ MOT

問 13 平成30年秋期 問22

製品の製造におけるプロセスイノベーションによって，直接的に得られる成果はどれか。 ヒント P.342

ア 新たな市場が開拓される。
イ 製品の品質が向上する。
ウ 製品一つ当たりの生産時間が増加する。
エ 歩留り率が低下する。

正解

問13…ア 問12…エ 問11…ア
問10…イ 問9…ア 問8…ウ 問7…ア 問6…ウ
問5…ア 問4…ア 問3…イ 問2…ア 問1…ア

01

ビジネスシステム

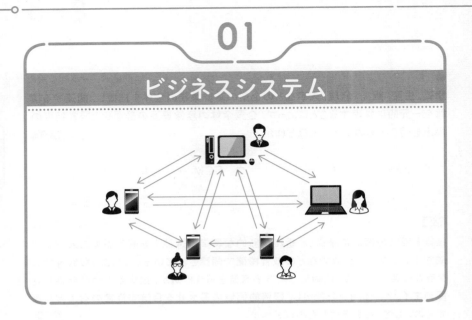

1　ビジネスシステムとは

　ビジネスシステムとは、企業の事業活動で使われるシステムです。小売業、卸売業などで利用される流通情報システムや、銀行や決済で使われる金融情報システム、物流を効率化するシステムなど、社会ではさまざまなビジネスシステムが活用されています。

1 代表的なビジネスシステム

{POSシステム（販売時点情報管理システム）}
　POS（Point of Sales）システム**01**とは、小売店のレジなどで使われている販売時点情報管理システムのことです。リーダを使ってバーコードを読み取り、商品の情報を本部などが管理するコンピュータに送ります。収集されたデータは、データベースで管理され、販売管理、在庫管理だけでなく販売戦略にも活用されます。

01 POS システム

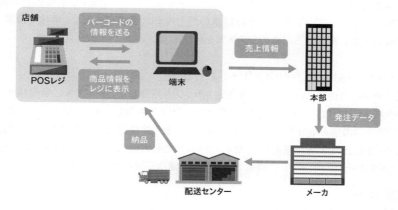

店舗

バーコードの情報を送る

POSレジ

商品情報をレジに表示

端末

売上情報

本部

発注データ

納品

配送センター

メーカ

{セルフレジ}

利用客自身で商品コードの読み取りから精算までを行うPOSレジシステムです。スーパーマーケットやコンビニエンスストアをはじめとした、さまざまな業種で用いられるようになっています。

{GPS応用システム}

GPS (Global Positioning System) は、スマートフォンやカーナビゲーションシステムなどに用いられている人工衛星を利用した全地球測位システムです。各分野での応用が進み、農業ではGPSでトラクターの自律走行を可能にしたり、建設業では建機の位置を特定して遠隔で作業状況を確認できます。また、自動車では急加速や急発進、速度超過などの挙動を検知し、アラートを発信するなどの活用が進んでいます。

{GIS（地理情報システム）}

GIS (Geographic Information System) は、デジタル地図上にさまざまな情報を重ねて分析を行うシステムです。カーナビゲーションのルート検索や、店舗を出店する際のエリアマーケティングツール、電気・ガス・上水道・下水道などのインフラ整備や都市計画などに活用されています。また、位置情報のついたデータをGISデータ（地理空間情報）といいます。

{ETCシステム（自動料金収受システム）}

ETC (Electronic Toll Collection) は、有料道路の料金所で利用されている

自動料金収受システムのことです。料金所に設置のアンテナとETC車載器で無線通信を行います。また、人と道路と自動車の間で情報の受発信を行い、事故や渋滞、環境対策などを解決するためのシステムを高速道路交通システムといいます。

{IC (Integrated Circuit) カード}

IC (Integrated Circuit、集積回路) チップを搭載したカードです。半導体チップの中にメモリだけを内蔵したものと、CPUとメモリを内蔵したものがあります。カード内のデータの読み取り方式によって、「接触型」と「非接触型」に分類されます 02。磁気カードに比べて情報量も多く、セキュリティ面でも大幅に向上しています。クレジットカードやキャッシュカード、交通系カードなどに幅広く使われています。

02 IC カード

【接触型】

【非接触型】

{ICタグによるRFID活用}

RFID (Radio Frequency IDentification) は、ICチップが埋め込まれている「ICタグ」を使って、電波により、非接触で認証やデータ記録を行う技術です。物流倉庫や商店では、荷物や商品につけたICタグを1つずつ読み込まなくても、離れた位置から一括して読み込めるのが特徴です 03。タグが汚れたり隠れたりしていても読み込めるといった利便性があります。

03 RFID の活用例

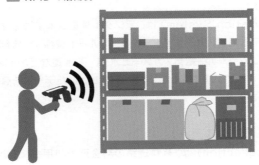

{営業支援システム（SFA）}

SFA（Sales Force Automation）とはCRM（334ページ）の一部で、営業活動とITを結びつけた考え方のことです。営業とITを連携させることで、営業活動の効率と質を高めることができます。顧客情報や訪問日などを管理するコンタクトマネジメントという機能もあります。

{トレーサビリティ}

物流の履歴を追跡（トレース）することができる仕組みです。バーコードやICタグに集積した情報から履歴を検索することができます。配送中の荷物の状況を確認できる他、不良品を回収する場合などに役立っています。

{スマートグリッド}

供給側・需要側の双方から電力量をコントロールできる送電網のことで、「次世代送電網」とも呼ばれます。双方向的に電力が流れる他、電力供給の過不足といった情報もやり取りできます。環境問題と経済問題を解決する手段として期待されています。

{CDN（Content Delivery Network）}

Webコンテンツを効率よく配信するためのネットワークで、コンテンツ配信網ともいいます 04 。Webサーバのコンテンツを世界中にある複数のキャッシュサーバにコピーし、オリジナルのWebサーバの代理で配信する仕組みをもつネットワークです。このような仕組みでWebサーバの負荷を分散することにより、サイトへのアクセスの集中や動画のような大容量のコンテンツに対応することができます。

04 CDN

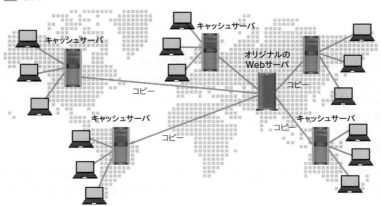

ビジネスインダストリ

{デジタルツイン}

現実世界の仕組みや稼働状況などをデジタル空間に構築し、シミュレーションする技術です。現実世界を仮想空間の鏡の中に映し出すイメージであることから「デジタルの双子」と呼ばれます。

{サイバーフィジカルシステム(CPS)}

現実世界で収集した情報をサイバー空間で解析し、その結果で現実世界を動かすシステムです。例えば自動運転の車であれば、センサが収集した現実世界(フィジカル空間)のデータを、AIなどのIT技術(サイバー空間)で解析して現実世界にフィードバックし、駆動系(フィジカル空間)を動かして最適な結果を導き出します。サイバーとフィジカルがより緊密に連携するシステムです。

2 その他の分野のシステム

行政向けシステムとして、電子申請や届出のシステムなどがあります。

{住民基本台帳}

住民の氏名、生年月日、性別、住所などが記載された住民票を編成したもので、選挙人名簿、国民健康保険、介護保険、国民年金、児童手当、印鑑登録など、公的な事務処理の基礎となるものです。

{電子入札}

従来は紙で行っていた行政機関などへの入札をインターネットで行えるシステムです。暗号化技術や認証技術で安全・公平な電子入札ができるようになっています。

{マイナンバー・マイナンバーカード}

マイナンバーとは、日本に住民票を有する全ての人(外国人も含む)がもつ12桁の番号です。社会保障、税、災害対策の3分野で、複数の機関に存在する個人情報が同一人の情報であることを確認するために活用されます。行政機関にはマイナンバーを管理するシステムが導入されています。マイナンバーが記載され、税や社会保障に関する本人確認書類として利用できるのがマイナンバーカードです。

{マイナポータル}

マイナポータルは、政府が運営するオンラインサービスです。子育てや介護をはじめとする行政手続きがワンストップでできたり、行政機関からのお知らせを確認でき

たりできます。

{緊急速報・Jアラート}

　緊急速報とは、気象庁が配信する緊急地震速報や津波警報、国や地方公共団体が配信する災害・避難情報のことです。これを配信するのが、通信会社などが行っている緊急速報メールです。またJアラート（全国瞬時警報システム）は、緊急地震速報、弾道ミサイル情報など対処に時間的余裕のない事態に関する情報を、国が人工衛星などを通じて瞬時に伝えるシステムです。

02

エンジニアリングシステム

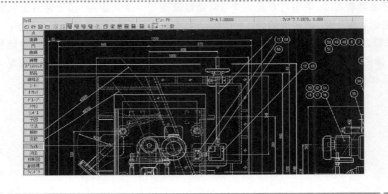

1　エンジニアリングシステムとは

エンジニアリングシステムとは、主に製造業で利用されるシステムです。

1 代表的なエンジニアリングシステム

{CAD（コンピュータ支援設計）}

CAD（Computer-Aided Design）は、建築や製品の設計図作成の支援を行うシステムのことです。

{CAM（コンピュータ支援製造）}

CAM（Computer-Aided Manufacturing）は、CADで作成されたデータから加工用のデータを作成するシステムです。このデータが工作機械を自動制御します。

{FMS（フレキシブル生産システム）}

FMS（Flexible Manufacturing System）とは、多品種・小ロット生産に対応した生産システムのことです。FMSは製品によって生産設備を大幅に変更することなく、一定の範囲内で類似品や複数の製品を需要の変動に応じて混流生産できるシステムです。工場のIT化やロボット化などによって普及したシステムです。

{MRP（資材所要量計画）}

MRP（Material Requirements Planning）は、資材を調達する際に適切な量の発注を行うために立てられる計画です。どの部品が何個必要かということを計算し、全体の発注量を決定するのがMRPシステムです。

2 効率的なエンジニアリング手法

{コンカレントエンジニアリング}

設計をしながら試作を行うなど、同時にできる部分は並行して行う生産方式です。これにより納期短縮やコストダウンが図れます。

{セル生産方式}

セル生産方式は、1人または数人のチームで部品の加工から組み立て、検査までの全工程を担当する生産方式です。多品種少量生産に向いた方式です。

{JIT（ジャストインタイム）}

JIT（Just In Time）とは、必要なものを、必要なときに、必要な量だけ生産する方式をいいます。後工程が生産に合わせて、前工程に対して必要な資材を調達することで無駄な中間在庫を減らすことができます。

■リーン生産方式

無駄を省き、ぜい肉がない状態（リーン）で生産活動を行うことをいいます。日本のトヨタが考案した「かんばん方式」（後述）が手本となっています。

{かんばん方式}

後工程が前工程に部品を調達しにいく際に、何が使われたかを伝えるため「かんばん」と呼ばれる札を使うことから、かんばん方式といわれています。後工程が、必要な部品を、必要なときに、必要な量だけを前工程に取りに行くことで、前工程が部品を製造し過ぎることなく、在庫の余剰をなくします。

03

e-ビジネス

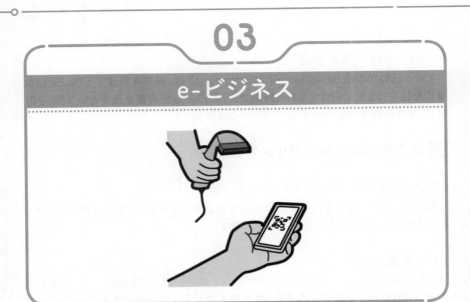

⌐ 1 e-ビジネスとは ⌐

e-ビジネスとは、インターネットなどITを活用した新しいビジネスのかたちです。e-ビジネスはスマートフォンなどの普及とともにさらに身近になり、年々広がりを見せています。しかし、インターネット上の取引などにはリスクがあることも忘れてはいけません。

1 電子商取引のかたち

{ EC (Electronic Commerce) }

電子商取引（EC）による商品販売は、店舗の維持費や店員の人件費などのコストを抑えられるため、少ない投資で事業に参入しやすいという特徴があります。ECは以下のように分類することができます。

ECの分類

取引の形態	説明
B to B （Business to Business）	企業対企業、または組織対組織で行われる取引

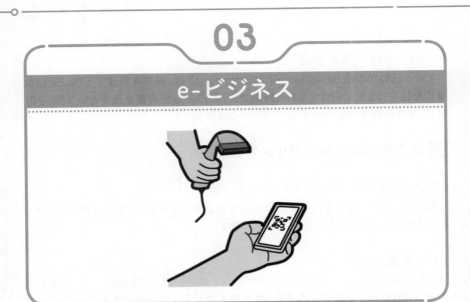ストラテジ系

360

B to C (Business to Consumer)	企業対個人消費者で行われる取引 （例）ネットショッピング
C to C (Consumer to Consumer)	個人消費者対個人消費者で行われる取引 （例）ネットオークション
G to B (Government to Business)	行政機関対企業で行われる取引 （例）電子入札
G to C (Government to Citizen)	行政機関対住民（個人）で行われる取引 （例）ネットによる住民票の申請
B to E (Business to Employee)	企業対社員で行われる取引 （例）社内販売

2 電子商取引関連の用語

{ ロングテール }

　一般の店舗ではめったに売れない商品を陳列するのは無駄ですが、ネットショップでは自社では在庫をもたないショップも多くあるため、めったに売れない商品も取り扱えます。売れない商品を多種扱うことで、売れている商品以上の売上になる場合があります。これをロングテールといいます。グラフにしたときに長い曲線を描くことから、この名がついています 05 。

05 ロングテール

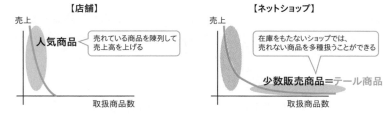

【店舗】　売上　人気商品　←売れている商品を陳列して売上高を上げる　取扱商品数

【ネットショップ】　売上　在庫をもたないショップでは、売れない商品を多種扱うことができる　少数販売商品＝テール商品　取扱商品数

{ O2O (Online to Offline) }

　ネットショップで得たポイントが実店舗で使えるなど、オンラインからオフラインへの行動へと促す施策をさします。インターネット上での活動を実店舗での集客や購買促進に活かす仕組みです。

{ eマーケットプレイス }

　複数の売り手と複数の買い手がインターネット上に設けられた市場を通じて出会

い、中間流通業者を介さず、直接取引を行う形態です。

{オンラインモール}

オンラインショップが複数集まったWebサイトです。「電子商店街」とも呼ばれています。楽天市場やYahoo!ショッピングなどが有名です。

{電子オークション}

インターネット上のオークションです。ヤフオク!などが有名です。ネットオークションともいいます。

{エスクローサービス}

エスクローとは第三者預託の意味で、商取引の安全性を保証する仲介サービスのことです。エスクロー業者はまず買主から代金を預かり、その後、買主が商品を受け取った時点で預かっていた代金を売主に引き渡す決済サービスです。

{EDI(電子データ交換)}

EDI(Electronic Data Interchange)とは、取引に関するビジネス文書などを規約に基づいて電子化し、通信回線を通じて企業間でやり取りする仕組みです。発注・仕入・請求・支払いの一連の業務に使われています。

{フリーミアム}

基本的な機能を無料で提供し、その他の機能を利用する場合は課金するビジネスモデルです。ビジネス型SNSのChatworkやSlack、オンラインストレージのGoogleドライブなど多くのサービスがあります。

2 決済・金融に関するサービスやシステム

1 新しい決済方法

{電子マネー}

専用のカードに事前に金額をチャージして支払いに使うものです。nanaco、楽天Edy、Suicaなどがあります。スマートフォンのアプリに登録して利用できるものもあります。基本的に審査が不要で、多くの場合、ポイントが貯まるサービスがついています。

｛キャッシュレス決済｝

キャッシュレス決済 06 は、支払いに現金以外の方法を使うことです。従来からあったクレジットカード決済に加え、交通系ICカード、スマートフォンによる非接触決済、QRコード決済など、さまざまな方法が登場してきています。キャッシュレス決済を大きく分類すると、「カード決済」と「スマートフォン決済」に分かれます。

06 キャッシュレス決済

主なキャッシュレス決済

形態	種類	説明
カード決済	クレジットカード	支払い後に銀行口座から引き落とされる後払い型
	デビットカード	支払時に銀行口座から引き落とされる即時払い型
	プリペイドカード	事前にチャージしておく先払い型
	非接触決済	店側の端末にカードをかざすだけで支払いができるタイプ Suicaなど交通系ICカード、nanacoなど
スマートフォン決済	QRコード・バーコード決済	スマートフォンに表示させたQRコードやバーコードを店側に読み込んでもらう、または店側のQRコードを自分のスマートフォンで読み込んで支払う方法 PayPay、LINE Pay、d払い、楽天ペイなど
	非接触決済	店側の端末にスマートフォンをかざすだけで支払いができるタイプ モバイルSuica、nanacoモバイル、iDなど

{スマートフォンのキャリア決済}

　KDDI（au）、NTTドコモ（docomo）、ソフトバンクなどの通信会社（キャリア）が提供するサービスで、商品やサービスの支払いを月々の携帯電話の通信料とまとめて決済できる方法です。

{eKYC（electronic Know Your Customer）}

　オンライン上だけで完結する本人確認方法のことです。「LINE Pay」では、本人名義の銀行口座を登録する方法や、顔と身分証が一緒に写った写真をアップロードする方法が採用され、数分で完了させることができます。

2 金融に関する新しい用語

{フィンテック（FinTech）}

　金融（Finance）と技術（Technology）を組み合わせた造語です。金融業においてAIなどのIT技術を活用して、これまでにない革新的なサービスを開拓する取り組みを指します。身近な例では、スマートフォンで手軽に送金できるサービス、AI（人工知能）を活用して株式投資のアドバイスや運用を行うサービス（ロボアドバイザ）など、さまざまなものが登場してきています。

{インターネットバンキング}

　パソコンやスマートフォンなどから、振り込みなどの手続きができる仕組みです。便利な反面、セキュリティの高さが求められます。ホームバンキングともいいます。

{インターネットトレーディング}

　オンライントレードともいい、株式などの証券や金融商品、外国通貨などをインターネットを通じて売買することをいいます。

{EFT（電子資金移動）}

　EFT（Electronic Fund Transfer）とは、預金口座間の資金移動や決済を処理するシステムのことです。

{マネーロンダリング}

　マネーロンダリング（Money Laundering）とは、資金洗浄のことです。麻薬取引や粉飾決済などの犯罪によって得た資金の出所をわからなくするために、架空口座へ転々と送金を繰り返したり、他人名義の口座などを利用して、株や債券の購入

などを行い資金の出所や所有者がわからないようにする行為をいいます。

{暗号資産}

　銀行のような機関を経由せず、インターネットを通じて個人や企業の間で直接取引できるデジタル通貨です。専門の取引所を通じて円やドル、ユーロなどの通貨と交換することもできます。暗号技術により安全性が確保され、行われた取引はブロックという単位にまとめられます。ブロックをつなげた「ブロックチェーン（116ページ）」上の取引データは、公開・共有される仕組みとなっています。暗号資産には、ビットコインやイーサリアムなどいくつかの種類があります。

3 インターネットを使った公募

{クラウドファンディング}

　インターネット上で自分が作った商品やアイディアを公開し、事業展開に必要な資金を賛同者から集めることをいいます。個人に限らず法人の場合もあります。ここでいうクラウド（Crowd）は群衆という意味です。

07 クラウドファンディング

{クラウドソーシング}

　インターネット上で不特定多数の人に仕事を依頼したりアイディアやデザインを募集したりすることをいいます。Crowd（群衆）とSourcing（業務委託）を組み合わせた造語です。

\ 絶対暗記！/
試験に出やすい キーワード ✔

☑ POS（Point of Sales）は販売時点情報管理システム　　参照 P.352

☑ RFID（Radio Frequency IDentification）はICタグやICカードを
電波で非接触読み取り　　参照 P.354

☑ SFA（Sales Force Automation）は営業支援システム　　参照 P.355

☑ マイナンバーカードは、社会保障、税、災害対策の3分野で利用できる、
本人であることを確認するための12桁の番号が記載されたカード
　　参照 P.356

☑ CDN（Content Delivery Network）はキャッシュサーバでWeb
サーバの負荷を分散　　参照 P.355

☑ サイバーフィジカルシステムは、現実データをサイバー空間で解析し現実
（フィジカル）に活かす　　参照 P.356

☑ CAD（Computer-Aided Design）はコンピュータ支援設計
　　参照 P.358

☑ コンカレントエンジニアリングは、同時にできる部分は並行して行う生産
方式　　参照 P.359

☑ FMS（Flexible Manufacturing System）は、生産設備を大幅に
変更せずに多品種を混流生産　　参照 P.358

☑ リーン生産方式は、無駄を省いたぜい肉がない（リーン）生産活動
参照 P.359

☑ B to Bは企業対企業、B to Cは企業対個人、C to Cは個人対個人、G to Cは行政対住民
参照 P.360

☑ ロングテールは売れない商品も多種扱えば売れる商品以上の売上になること
参照 P.361

☑ O2O（Online to Offline）は、オンラインの顧客をオフライン（実店舗）につなげる施策
参照 P.361

☑ EDI（Electronic Data Interchange）は、企業間の取引に使う電子データ交換
参照 P.362

☑ キャッシュレス決済はカード決済とスマホ決済の大きく2つ
参照 P.363

☑ フィンテック（FinTech）は金融サービスとITを結びつけた技術
参照 P.364

☑ クラウドファンディングは、ネット上で自作の商品やアイディアを公開し資金を集めること
参照 P.365

☑ エスクローサービスは商取引の安全性を保証する仲介サービス
参照 P.362

ここが重要！

Check

ストラテジ系

☑ クラウドソーシングはネット上で仕事を依頼したりアイディアを募集する
   こと 　参照 P.365

☑ 暗号資産はブロックチェーンを使ったデジタル通貨 　参照 P.365

☑ eKYC（electronic Know Your Customer）は、オンライン上だけ
   で完結する本人確認方法 　参照 P.364

過去問にTry!

本章で学んだことをもとに、ITパスポート資格試験の過去問に挑戦してみよう！

問 1 平成30年秋期　問35

販売時点で，商品コードや購入者の属性などのデータを読み取ったりキー入力したりすることで，販売管理や在庫管理に必要な情報を収集するシステムはどれか。

ヒント P.352

ア　ETC　　　イ　GPS　　　ウ　POS　　　エ　SCM

問 2 令和元年秋期　問31

RFIDの活用によって可能となる事柄として，適切なものはどれか。　ヒント P.354

ア　移動しているタクシーの現在位置をリアルタイムで把握する。
イ　インターネット販売などで情報を暗号化して通信の安全性を確保する。
ウ　入館時に指紋や虹彩といった身体的特徴を識別して個人を認証する。
エ　本の貸出時や返却の際に複数の本を一度にまとめて処理する。

問 3 令和元年秋期　問28

業務の効率化を目指すために，SFAを導入するのに適した部門はどれか。

ヒント P.355

ア　営業　　　　　　　　　イ　経理・会計
ウ　資材・購買　　　　　　エ　製造

問 4 令和2年秋期 問24

CADの導入効果として，適切なものはどれか。 ヒント P.358

- ア 資材の所要量を把握して最適な発注ができる。
- イ 生産工程の自動化と作業の無人化ができる。
- ウ 生産に関連する一連のプロセスを統合的に管理できる。
- エ 設計データを再利用して作業を効率化しやすくする。

問 5 令和3年春期 問35

ある製造業では，後工程から前工程への生産指示や，前工程から後工程への部品を引き渡す際の納品書として，部品の品番などを記録した電子式タグを用いる生産方式を採用している。サプライチェーンや内製におけるジャストインタイム生産方式の一つであるこのような生産方式として，最も適切なものはどれか。

ヒント P.359

- ア かんばん方式
- イ クラフト生産方式
- ウ セル生産方式
- エ 見込み生産方式

問 6 令和4年 問32

コンカレントエンジニアリングを適用した後の業務の流れを表した図として，最も適したものはどれか。ここで，図の中の矢印は業務の流れを示し，その上に各作業名を記述する。 ヒント P.359

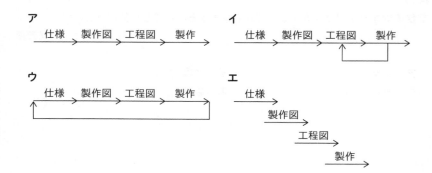

問7　　　　　　　　　　　　　　　　　　　　　　　平成31年春期　問35

ロングテールに基づいた販売戦略の事例として，最も適切なものはどれか。

ヒント P.361

- **ア**　売れ筋商品だけを選別して仕入れ，Webサイトにそれらの商品についての広告を長期間にわたり掲載する。
- **イ**　多くの店舗において，購入者の長い行列ができている商品であることをWebサイトで宣伝し，期間限定で販売する。
- **ウ**　著名人のブログに売上の一部を還元する条件で商品広告を掲載させてもらい，ブログの購読者と長期間にわたる取引を継続する。
- **エ**　販売機会が少ない商品について品ぞろえを充実させ，Webサイトにそれらの商品を掲載し，販売する。

問8　　　　　　　　　　　　　　　　　　　　　　　平成30年春期　問22

受発注や決済などの業務で，ネットワークを利用して企業間でデータをやり取りするものはどれか。

ヒント P.362

ア　B to C　　　**イ**　CDN　　　**ウ**　EDI　　　**エ**　SNS

問9　　　　　　　　　　　　　　　　　　　　　　　令和3年春期　問13

FinTechの事例として，最も適切なものはどれか。

ヒント P.364

- **ア**　銀行において，災害や大規模障害が発生した場合に勘定系システムが停止することがないように，障害発生時には即時にバックアップシステムに切り替える。
- **イ**　クレジットカード会社において，消費者がクレジットカードの暗証番号を規定回数連続で間違えて入力した場合に，クレジットカードを利用できなくなるようにする。
- **ウ**　証券会社において，顧客がPCの画面上で株式売買を行うときに，顧客に合った投資信託を提案したり自動で資産運用を行ったりする，ロボアドバイザのサービスを提供する。

エ　損害保険会社において，事故の内容や回数に基づいた等級を設定しておき，インターネット自動車保険の契約者ごとに，1年間の事故履歴に応じて等級を上下させるとともに，保険料を変更する。

....

問 10　　　　　　　　　　　　　　　　　　　　　　　　　平成29年秋期　問22

クラウドファンディングの事例として，最も適切なものはどれか。　ヒント P.365

ア　インターネット上の仮想的な記憶領域を利用できるサービスを提供した。
イ　インターネットなどを通じて，不特定多数の人から広く寄付を集めた。
ウ　曇りや雨が多かったことが原因で発生した損失に対して金銭面での補償を行った。
エ　大量の情報の中から目的に合致した情報を精度高く見つける手法を開発した。

....

問 11　　　　　　　　　　　　　　　　　　　　　　　　　令和4年　問16

マイナンバーに関する説明のうち，適切なものはどれか。　ヒント P.356

ア　海外居住者を含め，日本国籍を有する者だけに付与される。
イ　企業が従業員番号として利用しても構わない。
ウ　申請をすれば，希望するマイナンバーを取得できる。
エ　付与されたマイナンバーを，自由に変更することはできない。

01

業務プロセス

1 情報システム戦略とは

　コンピュータなどIT技術を使った施策によって経営戦略を実現していくことを情報システム戦略といいます。単にシステム戦略、または情報化戦略、IT戦略などともいいます。例えば、経営戦略が「新しい販売チャネルの開拓」というものであれば、「新たにショッピングサイトを作って販売しよう」という情報システム戦略は経営戦略に沿ったものといえます。ここでは、情報システム戦略に関する知識を紹介します。

1 業務プロセスのモデル化

　販売管理、在庫管理などの業務システムの開発などでは、はじめに現在の業務の状況を把握する必要があります。例えば、顧客からの注文を受注し、商品の手配を行うシステムを作ろうとするのであれば、まずは現在の受注業務でどのようなデータの流れになっているのかを把握することから始まります。そこで役に立つのがDFDやE-R図などのモデリング技法を使った業務のモデル化、つまり「見える化」です。

{E-R図（Entity Relationship Diagram）}
　E-R図は実体関連図のことで、データ間の関係性を整理する図です。実体（Entity）と関連（Relationship）を表現するために使われます。例えば、「学級」

という実体と「先生」という実体は「授業」という関連をもっています。1人の先生は必ず1つの学級の授業をするのであれば、先生と学級の関係は1対1になります。1人の先生が複数の学級の授業をするのであれば1対多の関係、また1人の先生が複数の学級の授業を行い、1つの学級も複数の先生の授業を受けるというのであれば、多対多の関係になります。こうした1対1、1対多、多対多などの関係のことをカーディナリティ（多重度）といいます。カーディナリティは矢印の形で表します。E-R図はデータの利用を視点に開発していく「データ中心アプローチ」の開発にも使われます。

01 E-R 図の例

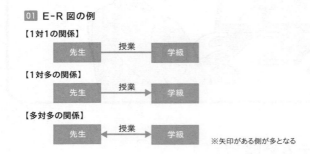

※矢印がある側が多となる

{DFD（Data Flow Diagram）}

DFDは、データ（情報）の流れを図で表すモデリング技法です。4つの記号を使います。業務に必要な機能・処理は何かという視点から開発を行う「プロセス中心アプローチ」の開発などでも使われます。

02 DFD の例

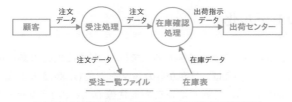

	名称	説明
名称 →	データフロー	データの流れ
（名称）	プロセス（処理）	データに対する処理
名称	データストア	データベースなど同じ種類のデータを蓄積した表
[名称]	源泉／吸収	データの発生源、データの吸収先

2 業務プロセスの管理と効率化

{BPR（Business Process Reengineering）}

　BPRは、情報システムを活用し業務プロセスを抜本的に再構築することです。業務プロセスとは「仕事のやり方」のことです。システムの導入によって、これまでの仕事のやり方を抜本的に変えて、品質や効率を大きく改善していくための手法です。

{BPM（Business Process Management）}

　BPMとは、経営戦略を実現するために業務プロセスを継続的に改善していくための管理手法です。PDCA（109ページ）を繰り返しながら改善を進めていきます。

{ワークフロー}

　ワークフローシステムとは、これまで紙ベースで行われていた社内の稟議書の承認や経費精算などの手続きをシステム化したものです。システムに用意された入力フォームで申請者が申請すると、ネットワークを介して承認者へ届き、システム上で承認を行うことができます。

{グループウェア}

　社内のメンバのスケジュールの一元管理、社内メール、会議室の予約、掲示板など、会社の中でメンバ同士が情報を共有するためのソフトウェアです。社員がそれぞれのパソコンで利用でき、情報を共有できます。クラウド上で動くSaaS（Software as a Service：381ページ）として提供されているものも増えています。

{RPA（Robotic Process Automation）}

　RPAは、ホワイトカラー（事務などの従業員）のデスクワークをソフトウェアが代行・自動化する仕組みのことです。このソフトウェアがロボットといわれる部分で、「デジタルレイバー」や「デジタルワーカー（仮想知的労働者）」などと呼ぶこともあります。定型的な作業を自動化する機能を備えたものが狭義のRPA、広義にはAI機能を備えたものもRPAと呼ぶこともあります。

{エンタープライズサーチ}

　企業には大量の情報があります。エンタープライズサーチは、社内の複数のファイルサーバ、メールサーバ、Webサーバなどに保管されているあらゆる情報から必要な情報を検索できる「社内データ用検索エンジン」です。「Google検索アプライアンス」が有名です。エンタープライズサーチを導入すると、蓄積された膨大なデータを

情報システム戦略

有効な情報資産として活用できます。全文検索や画像検索、音声ファイルを検索できるものもあります。

3 情報システム戦略の策定

{EA(Enterprise Architecture)}

経営戦略を情報システムを使って実行するためには、「どんなことを」「何のデータを使って」「どのように」「どんな技術基盤で」行うかを考える必要があります。これを実現するための構造をEA(Enterprise Architecture)といいます。EAは、次の4つのアーキテクチャで構成されています。現状の業務や情報システム(As-Is)を認識し、理想としている(To-Be)モデルを策定します。その差異を認識し、課題を明確にする「ギャップ分析」という分析手法が使われます。

- **ビジネス・アーキテクチャ(「どんなことを」行うか)**
  業務内容や業務フローを体系化したものです。

- **データ・アーキテクチャ(「何のデータを使って」行うか)**
  利用されるデータの内容、データ間の関連性を体系化したものです。

- **アプリケーション・アーキテクチャ(「どのように」行うか)**
  業務処理にあったアプリケーション(機能)の形を体系化したものです。

- **テクノロジ・アーキテクチャ(「どんな技術基盤で」行うか)**
  情報システムを構築する際に必要なハードウェア、ソフトウェアなどの技術を体系化したものです。

{SoR(Systems of Record)}

情報システムの中でも、正しく記録することを目的としたシステムです。企業の基幹系システムや個人情報を扱うシステムなど、重要な情報を管理するシステムを指します。ショッピングサイトの顧客情報管理システムや、クレジットカード情報管理システムなどが挙げられます。SoRは、企業の満足度を重視する、安定性やクオリティの高さなどが求められるシステムです。

{SoE(Systems of Engagement)}

顧客との結びつきを強化する、あるいは絆を深めることを目的としたシステムです。

スマートフォン向けアプリは、リリースしてからも不具合を修正し、ユーザのニーズも取り入れたアップデートを行います。そうすることでユーザ志向のアプリケーションを実現することができます。SoEは、ユーザの満足度を重視したシステムです。

4 ITの有効活用

業務改善や業務効率化を図るためには、新規にシステムを開発するだけでなく、製品化されたソフトウェアパッケージの導入、グループウェアやオフィスツールの導入、Webサービスの利用など、ITを活用したさまざまな方法があります。

{BYOD(Bring Your Own Device)}

BYODは、従業員個人のスマートフォンやタブレットなどの端末を業務に利用することをいいます。企業、従業員ともメリットはありますが、セキュリティのリスクがあるため、一定の管理体制が必要となります。

{Web会議}

インターネットを使って、パソコンやスマートフォンなどのデバイスで、場所や時間に制約されずに顔を合わせてコミュニケーションを取れる会議です。Zoom、Webex、Teamsなど音声、ビデオ、テキストや画面共有でやり取りできるオンラインツールが使われます。

{テレワーク}

インターネットや情報機器を利用して、自宅など会社以外の場所で仕事を行う勤務形態です。育児や介護など、従業員のさまざまな事情に対応できる他、交通費の削減、通勤ラッシュの緩和など多くのメリットがあります。仕事と生活の調和（ワークライフバランス）を実現する働き方として期待されています。

{チャット}

インターネットなどの通信を使った「雑談」のことで、文字を使ったテキストチャットの他、ボイスチャット、ビデオチャットなどがあります。

{SNS(Social Networking Service)}

SNSは、TwitterやFacebookのようなインターネット上で展開される個人による情報発信や、利用者同士の結びつきを利用して情報を伝播させるメディアのことです。企業でも、社員や顧客とのコミュニケーションツールとして活用しています。

｛シェアリングエコノミー｝

　「共有型経済」とも訳されています。物やサービス、場所などを複数の人と共有・交換して利用する仕組みのことです。自動車、不動産、衣料品、自転車などを共有するサービスが続々と登場しています。カーシェアリングやシェアハウスなどが代表的です。ソーシャルメディアを活用して、個人間の貸し借りを仲介するさまざまなシェアリングサービスも増えています。

｛ライフログ｝

　例えば、スマートフォンを利用して歩数や消費カロリー、睡眠時間などを計測できるアプリなど、人間の生活や体験を、映像、音声、位置情報などのデジタルデータとして記録する技術またはその記録自体のことをいいます。

｛情報銀行、PDS（Personal Data Store）｝

　本人の関与のもとで、個人データの流通や活用を進める仕組みです。行動履歴や購買履歴といった個人データを預託された事業者が、匿名化したうえでの情報提供などを行うことや、その事業者を指します。PDS（Personal Data Store）は、情報銀行が扱う個人データの登録先です。

2　情報システムの活用促進・評価

1 ITリテラシ（情報リテラシ）

｛ITリテラシ（情報リテラシ）｝

　ITリテラシ（情報リテラシ）とは、情報システムの活用能力のことです。最新の情報システムを会社が用意しても、社員がそれを使いこなせなければ意味がありません。表計算ソフトなど日常的に使うものはもちろん、業務専用のシステム、データを分析するシステムなど、1人ひとりの活用能力を研修などで高めることで、会社全体の業務効率向上につながります。

｛ゲーミフィケーション｝

　ゲームのデザイン要素やゲームの原則・遊びの要素などをゲーム以外のさまざまな物事に応用することをいいます。社員教育や採用・評価、ソフトウェア開発、顧客とのつながりづくりなどに活用されています。ゲームのように対象者を夢中にさせ、アクションを促すことが利点です。

{デジタルディバイド(情報格差)}

　スマートフォンをもっている人とそうでない人、パソコンを使いこなせる人とそうでない人、ネット環境が充実した地域の人とそうでない人など、IT環境や状況による経済的格差が起きています。こうした格差のことをデジタルディバイド(情報格差)といいます。

02

ソリューションビジネス

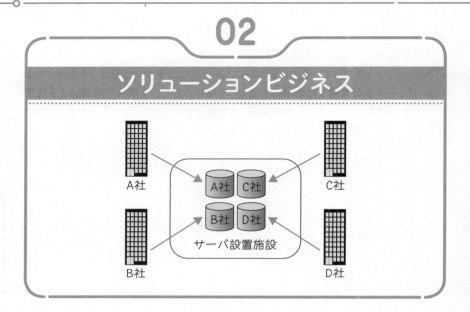

1 ソリューションビジネスとは

ソリューションとは問題解決という意味です。ITシステムを提供する企業（ベンダ）などが顧客企業との信頼関係を築き、顧客企業が抱える問題を把握し、問題解決案を提案し、問題解決への支援を行うことをいいます。アウトソーシングやクラウドコンピューティングなど、さまざまなITソリューションの手法があります。

1 さまざまなITソリューション

{クラウドコンピューティング}

クラウド（Cloud）は雲という意味です。ネットのことを雲に例えたコンピュータの利用形態です。インターネットが普及する前は、社内のコンピュータに入っているOSやアプリケーションソフトを利用するしかありませんでした。しかしインターネットが普及した現在は、アプリケーションソフトは自分のパソコンや会社のコンピュータに入っていなくてもネット上で利用できます。また、データもオンラインストレージなど、ネット上に保存することができます。

このようにインターネット上のコンピュータ資源を利用することや、そのサービスをクラウドコンピューティングといいます。アプリケーションソフトだけをクラウドで利用したり、ディスクスペースなどのハードウェアだけを利用するなど、クラウドコンピューティン

グの利用形態にはいくつかの種類 03 があります。

03 クラウドコンピューティングの分類

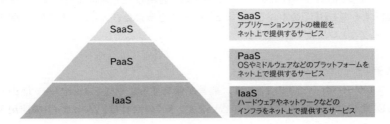

- **SaaS（Software as a Service）**
  アプリケーションソフトの機能をネット上で提供するサービスです。アプリケーションを提供するということは、実はそれを動かすためのハードウェアやOSも提供されているということです。

- **PaaS（Platform as a Service）**
  OSやミドルウェアなどのプラットフォーム（アプリケーションが動くための基盤）をネット上で提供するサービスです。OSを提供するということは、それを動かすためのハードウェアも提供されているということです。

- **IaaS（Infrastructure as a Service）**
  ハードウェアやネットワークなどのインフラ（システムが動くための基盤）をネット上で提供するサービスです。

- **DaaS（Desktop as a Service）**
  VDIやシンクライアント（200ページ）を利用する企業に対し、仮想デスクトップ環境をクラウドで提供するサービスです。

｛オンプレミス｝

　サーバやソフトウェアなどの情報資産を施設内で管理することをいいます。自社運用ともいいます。クラウドコンピューティングの台頭により、クラウドと区別するためにオンプレミスという言葉が使われるようになりました。

｛アウトソーシング｝

　サーバなどのハードウェアやその運用、システム開発やシステム運用など、会社が

行っている業務の一部を外部の専門会社に委託することを<mark>アウトソーシング</mark>といいます。なかでも特定の業務を運用も一体化して外部委託することを<mark>BPO</mark>（Business Process Outsourcing）といいます。例えば、運用管理も含めてコールセンタ業務を委託するのもBPOの1つです。また、海外の企業に委託することを<mark>オフショアアウトソーシング</mark>といいます。

｛ホスティングサービス｝

レンタルサーバサービスのことです。業者が保有するサーバをネットワーク経由で貸し出し、そのサーバの運用も業者が行います。多くの会社は、Webサイトの運用をホスティング業者に委託しています。

｛ハウジングサービス｝

サーバは委託元となる企業の所有物ですが、サーバを設置する施設や設備の運用を提供するサービスです。サーバの運用は委託元の企業側で行います。

04 ホスティングとハウジング

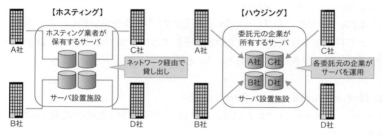

｛SI（System Integration）｝

システムの立案・構築から開発、運用までの工程を一括して請け負うサービスのことです。これを実施する企業を<mark>システムインテグレータ</mark>といいます。システムインテグレータは、開発だけでなく、システムの内容に合わせ、さまざまなメーカのソフトウェアやハードウェア製品を扱います。これを<mark>マルチベンダ</mark>といいます。ソリューションの提案も、システムインテグレータの大きな役割です。

｛PoC（Proof of Concept）｝

<mark>PoC</mark>は、新しい概念やアイディアの検証やデモンストレーションを指します。「概念実証」という意味があります。IoT、AIなどを活用した新概念のシステムやサービスを始める際、このPoCを繰り返して実証を行っていきます。

システム企画

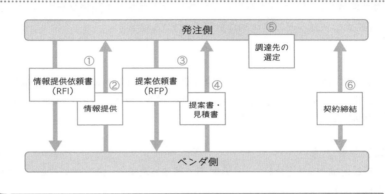

1 システム企画とは

　情報システム戦略が社内で承認されると、それを実現するためのシステム企画に入っていきます。どんなシステムをいつまでに、いくらで開発するのかを企画します。システム企画は「システム化計画」→「要件定義」→「調達」という順で進んでいきます。

{SLCP (Software Life Cycle Process)}

　SLCPとは、ソフトウェアの構想・設計から開発、導入、運用、保守、破棄に到るまでの工程全体のことです。共通フレーム (406ページ) では以下のように定義されています。

05 共通フレーム 2013 における SLCP の定義

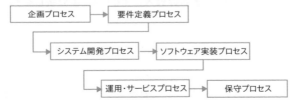

1 システム化計画

　システム化計画では、まず「システム化構想」でシステム化の基本方針を立案して全体像を明確にし、「システム化計画（狭義）」でシステムの開発スケジュール、コスト、投資効果の予測などの具体的な計画を立てていきます。

｛システム化構想｝

　システム化構想では、システム化の全体像を明確にし、システム化の基本方針を策定します。効果の明確化、対象となる業務の選定、システム化の推進体制、投資目標の策定、経営陣の承認などを行います。

｛システム化計画｝

　システム化構想をもとにして、次の順序で策定されます。最終的にプロジェクト計画を作成します。

① 課題の定義…システム化の対象となる業務の課題を整理します。
　↓
② 調査・分析…システム化の対象となる業務の調査・分析を行います。
　↓
③ 適用範囲の検討…システム化の対象となる業務へのシステム化の適用範囲を検討します。
　↓
④ スケジュール計画…システム開発全体のスケジュールを計画します。
　↓
⑤ 開発体制の計画…システム開発のプロジェクト体制を計画します。
　↓
⑥ 投資効果の予測…投資効果の予測を行います。
　↓
⑦ リスク分析…導入から廃棄までのシステムの導入によるリスクを分析します。

2 要件定義

　要件定義とは、簡単にいうとシステムにどんな機能を盛り込むかを決めることです。このときに必要なのは関係者（ステークホルダ）の意見を聞くことです。例えばネッ

ト販売システムを作るのなら、販売を担当している営業部長、在庫を担当している倉庫の責任者、製造を担当している工場長にも要望を聞かなくてはいけません。業務要件定義、機能要件定義、非機能要件定義の大きく3つがあります。

{業務要件定義}

業務上で必要な要件を定義することです。経営戦略や情報システム戦略、利用者のニーズを考慮して、業務上必要な要件を定義することです。関係者（ステークホルダ）の要求の調査、調査内容の分析、現行業務の分析、データの洗出しや整理などを行って定義します。

{機能要件定義}

集計機能がある、帳票が印刷できる、他のシステムとリンクできる…というような具体的にシステムに盛り込みたい機能を定義します。

{非機能要件定義}

UI（ユーザインタフェース）の使いやすさ、セキュリティの強さ、メンテナンスの頻度、稼働率など、システムに求められる機能要件以外の要件を定義します。

3 調達計画・実施

調達とは、必要とするサービスや製品などを入手することです。システム開発を発注する側が請負側の業者（ベンダ）を決めて開発が始まり、完成したシステムが発注した側に渡されます。調達の流れは、以下のようになります。

06 調達の流れ

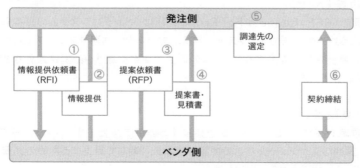

① 発注側がベンダ側に情報提供依頼書（RFI）を提示し、製品動向などについて情報提供を求めます。
② ベンダ側は発注側に対して情報を提供します。
③ 発注側は提案依頼書（RFP：システムの基本方針や要件・納期などが記載されている文書）を作成してベンダ側に配布し、提案書の提示を求めます。また、発注側は選定基準の作成を行います。
④ ベンダ側は提案依頼書（RFP）をもとに、システム開発案を作成します。提案書・見積書として発注側に提示します。
⑤ 発注側は各社からの提案内容の比較評価を行い、発注するベンダを決定します。
⑥ 選定したベンダと契約締結し、開発が開始し、完成すると受入れ・検収が行われます。

｛グリーン調達｝

グリーン調達とは、企業や行政機関が製品やサービスなどを調達する際、環境負荷の小さいものを優先的に選ぶ取り組みのことです。環境マネジメント規格であるISO 14001の認証企業を優先して調達先にする仕組みもあります。

｛情報提供依頼書（RFI）｝

情報提供依頼書（RFI：Request For Information）とは、調達の事前準備として、ベンダ（システム開発会社）に対して対象とするシステムに関する最近の動向、保有する製品やサービスの概要、その実績や適用可能な技術などの情報を提供してもらうための文書です。

｛提案依頼書（RFP）｝

提案依頼書（RFP：Request For Proposal）は、ベンダにシステムの提案書を作成してもらうための文書です。システムの基本方針の他、納期やスコープ（成果物の範囲）、必要要件など導入するシステムの概要や提案依頼事項、調達条件などが明確に記載されています。

｛提案書・見積書｝

提案依頼書（RFP）をもとにベンダが作成するのが提案書です。システム構成、開発手法、開発のスケジュールなどの内容を依頼元に対して提案するための文書です。費用を示す見積書とともに提出します。

ここが重要！

\ 絶対暗記！ /
試験に出やすい キーワード ✓

- ☑ DFD（Data Flow Diagram）はデータの流れを表す図　参照 P.374

- ☑ E-R図は実体関連図。データ間の関連を表す図　参照 P.373

- ☑ BPR（Business Process Reengineering）は業務プロセスの抜本的な再構築　参照 P.375

- ☑ BPM（Business Process Management）は業務プロセスの継続的改善のための管理手法　参照 P.375

- ☑ ワークフローは稟議や経費の承認をITを使って行うシステム　参照 P.375

- ☑ RPA（Robotic Process Automation）は事務作業を自動化するソフトウェア　参照 P.375

- ☑ エンタープライズサーチは社内データ用検索エンジン　参照 P.375

- ☑ EA（Enterprise Architecture）はビジネス・データ・アプリケーション・テクノロジでギャップ分析　参照 P.376

- ☑ SoR（Systems of Record）は企業を重視したソフトウェア　参照 P.376

- ☑ SoE（Systems of Engagement）はユーザを重視したソフトウェア　参照 P.376

情報システム戦略

☑ BYOD (Bring Your Own Device) は社員の私物の端末を業務に
利用すること　　　　　　　　　　　　　　　参照 P.377

☑ シェアリングエコノミーは共有型経済。物・サービス・場所などを複数の
人と共有する仕組み　　　　　　　　　　　　参照 P.378

☑ SI (System Integration) はシステムの立案・開発、運用までを一括
して請け負うサービス　　　　　　　　　　　参照 P.382

☑ クラウドコンピューティングはインターネット上のコンピュータ資源を利用
するサービス　　　　　　　　　　　　　　　参照 P.380

☑ SaaS (Software as a Service) はアプリケーションをクラウドで利
用　　　　　　　　　　　　　　　　　　　　参照 P.381

☑ PaaS (Platform as a Service) はOSなどのプラットフォームをクラ
ウドで利用　　　　　　　　　　　　　　　　参照 P.381

☑ IaaS (Infrastructure as a Service) はハードウェアなどのインフ
ラをクラウドで利用　　　　　　　　　　　　参照 P.381

☑ オンプレミスはサーバやソフトウェアなどの情報資産を施設内で管理す
ること　　　　　　　　　　　　　　　　　　参照 P.381

☑ アウトソーシングは外部委託。BPOは特定業務全般の委託。オフショア
アウトソーシングは海外に委託　　　　　　　参照 P.381

- ☑ ホスティングサービスはレンタルサーバ。サーバは業者のもの。運用も業者　　参照 P.382

- ☑ ハウジングサービスは、サーバは企業のもの。運用も企業。業者は設置施設を貸すだけ　　参照 P.382

- ☑ PoC（Proof of Concept）は新しいアイディアの概念実証　　参照 P.382

- ☑ ITリテラシ（情報リテラシ）は情報システムの活用能力　　参照 P.378

- ☑ デジタルディバイドは情報格差　　参照 P.379

- ☑ システム企画はシステム化計画→要件定義→調達で進む　　参照 P.383

- ☑ 機能要件はシステムに盛り込む機能。非機能要件は耐久性など機能ではない要件　　参照 P.385

- ☑ 調達はRFI→情報提供→RFP→提案書・見積書提出→ベンダ選定→契約締結の順　　参照 P.385

- ☑ 情報提供依頼書（RFI）はベンダに情報を依頼するもの　　参照 P.386

- ☑ 提案依頼書（RFP）はベンダに提案を依頼するもの。提案依頼事項が書いてある　　参照 P.386

情報システム戦略

過去問にTry!

解説動画はこちら

本章で学んだことをもとに、ITパスポート資格試験の過去問に挑戦してみよう!

問 1

平成30年春期　問5

DFDの記述例として、適切なものはどれか。

ヒント P.374

ア

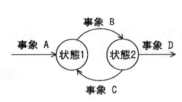

事象 A → 状態1 ⇄ 状態2 → 事象 D
事象 B（上）、事象 C（下）

イ

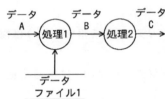

データA → 処理1 → データB → 処理2 → データC
データファイル1

ウ

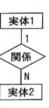

実体1
1
関係
N
実体2

エ

判断 → 処理1 / 処理2

問 2

平成29年秋期　問6

社内でPDCAサイクルを継続的に適用するという方法によって、製造部門における歩留りの向上を実現した。この事例が示すような業務改善の考え方を示す用語はどれか。

ヒント P.375

ア　ASP　　　イ　BPM　　　ウ　BPO　　　エ　SFA

問 3　　　　　　　　　　　　　　　　　　　　令和3年春期　問11

RPA（Robotic Process Automation）の特徴として，最も適切なものはどれか。

ヒント P.375

- **ア**　新しく設計した部品を少ロットで試作するなど，工場での非定型的な作業に適している。
- **イ**　同じ設計の部品を大量に製造するなど，工場での定型的な作業に適している。
- **ウ**　システムエラー発生時に，状況に応じて実行する処理を選択するなど，PCで実施する非定型的な作業に適している。
- **エ**　受注データの入力や更新など，PCで実施する定型的な作業に適している。

問 4　　　　　　　　　　　　　　　　　　　　令和4年　問17

BYODの事例として，適切なものはどれか。

ヒント P.377

- **ア**　会社から貸与されたスマートフォンを業務中に私的に使用する。
- **イ**　会社から貸与されたスマートフォンを業務で使用する。
- **ウ**　会社が利用を許可した私物のスマートフォンを業務で使用する。
- **エ**　私物のスマートフォンを業務中に私的に使用する。

問 5　　　　　　　　　　　　　　　　　　　　令和2年秋期　問31

利用者と提供者をマッチングさせることによって，個人や企業が所有する自動車，住居，衣服などの使われていない資産を他者に貸与したり，提供者の空き時間に買い物代行，語学レッスンなどの役務を提供したりするサービスや仕組みはどれか。

ヒント P.378

- **ア**　クラウドコンピューティング
- **イ**　シェアリングエコノミー
- **ウ**　テレワーク
- **エ**　ワークシェアリング

問 6　　　　　　　　　　　　　　　　　　　　　　令和4年　問7

業務と情報システムを最適にすることを目的に，例えばビジネス，データ，アプリ
ケーション及び技術の四つの階層において，まず現状を把握し，目標とする理想像
を設定する。次に現状と理想との乖離を明確にし，目標とする理想像に向けた改
善活動を移行計画として定義する。このような最適化の手法として，最も適切なも
のはどれか。　　　　　　　　　　　　　　　　　　　　ヒント P.376

- ア　BI（Business Intelligence）
- イ　EA（Enterprise Architecture）
- ウ　MOT（Management of Technology）
- エ　SOA（Service Oriented Architecture）

問 7　　　　　　　　　　　　　　　　　　　　　平成30年秋期　問9

"クラウドコンピューティング"に関する記述として，適切なものはどれか。

ヒント P.380

- ア　インターネットの通信プロトコル
- イ　コンピュータ資源の提供に関するサービスモデル
- ウ　仕様変更に柔軟に対応できるソフトウェア開発の手法
- エ　電子商取引などに使われる電子データ交換の規格

問 8　　　　　　　　　　　　　　　　　　　　　平成31年春期　問30

自社の情報システムを，自社が管理する設備内に導入して運用する形態を表す用
語はどれか。　　　　　　　　　　　　　　　　　　　ヒント P.381

- ア　アウトソーシング　　　　　イ　オンプレミス
- ウ　クラウドコンピューティング　　エ　グリッドコンピューティング

問 9　令和4年　問35

あるコールセンタでは，AIを活用した業務改革の検討を進めて，導入するシステムを絞り込んだ。しかし，想定している効果が得られるかなど不明点が多いので，試行して実現性の検証を行うことにした。このような検証を何というか　ヒント P.382

　　ア　IoT　　　　イ　PoC　　　　ウ　SoE　　　　エ　SoR

問 10　令和3年春期　問22

業務パッケージを活用したシステム化を検討している。情報システムのライフサイクルを，システム化計画プロセス，要件定義プロセス，開発プロセス，保守プロセスに分けたとき，システム化計画プロセスで実施する作業として，最も適切なものはどれか。　ヒント P.384

　　ア　機能，性能，価格などの観点から業務パッケージを評価する。
　　イ　業務パッケージの標準機能だけでは実現できないので，追加開発が必要なシステム機能の範囲を決定する。
　　ウ　システム運用において発生した障害に関する分析，対応を行う。
　　エ　システム機能を実現するために必要なパラメタを業務パッケージに設定する。

問 11　平成30年春期　問6

システムのライフサイクルプロセスの一つに位置付けられる，要件定義プロセスで定義するシステム化の要件には，業務要件を実現するために必要なシステム機能を明らかにする機能要件と，それ以外の技術要件や運用要件などを明らかにする非機能要件がある。非機能要件だけを全て挙げたものはどれか。　ヒント P.385

a　業務機能間のデータの流れ
b　システム監視のサイクル
c　障害発生時の許容復旧時間

　　ア　a, c　　　　イ　b　　　　ウ　b, c　　　　エ　c

問12 令和元年秋期　問16

システム導入を検討している企業や官公庁などがRFIを実施する目的として，最も適切なものはどれか。 ヒント P.386

ア　ベンダ企業からシステムの詳細な見積金額を入手し，契約金額を確定する。
イ　ベンダ企業から情報収集を行い，システムの技術的な課題や実現性を把握する。
ウ　ベンダ企業との認識のずれをなくし，取引を適正化する。
エ　ベンダ企業に提案書の提出を求め，発注先を決定する。

問13 平成29年秋期　問34

ある業務システムの構築を計画している企業が，SIベンダにRFPを提示することになった。最低限RFPに記述する必要がある事項はどれか。 ヒント P.386

ア　開発実施スケジュール　　　イ　業務システムで実現すべき機能
ウ　業務システムの実現方式　　エ　プロジェクト体制

第 **3** 部
マネジメント系

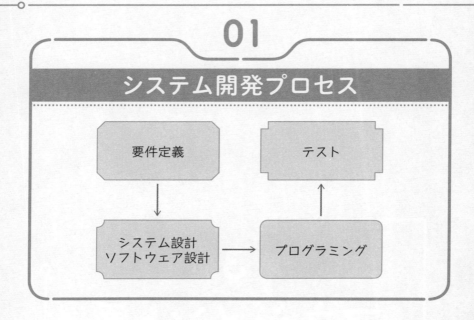

01 システム開発プロセス

1 システム開発のプロセス

　システム開発とは、情報システムを作ることです。一般的にシステム開発は、要件定義→設計→プログラミング→テストの順で進めていきます。

1 要件定義

　設計を始める前に、まずシステムやソフトウェアに要求される機能、性能、内容などを明確化することが必要です。これを要件定義といいます。「システム要件定義」と「ソフトウェア要件定義」の工程で行われます。

{システム要件定義}
　システム化する目標や対象となるものを明確にして要件を確認します。

{ソフトウェア要件定義}
　システム内のソフトウェアの性能や機能などの要件を確立します。

2 システム設計・ソフトウェア設計

　システムの設計は、「外部設計（システム方式設計）」→「内部設計（ソフトウェア方式設計）」→「プログラム設計（ソフトウェア詳細設計）」の順で進めていきます。

｛外部設計（システム方式設計）｝

　画面や帳票の項目など利用者の立場でシステムがどのように見えるか、動くかを決めていく工程です。システムは、最終的にはコンピュータやネットワークなどのハードウェア上で動きます。しかし、外部設計の工程ではハードウェアへの実装を意識しない設計を行います。また、システム全体をいくつかのサブシステムに分けることもこの工程で行います。このため、「概要設計」とも呼ばれます。

｛内部設計（ソフトウェア方式設計）｝

　ハードウェアにシステムを実装したときにきちんと動く、ということを意識した詳細な設計を行います。実装に必要な仕様を定義していく工程です。また、1つひとつのサブシステムをプログラム単位に分割する作業もこの工程で行います。

｛プログラム設計（ソフトウェア詳細設計）｝

　内部設計で作成された仕様をもとに、プログラムを機能単位に「モジュール」として分割し、各モジュールの動作の設計を行います。プログラミング後のテストに必要なテストデータ（次ページ参照）の作成と分析もこの工程で行います。モジュールとは、システム全体を分割していくとできる最も小さな単位のプログラムです。

3 プログラミング

　プログラム設計に従い、プログラマーがプログラムを作成します。また、作成した個々のプログラムに欠陥（バグ）がないかを検証するために「単体テスト」を行います。

｛コーディング｝

　プログラム言語を使ってプログラムを記述していくことです。モジュールを作成していく作業です。

｛単体テスト｝

　コーディングしたモジュール単体が仕様書どおりにプログラムされているかをテストします。

{ホワイトボックステスト}

　プログラムの内部仕様に着目し、プログラム内での分岐の経路を全て通る（網羅する）よう、テストデータを作ってテストします。透明でプログラムの中身が見えているイメージです。単体テストで行われます。

{テストデータの作成と分析}

　テストを行うために、テスト用のデータをあらかじめ用意しておきます。実行条件や期待される出力結果などを分析し、検証効果の高いデータを作成します。

{デバッグ}

　バグ（プログラムの欠陥）を見つけ、解消していくことをデバッグといいます。

{レビュー}

　レビューとは、間違えを見つけるための検討会のことです。システム開発の各工程ごとに関係者間でレビューを行うことで、成果物の品質を高めていきます。担当者は、設計仕様書やソースコードの検証に必要な資料を事前に用意します。間違え（エラー）の検出に専念し、2時間程度の短時間で行うことが効果的とされています。

{コードレビュー}

　プログラマーが記述したソースコードの間違いをチェック・修正することを目的としたレビューです。

4 テスト

　テストは、システム開発のさまざまな工程で行われます。モジュール同士を結合させるテスト、サブシステム単位のテスト、本番環境でのテスト…。段階ごとにテストすることで全体として、品質の高いシステムを作ることができます。テストの目的はバグ（プログラムの欠陥）を見つけることです。

　また、テストには計画→実施→評価のサイクルがあり、テスト実施の際には目標に対する実績を評価する必要があります。

{結合テスト}

　単体テスト済みのプログラム（モジュール）を結合したときに、ソフトウェアやシステムが要求どおり動作するかどうかを検証するテストです。このときに重要なのが、モジュール間のインタフェース（モジュール間でのデータのやり取りにかかわる部分）の

チェックです。

｛システムテスト｝

　システム全体として、要件定義書にある機能、性能、条件などの仕様を満たしているかどうかを確認するテストです。以下のようなテストが行われます。

- **機能テスト**
　仕様どおりの機能が搭載されているかをテストします。

- **性能テスト**
　仕様どおりの性能が搭載されているかをテストします。

- **負荷テスト**
　システムに一時的に負荷を掛け、負荷に対する性能をテストします。

- **障害テスト**
　障害発生時に対応できるかをテストします。

- **例外事項テスト**
　フォーマットとは異なる例外のデータ入力に対応できるかをテストします。

｛運用テスト｝

　実際の本番環境にて、システムが稼働できるかを検証するテストです。決められた業務手順どおりに操作して問題がないかなど、実際の利用者が中心になってテストを進めます。

｛ブラックボックステスト｝

　入力したデータに対し、正しく出力できるかどうかをチェックします。プログラム内部の構造は考慮せず、外部仕様にのみに着目します。黒い箱で中身が見えないけれど結果が正しければ良いというイメージです。

｛回帰テスト（リグレッションテスト）｝

　ソフトウェアを修正した際に、変更箇所でない部分に影響がでていないかを調べるテストです。「退行テスト」または「回帰テスト」といいます。

5 ソフトウェア受入れ

　利用者側が要求した機能や性能（要件定義）が満たされているかを検証したうえで、問題がなければ納入が行われることを<mark>ソフトウェア受入れ</mark>といいます。ここでは、システムの使い方など<mark>利用者への教育訓練</mark>も行われます。

{利用者マニュアル}

　開発者はソフトウェア受入れの際、利用者に対し、使用法などの教育訓練を提供します。そのためのマニュアルです。

{受入れテスト}

　<mark>受入れテスト</mark>は、実際に業務で使用するデータを使って行われ、利用者側（発注者）が主となって行うテストです。

{移行}

　受入れテストが済んだシステムを実際の本番稼働環境へ移す工程を<mark>移行</mark>といいます。「本番リリース」や「カットオーバー」などとも呼ばれます。「システム移行計画」を策定して実施します。

6 ソフトウェア保守

　システムの安定稼働、ITの進展や経営戦略の変化に適応するためには、<mark>プログラムの修正や変更</mark>が必要です。これに対応するのがソフトウェアの保守です。

2　ソフトウェアの見積り

{ファンクションポイント法}

　<mark>ファンクションポイント（FP：Function Point）法</mark>は、システムの規模を機能と複雑さで見積る方法です。例えば「外部入力」を処理する機能が2つあり、その重みづけ係数（複雑さの度合い）が4であれば2×4で8ポイントということになります。このようにして全ての機能の合計ポイントを算出する見積り方法です。

02 ソフトウェア開発手法

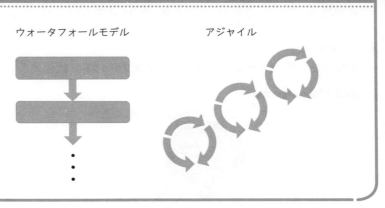

ウォータフォールモデル　　　　　アジャイル

⌐ 1　ソフトウェア開発に関する知識 ⌐

■ 主なソフトウェア開発手法

{構造化手法}

　「システムは機能の集まりである」と捉え、その「機能」に着目してソフトウェアの構造を決める開発手法です。上位の機能から最下位のモジュールレベルまで分割し、階層構造でシステムを設計していきます。

{オブジェクト指向開発}

　近年、特に増えているのがオブジェクト指向開発です。オブジェクトとは、データ（属性）とメソッド（手続き）を1つにした"データと機能をもった部品"のようなもので、この"部品"を連携させる形で開発していくのがオブジェクト指向開発です 01。このとき、オブジェクト間の連携に必要なのが「メッセージ」です。オブジェクトは他の部分に再利用でき、保守がしやすいことから、効率的な開発が行えます。オブジェクト指向には次のような概念があります。

● **カプセル化**
　オブジェクト内部のデータやメソッドを隠蔽し、他のオブジェクトから見えないよう

にすることです。

- **クラス**
  オブジェクト内のデータやメソッドを定義したひな型のようなものです。

- **インスタンス**
  クラス（ひな型）を使って実際に生成されたオブジェクトです。

01 オブジェクト指向開発

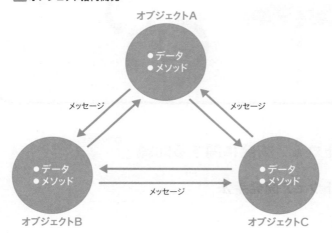

{UML（Unified Modeling Language）}

オブジェクト指向開発（401ページ）のための統一モデリング言語です。言語といっても、いくつかの種類の図（ダイアグラム）を集めたもので、以下のような図があります。

UML の図

名称	説明
ユースケース図 02	システムの利用者（アクタ）、外部システムの操作、システムの機能を表現
クラス図 03	クラス間の静的なモデルを表現
シーケンス図	シーケンスを重視したオブジェクト間の関係を表現
オブジェクト図	インスタンス間の関係を表現する

コミュニケーション図	リンクを重視したオブジェクトの相互作用を表現
ステートマシン図	オブジェクトの状態とその変化を表現
アクティビティ図	時系列的にタスクの手順やタイミングを表現する
コンポーネント図	ソフトウェアの動作に必要なコンポーネントの相互関係を表現
配置図	システムの物理的な配置を表現

02 ユースケース図の例

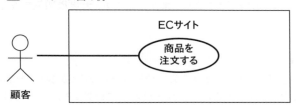

03 クラス図の例

{DevOps}

DevOpsとは、開発（Development）と運用（Operations）を組み合わせた造語です。開発担当者と運用担当者が連携する開発手法をいいます。お互いが協力することで、ビジネス価値と利便性の高いシステムを作るための取り組みです。

2 主なソフトウェア開発モデル

{ウォータフォールモデル}

　要件定義工程から、設計、プログラミング、テスト、運用の各工程を、上から下へ順番どおり、滝（ウォータフォール）のように進めていく方法です 04 。ウォータフォールモデルでは、以下の順序で、基本的には後戻りはしない前提で工程を進めていきます。このモデルのメリットは、進捗がわかりやすく計画が立てやすい点です。デメリットは、後戻りができないため、前工程で変更が発生した場合や、前工程に不備を残したまま工程を進めると修正に多くの時間やコストが掛かる点です。大規模開発で多く採用されるモデルです。

{スパイラルモデル}

　システムはいくつかのサブシステムによって全体が構成されることが多くあります。スパイラルモデル 05 は、サブシステムごとに計画→設計→プログラミング→テストの流れを繰り返して開発する手法です。このモデルのメリットは、あとに行ったサイクルで、前回のサイクルのミスを発見できたり、サブシステム単位に分けているので、修正に柔軟に対応しやすい点です。デメリットは、工程が長期化しやすい点です。

04 ウォータフォールモデル

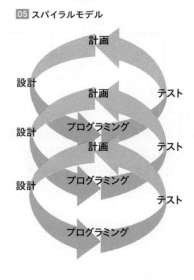

05 スパイラルモデル

{プロトタイピングモデル}

　システムのプロトタイプ（試作品）を作成し、ユーザ（利用者や依頼主）による評価を行い、そのフィードバックを受けて開発していく手法です。このモデルのメリットは、開発初期にプロトタイプを見せることでユーザと開発者側との意識のズレを防げること、またユーザの開発への参加意識が高まることです。デメリットは、プロトタイプ作成の時間が掛かること、全体の期間やコストの見積りがしづらい点です。

{RAD（Rapid Application Development）}

　システム開発を支援するツール（ソフトウェア）を使い、時間を掛けずにアプリケーションを開発するという手法です。優先度の高いサブシステムから作っていきます。

{リバースエンジニアリング}

　既存のシステム（完成されたシステム）を解析して設計書を生成するなど、逆戻りする開発手法です。システムの設計書が残っていない場合、リバースエンジニアリングで現在動いているシステムから設計書を作っていきます。

3 アジャイル

　迅速で、適応性のあるソフトウェア開発手法です。アジャイル開発は、開発対象を小さな機能に分割し、部分的な完成を繰り返すものです。この短い作業単位のことをイテレーションといいます。1〜2週間単位で、設計・実装・テストを行っていきます。イテレーションごとに発注者の確認を得ながら進めていきます。変更に対し柔軟な対応が可能で、短期間・小規模（軽量）なシステム開発に向いています。「XP」と「スクラム」という主に2つの方法論があります。

{XP（エクストリームプログラミング）}

　10人程度の少人数のチームで行うのが特徴で、設計よりもコーディングやテストなどの実装作業を重視します。つまり設計書などドキュメントの作成よりもソフトウェアの作成を優先します。これにより変化する顧客の要望を素早く取り入れることができるのが特徴です。XPには下の表のようないくつかのプラクティス（実践的な技法）があります。

XP のプラクティス

プラクティス名	説明
ペアプログラミング	2人のプログラマーでソースコードを書くこと。1人がコードを書き、もう1人がどういうコードにするべきかを考えながら進める。お互いのチェックにより書き直しを減らし、結果的に開発スピードを上げることができる
テスト駆動開発	テストを作成してからプログラミングをする方法。テストをクリアするようにコーディングしていく
リファクタリング	機能の変更をせずにソースコードをより良いものに変更していくこと。システムの柔軟性・メンテナンス性を上げて、機能追加のコストやバグ発生率を抑えられる

{スクラム}

　開発チームが一丸となって（スクラムを組んで）、迅速に開発を進めるための手法です。短く分けた開発単位を反復することで、納期短縮とリスクの最小化を図ります。スクラムでは、「チーム」を重視します。開発の1つの期間単位を「スプリント」と呼び、期間をおおむね1週間〜1か月に区切って作業を進めていきます。

4 開発プロセスに関するフレームワーク

{共通フレーム、SLCP}

　共通フレームは、システム開発を依頼する側と開発する側の認識のズレをなくす共通のガイドラインです。例えば「設計」を依頼した場合、依頼した側が考えている「設計」と開発する側が考えている「設計」の内容は、全く同じとは限りません。共通フレームは「共通の物差し」のようなもので、システムの開発や保守における各工程の作業項目の定義が含まれています。このため、定義が明確でないことによるトラブルを防ぎます。ソフトウェア開発とその取引の適正化を目的に、作業項目を1つひとつ定義し標準化した共通フレームとして「SLCP（Software Life Cycle Process）」があります。

{CMMI（能力成熟度モデル統合）}

　システム開発や保守に関する能力を評価し、改善に役立てるために、プロセス成熟度をモデル化したものとしてCMMI（Capability Maturity Model Integration）があります。ベンダなどのシステム開発組織のプロセス成熟度を5段階のレベルで評価していくものです。

\ 絶対暗記! /

試験に出やすい キーワード ✓

- ☑ 外部設計はハードウェアを意識しない設計。画面や帳票の項目などを決める 参照 P.397

- ☑ 内部設計はハードウェアへの実装を意識した設計。サブシステムをプログラムに分ける 参照 P.397

- ☑ 単体テストはモジュール単位のテスト 参照 P.397

- ☑ ホワイトボックステストは内部仕様に着目。全ての経路を通すテスト。単体テストで実施 参照 P.397

- ☑ レビューは間違えを見つけるための検討会 参照 P.398

- ☑ 単体テストのあとは、結合テスト→システムテスト→運用テストの順で進む 参照 P.398

- ☑ ブラックボックステストは、プログラムの内部構造は考えないテスト 参照 P.399

- ☑ 回帰テスト（リグレッションテスト）は修正した際、変更箇所以外もテストすること 参照 P.399

- ☑ ソフトウェア受入れはマニュアルを使ったシステム利用者への教育も必要 参照 P.400

☑ ソフトウェア保守はシステム開発後にプログラムの修正や変更を行うこと
参照 P.400

☑ ファンクションポイント法は機能の数に重みづけ係数を掛けてその和を求める見積り法
参照 P.400

☑ オブジェクト指向は、カプセル化されたオブジェクト間をメッセージでやり取り
参照 P.401

☑ UMLはオブジェクト指向開発で使う図。クラス図やユースケース図がある
参照 P.402

☑ DevOpsは、開発（Development）担当者と運用（Operations）担当者が連携する開発手法
参照 P.403

☑ ウォータフォールモデルは滝のように上から下へ進む開発モデル。後戻りすると高コスト
参照 P.404

☑ スパイラルモデルはサブシステムごとに設計、プログラミング、テストを繰り返す
参照 P.404

☑ プロトタイピングモデルは、試作品を発注者に見せる開発モデル
参照 P.405

☑ RADはシステム開発支援ツールを使って、短期間でアプリを開発する手法
参照 P.405

☑ リバースエンジニアリングは、既存のシステムから設計書を作るなど逆戻りする開発手法　参照 P.405

☑ アジャイルは短期開発手法。XPとスクラムがある。短い作業単位を繰り返す　参照 P.405

☑ XPはペアプログラミング、テスト駆動開発、リファクタリングの主に3つの手法　参照 P.405

☑ スクラムは、チームがスクラムを組んで迅速に進める開発。短い開発単位を繰り返す　参照 P.406

☑ 共通フレーム（SLCP）は依頼する側と開発する側の認識のズレをなくす共通のガイドライン。各工程の作業項目を定義　参照 P.406

☑ CMMIはシステム開発組織のプロセス成熟度を5段階で評価するもの　参照 P.406

過去問にTry!

解説動画はこちら

本章で学んだことをもとに、ITパスポート資格試験の過去問に挑戦してみよう!

マネジメント系

問1

令和元年秋期 問45

会計システムの開発を受託した会社が，顧客と打合せを行って，必要な決算書の種類や，会計データの確定から決算書類の出力までの処理時間の目標値を明確にした。この作業を実施するのに適切な工程はどれか。

ヒント P.396

- ア　システムテスト
- イ　システム要件定義
- ウ　ソフトウェア詳細設計
- エ　ソフトウェア方式設計

問2

平成26年春期 問49

システム開発の各工程で実施する内容について，適切なものはどれか。

ヒント P.397

- ア　外部設計では画面や帳票の項目を検討する。
- イ　テストでは設計書のレビューを行い，机上でシステムの動作を確認する。
- ウ　プログラミングではエンドユーザによるシステムの操作手順を確認する。
- エ　プロジェクト実行計画ではシステムの内部処理を検討する。

問3

平成30年秋期 問44

プログラムのテスト手法に関して，次の記述中のa, bに入れる字句の適切な組合せはどれか。

ヒント P.398

プログラムの内部構造に着目してテストケースを作成する技法を ____a____ と呼び， ____b____ において活用される。

	a	b
ア	ブラックボックステスト	システムテスト
イ	ブラックボックステスト	単体テスト
ウ	ホワイトボックステスト	システムテスト
エ	ホワイトボックステスト	単体テスト

問 **4**   令和2年秋期　問36

納入されたソフトウェアの一連のテストの中で，開発を発注した利用者が主体となって実施するテストはどれか。　　　ヒント P.400

　　ア　受入れテスト　　　　　　　イ　結合テスト
　　ウ　システムテスト　　　　　　エ　単体テスト

問 **5**   令和元年秋期　問46

システム開発後にプログラムの修正や変更を行うことを何というか。　ヒント P.400

　　ア　システム化の企画　　　　　イ　システム運用
　　ウ　ソフトウェア保守　　　　　エ　要件定義

問 **6**   令和4年　問42

システムの開発側と運用側がお互いに連携し合い，運用や本番移行を自動化する仕組みなどを積極的に取り入れ，新機能をリリースしてサービスの改善を行う取組を表す用語として，最も適切なものはどれか。　　　ヒント P.403

　　ア　DevOps　　　　　　　　　イ　RAD
　　ウ　オブジェクト指向開発　　　エ　テスト駆動開発

問 7

令和元年秋期　問49

アジャイル開発の特徴として，適切なものはどれか。 ヒント P.405

- **ア** 各工程間の情報はドキュメントによって引き継がれるので，開発全体の進捗が把握しやすい。
- **イ** 各工程でプロトタイピングを実施するので，潜在している問題や要求を見つけ出すことができる。
- **ウ** 段階的に開発を進めるので，最後の工程で不具合が発生すると，遡って修正が発生し，手戻り作業が多くなる。
- **エ** ドキュメントの作成よりもソフトウェアの作成を優先し，変化する顧客の要望を素早く取り入れることができる。

問 8

令和4年　問38

XP（エクストリームプログラミング）の説明として，最も適切なものはどれか。 ヒント P.405

- **ア** テストプログラムを先に作成し，そのテストに合格するようにコードを記述する開発手法のことである。
- **イ** 一つのプログラムを2人のプログラマが，1台のコンピュータに向かって共同で開発する方法のことである。
- **ウ** プログラムの振る舞いを変えずに，プログラムの内部構造を改善することである。
- **エ** 要求の変化に対応した高品質のソフトウェアを短いサイクルでリリースする，アジャイル開発のアプローチの一つである。

問 9

令和2年秋期　問51

リバースエンジニアリングで実施する作業として，最も適切なものはどれか。 ヒント P.405

- **ア** 開発中のソフトウェアに対する変更要求などに柔軟に対応するために，短い期間の開発を繰り返す。

イ　試作品のソフトウェアを作成して，利用者による評価をフィードバックして開発する。
ウ　ソフトウェア開発において，上流から下流までを順番に実施する。
エ　プログラムを解析することで，ソフトウェアの仕様を調査して設計情報を抽出する。

問 10　　　　　　　　　　　　　　　　　　　　　　　　　　令和元年秋期　問39
共通フレームの定義に含まれているものとして，適切なものはどれか。　ヒント P.406

ア　各工程で作成する成果物の文書化に関する詳細な規定
イ　システムの開発や保守の各工程の作業項目
ウ　システムを構成するソフトウェアの信頼性レベルや保守性レベルなどの尺度の規定
エ　システムを構成するハードウェアの開発に関する詳細な作業項目

問 11　　　　　　　　　　　　　　　　　　　　　　　　　　令和3年春期　問46
システム要件定義で明確にするもののうち，性能に関する要件はどれか。
　　　　　　　　　　　　　　　　　　　　　　　　　　　　　ヒント P.396

ア　業務要件を実現するシステムの機能
イ　システムの稼働率
ウ　照会機能の応答時間
エ　障害の復旧時間

正解
問11…ウ
問10…イ　　問9…エ　　問8…エ　　問7…エ　　問6…イ
問5…ウ　　問4…ア　　問3…エ　　問2…ア　　問1…イ

01

プロジェクトマネジメント

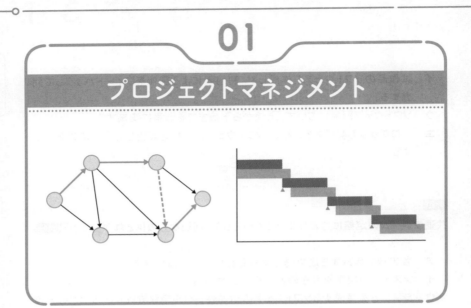

〔 1　プロジェクトマネジメントとは 〕

　システム開発では、決められた期間・予算で決められた内容のシステムを作らなければいけません。これを管理するのがプロジェクトマネジメントです。

1 プロジェクトとは何か

　プロジェクトとは、期間と目的が明確な仕事のことをいいます。システム開発はビルの建設と似ています。ビル建設のメンバたちは「決められた期間内で、決められた仕様の、決められた品質のビルを建てる」という目的をもって仕事をします。システム開発の関係者も、期間内にシステムを完成させるという目的のプロジェクトを達成するために仕事をします。

2 プロジェクトマネジメントのプロセス

　プロジェクトは立ち上げから始まり、計画に基づいてプロジェクトを進め、レビューなどによって進捗、コスト、品質、資源などを管理し目標を達成していきます。

{PMBOKによる知識エリア}

PMBOK（Project Management Body of Knowledge）とは、プロジェクトマネジメントに関するノウハウや手法を体系立ててまとめたもので、アメリカの非営利団体PMIが発行しているものです。PMBOKでは、スケジュールやコスト、品質といったマネジメントの他、以下のような知識エリアを設定しています。

- **プロジェクトスコープマネジメント**
  スコープとは仕事の範囲や作らなければいけない成果物のことで、つまり「やらなければいけない仕事」を意味します。スコープ管理をしないと、仕事の漏れが生じてしまいます。

- **プロジェクト統合マネジメント**
  全体の調整、変更要求に対するマネジメント、プロジェクトマネジメント計画書の作成、終結の判断などを行います。

- **プロジェクトコミュニケーションマネジメント**
  関係者間の情報交換を円滑にするためのプロセスです。具体的には、プロジェクト情報の作成や配布方法を明確にする、コミュニケーションツールの整備、コミュニケーションにおける責任の明文化などを行います。

- **プロジェクトリスクマネジメント**
  プロジェクトにおけるリスクを組織的に管理し、損失などの回避や低減を図るプロセスです。

{プロジェクトのメンバ}
- **プロジェクトマネージャ…プロジェクトを管理するマネージャ**
- **プロジェクトメンバ…プロジェクトを担当するメンバ**
- **スポンサ…プロジェクトに資金を提供する人や組織**
- **ステークホルダ…プロジェクトによって利害のある関係者のこと。メンバやマネージャ、スポンサもこれに該当する**

{プロジェクト憲章}

プロジェクトを立ち上げる際に策定するものです。プロジェクトの目的や成果物、期間や見積りなどを定義した文章です。

{WBS（Work Breakdown Structure）}

　プロジェクトスコープマネジメントで利用するのが WBS（Work Breakdown Structure）01 です。トップダウンの階層構造（段階的に細かくすること）で必要な仕事を洗い出した図です。これにより、やらなければいけない仕事が明確になり、スコープの漏れを防ぎ、プロジェクトを管理しやすくなります。

01 WBS の例 （平成 23 年秋期 問 42 より抜粋）

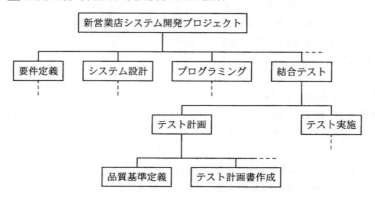

{アローダイアグラム}

　仕事の所要時間や前後関係を分析し、プロジェクトに必要な最小時間を特定するマネジメント手法を「PERT」と呼びます。その中で代表的なものが、矢印を使ったアローダイアグラム 02 という図を利用する方法です。作業を矢印で表し、矢印には所要日数と作業名を記載し、「結合点」と呼ばれる丸数字へとつなぎます。

02 アローダイアグラムの例

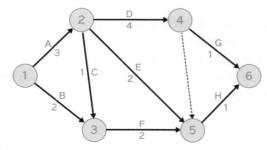

● **アローダイアグラムの見方**

　結合点①から作り始め、結合点⑥でシステムが完成するプロジェクトがあると思ってください。それぞれの矢印の上の文字は作業名、下の数字はその所要日数を表しています。

　まず結合点①を起点（0日）としてA・B、2つの作業を並行で行います。Bの作業は2日で終わりますが、結合点③からすぐに次のFの作業には進めません。なぜかというと、結合点に先が向いている矢印が全て"到着"してからでないと次の作業に進めないルールがあるからです。結合点③にはBの他にCの矢印の先も向いています。Aの作業には結合点①から数えて3日掛かるので、結合点②から次の作業D、E、Cに取り掛かれるのは3日目です。Cの作業は1日なので結合点③にCの作業が"到着"し、Fの作業に取り掛かれるのは、結合点①のスタートから数えて4日目（Aの3日＋Cの1日＝4日）です。すなわち結合点③では、2日間で終わるBの作業が"到着"したあと、次の作業Fに取り掛かれるまで、2日間待たなくてはいけないのです。

　同じように結合点⑤からHの作業がスタートできるのは、E、Fと点線のダミー作業が"到着"してからです。ダミー作業は「お知らせ線」のようなもので、この場合、「Dの作業が終わりましたよ」というお知らせを結合点⑤に届けているのです。作業ではなくお知らせなので、ダミー作業に日数は掛かりません。つまり、Hの作業はDとEとFの作業が終わらないとスタートできない作業ということになります。

● **クリティカルパス**

　では、このプロジェクト全体はいったい最短で何日掛かるのでしょうか。これを調べるためには、アローダイアグラムの中で最長（最も時間の掛かる）のルートを見つければいいのです。「最短」を出すために「最長」を求めるのです。クリティカルパス 03 は、そのアローダイアグラムの中で所要時間が最長となる経路のことです。このアローダイアグラムには、以下の2つのクリティカルパスがあります。両方とも結合点①〜結合点⑥まで8日掛かり、最短で8日掛かるプロジェクトであることがわかります。クリティカルパス上の作業が遅れたり早まったりすると全体の日数が変わります。

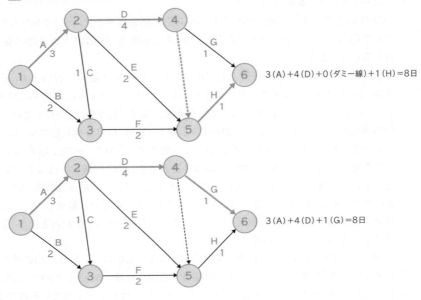

03 クリティカルパスの例

3 (A) + 4 (D) + 0 (ダミー線) + 1 (H) = 8日

3 (A) + 4 (D) + 1 (G) = 8日

{ガントチャート}

　作業の日程表に計画した日程と、実際に作業した日程を並列して書き込んだものです 04 。計画と実績の差がひと目でわかります。

04 ガントチャートの例

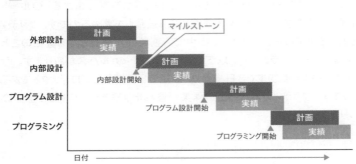

{マイルストーン}

例えば、「プログラミング開始日」や「テスト開始日」といった作業の節目のことです。ガントチャート上にマイルストーンとなる日を記載して使います。

{人月と人日}

プロジェクトに関わる作業要員の計画では、人月（にんげつ）や人日（にんにち）という言葉が使われます。作業者が1人で1か月稼働して終わる仕事の量を1人月と表現します。1日で終わる仕事量なら1人日です。例えば4人月の仕事量なら1人でやると4か月、2人でやると2か月、4人でやると1か月かかる仕事ということになります。

{リスクマネジメント}

プロジェクトリスクマネジメントは、主に「リスクアセスメント」と「リスク対応」で構成されます。リスクアセスメントは、①リスク特定→②リスク分析→③リスク評価から成ります。その結果から、以下のリスク対応が行われます。

{リスク対応の方法（転嫁、回避、軽減、受容）}

- **リスク転嫁（移転）**
  保険に入るなど、リスクにより発生した損害を、他の組織に移転します。

- **リスク回避**
  そもそもリスクのある状況に巻き込まれないように事前に回避します。

- **リスク軽減**
  リスクの発生する確率や、それが影響する範囲をできる限り軽減します。

- **リスク受容**
  小さなリスクの場合、そのリスクを受け入れます。

02

サービスマネジメント

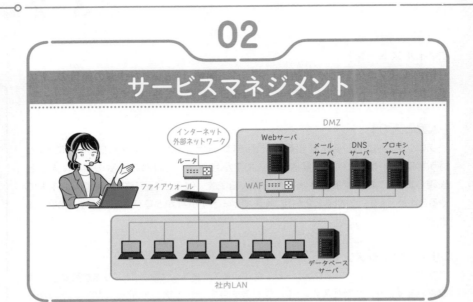

DMZ
インターネット 外部ネットワーク
ルータ
ファイアウォール
Webサーバ
メール サーバ
DNS サーバ
プロキシ サーバ
WAF
データベース サーバ
社内LAN

⌈ 1 サービスマネジメントとは ⌋

　ネットショッピングサイトは、なんのサポートもなく24時間、365日稼働しているわけではありません。システム障害が発生したり、改良が必要になったり、ネット上の攻撃を受け利用者の情報が盗まれてしまうこともありえます。そこで、システムを利用者の立場で「ITサービス」として捉え、可用性（使いたいときにいつでも使える性質）や品質を高めるよう運用管理していく仕組みが必要です。これをサービスマネジメントといいます。

1 ITIL

　ITIL（Information Technology Infrastructure Library）とは、ITサービスマネジメントのベストプラクティス（最善の方法）をまとめたガイドブックです。ITサービスの機能やプロセスを体系的に定義しています。デファクトスタンダード（事実上の標準）として世界各国で採用されています。

2 サービスレベル合意書

　ネットで買い物をしようと思っても、たびたびシステム停止中で利用できなかったら

大変不便です。これが交通機関の予約システムや銀行のシステムだったら、社会問題や経済問題に発展してしまいます。こうしたことが起きないよう、サービスマネジメントではサービス品質を保つさまざまな取り組みがされています。

{SLA(Service Level Agreement)}

　ITサービスの利用者（運用を委託する企業など）と、提供する側（受託するシステム運用会社など）の間で結ぶ、サービス水準に関する契約・合意文書をSLA（Service Level Agreement）といいます。障害が発生したときの復旧までの時間や、年間99.99％といった稼働率など、具体的な数値を設定して契約をします。達成されなかった場合の罰則なども設定されています。

2　サービスマネジメントシステム

1 サービスマネジメントシステムの概要

　サービスマネジメントシステムとは、サービスマネジメントを継続的に改善させていく活動を指します。ITSMS（IT Service Management System）ともいわれます。

{SLM（サービスレベル管理）}

　SLAで取り決めたサービスレベルを維持・管理する活動をSLM（Service Level Management）といいます。サービスの稼働率など可用性管理を行う活動です。PDCAサイクル（109ページ）を回してサービスレベルの維持・向上を図ります。

{インシデント管理}

　インシデント（障害などサービスの品質を低下させる出来事）が発生した場合、復旧（回復）させ、通常の状態に戻す活動です。インシデントの影響を最小限にするよう応急処置を行います。

{問題管理}

　インシデントの根本原因を追究する活動です。インシデント管理で復旧させた障害の根本原因を追究し、インシデントの対処法を確立します。

{構成管理}

　ハードウェアやソフトウェアといったIT資産・IT環境を維持管理する活動です。ソフ

トウェアのバージョン管理なども行います。IT資産の情報をまとめ、データベースで管理します。

{変更管理}

問題管理による原因追及の結果、ソフトウェアの修正やハードウェアの交換、バージョンアップなど変更作業が必要となった場合、変更による影響の検証、認可といった、変更のための準備を行います。変更管理の組織をCAB（変更諮問委員会）といいます。

{リリース及び展開管理}

CAB（変更諮問委員会）の認可を受けて、修正やバージョンアップといった変更を実際に行います。

{サービス可用性管理}

サービス提供者が顧客と合意した可用性レベルを、確実に実施するための活動です。日々のインシデントへの対応や障害予測などを行います。

{サービス継続性管理}

災害や事故、テロなどによるITサービス中断後も、最低限の業務が行えるようITサービスを継続的に提供するための活動です。

{需要管理（キャパシティ管理）}

ITサービスに対する顧客やユーザの需要を把握し、それに対応できるだけのキャパシティを準備する活動をいいます。

{エスカレーション}

利用者からの問い合わせに対し、解決できなかった場合は、より高度な知識・技術をもつ組織へと段階的に引き継ぎを行います。これをエスカレーションといいます。

2 サービスデスク（ヘルプデスク）

サービス利用者からの問い合わせに対応する一元化された窓口です。質問への対応、問い合わせの記録と分類、優先度付け、実現、終了、対応結果の記録などのサービス要求管理を行う窓口です。人ではなくAIを活用して問い合わせに対応するチャットボットが使われる場合もあります。

{SPOC}
　SPOC（Single Point of Contact）とは、ユーザからの問い合わせの対応窓口を一元管理することです。

{FAQ}
　FAQ（Frequently Asked Questions）は、頻繁にある質問のことです。

{チャットボット}
　人工知能により人間との対話を行うシステムです。スマートフォンに搭載された音声アシスタント機能などもチャットボットの1つです。「チャット（対話）」と「ロボット」を組み合わせた造語で、ショッピングサイト、ソーシャルメディア、AIスピーカなどで幅広く使われています。製品やシステムのサービスデスクにも利用され、24時間対応を可能にしています。人間との対話を通じて語彙や会話を学習する機能も備えています。

3　ファシリティマネジメント

　ファシリティマネジメントとは、建物や空調、電気設備など、ITシステムを取り巻く環境を適切に維持・管理する活動のことです。

1 システム環境整備

{UPS（無停電電源装置）}
　UPS（Uninterruptible Power Supply）は、停電などで電源が瞬断した場合でもバッテリーにより一定時間の電力の供給が行える装置です。システムが正常に保存・終了処理を行えるようにする装置であるため、長時間の電力供給はできません。

{自家発電装置}
　軽油や灯油などで発電機を回し、長時間の電力の供給が行える装置です。

{サージ防護}
　落雷によって、電源線や通信線からIT機器に高電流・高電圧（雷サージ）が流れ込むのを防ぐための装置です。

03

システム監査

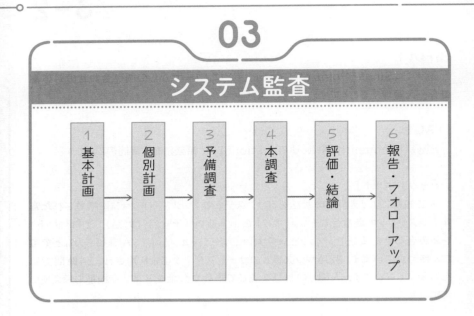

| 1 基本計画 | 2 個別計画 | 3 予備調査 | 4 本調査 | 5 評価・結論 | 6 報告・フォローアップ |

⌈ 1 システム監査とは ⌉

　システム監査とは、第三者であるシステム監査人が、情報システムが適切に構築、運用、保守されているかを検証・評価し、組織の代表者など経営層に報告することです。システムの品質やセキュリティの安全性、採算性、社会性なども検証されます。システム監査には企業内の監査部門が行う内部監査と、システム監査専門の第三者の組織に依頼する外部監査があります。

1 システム監査の目的

　システム監査の目的は、情報システムに係るリスクをコントロールし、情報システムを安全に、有効に、効率的に機能させることです。また、ステークホルダに対する説明責任を果たすという意味もあります。

{システム監査人}

　システム監査人には、監査で知り得た情報を外部に漏えいしてはいけない守秘義務があります。また、監査対象のシステム担当者と利害関係がないよう独立性が必要です。したがって、社内に監査部門を置く場合、経営陣直属の独立した立場に置く必要があります。システム部が作ったシステムを同じシステム部員が監査するのは

正しい監査とはいえません。

{システム監査基準}

　経済産業省が策定したシステム監査人の行動規範に関する基準です。情報システムの「安全性」、「信頼性」、「効率性」の3点を監査し、その結果を経営層に助言・報告をし、改善状況を監視すること、また、システム監査を受けるうえでの組織の体制やシステム監査人の守秘義務などの「一般基準」、監査基準などの「実施基準」、報告に関する「報告基準」の3つの基準について書かれています。

2 システム監査の流れ

　システム監査は、以下の流れで行われます。

① 基本計画
「システム監査計画書」を策定し、監査対象や監査の体制を決定します。

② 個別計画
監査対象ごとの監査内容を細かく決めます。

③ 予備調査
監査対象へのアンケートやヒアリング、資料の収集を実施します。

④ 本調査
具体的な調査を実施します。この調査で収集した監査に関する事実（ヒアリングした内容や監査人が知りえた情報を文書化した「監査調書」、ドキュメントなど）を監査証拠といいます。また、サーバに残された記録（ログ）のようにアクセスの流れを追跡できるものを監査証跡といいます。

⑤ 評価・結論
調査結果を評価し、「システム監査報告書」を作成します。監査報告書には、システムの信頼性や安全性の評価の他、指摘事項や改善提案なども含まれます。

⑥ 報告・フォローアップ
作成した「システム監査報告書」を監査の依頼者の経営層に提出します。監査人は、報告書に基づいたフォローアップを行います。フォローアップとは、改善の状

況を確認したり、改善のアドバイスを行うことをいいます。

2 内部統制

1 内部統制とは

会社の内部で不正行為や不祥事などが起きないよう、体制を整えることを内部統制といいます。業務の流れやルールを明確にし、チェック体制、役職による権限や責任などを決め、それをしっかり守ることで、不適切な行動ができない体制を構築します。

{職務分掌}

1つの業務を複数の人間で完成させることです。作業者と承認者を分けて役割分担することで、不正を防ぎ、内部統制につながります。

{モニタリング}

定期的に監査を行うなど、内部統制が有効に機能していることを継続的に評価するプロセスです。

{レピュテーションリスク}

企業に対する否定的な評判が広まることによるリスクです。社員や役員の不正行為によって、企業の信用やブランド価値が低下します。風評リスクともいわれます。

2 ITガバナンス

ITガバナンスとは、情報システム戦略を立て、それをしっかり実行・統制するための組織能力のことです。情報システムが経営に役立つものになるよう、その効果を検証し、実行を適切にコントロールする仕組みづくりなどで、ITガバナンスを高める必要があります。

{JIS Q 3850}

組織のITガバナンスを実施する経営者層に対し、①評価、②指示、③モニタの3つを実践することが経営者としての役割と定義している規格です。

ここが重要！

3-2

\絶対暗記！/

試験に出やすい キーワード ✔

プロジェクトマネジメント・サービスマネジメント

- ☑ プロジェクトとは期間と目的が明確な仕事　　　　　　　参照 P.414

- ☑ プロジェクト憲章は、立ち上げの際に作る成果物・期間・見積りなどを定義したもの　　　参照 P.415

- ☑ プロジェクトコミュニケーションマネジメントは、関係者間の円滑な情報交換を管理　　　参照 P.415

- ☑ スコープとは仕事の範囲や作らなければいけない成果物のこと　　　参照 P.415

- ☑ WBSはトップダウンの階層構造で必要な仕事を洗い出した図　　　参照 P.416

- ☑ アローダイアグラムは矢印を使った時間管理の図。クリティカルパスは最長のルート　　　参照 P.416

- ☑ リスクアセスメントは①リスク特定→②リスク分析→③リスク評価　　　参照 P.419

- ☑ リスク対応は、保険などのリスク転嫁、リスク回避、リスク軽減、受け入れるリスク受容　　　参照 P.419

- ☑ サービスマネジメントは、情報システムの運用・維持管理を安定的・効率的に行う仕組み　　　参照 P.420

☑ ITILはITサービスのベストプラクティス（最善の方法）をまとめたガイドブック　参照 P.420

☑ SLA（Service Level Agreement）は、利用者・提供者間のサービス水準に関する合意文書　参照 P.421

☑ SLM（Service Level Management）は、PDCAでサービスレベルを維持・管理する活動　参照 P.421

☑ インシデント管理は、インシデント（システム障害など）を復旧させる活動　参照 P.421

☑ 問題管理は、インシデントの根本原因を追究する活動　参照 P.421

☑ 変更管理は、修正など変更を行うための準備をする活動　参照 P.422

☑ リリース・展開管理は実際に変更を行う活動　参照 P.422

☑ サービスデスクは、利用者からの問い合わせに対応する一元化された窓口（SPOC）　参照 P.422

☑ チャットボットは人間との対話を行うAIのシステム。サービスデスクにも使われる　参照 P.423

☑ ファシリティマネジメントは、建物や電気設備などITを取り巻く環境を適切に維持・管理　参照 P.423

プロジェクトマネジメント・サービスマネジメント

☑ 無停電電源装置（UPS）は、停電でも一定時間の電力の供給が行える
装置　　　　　　　　　　　　　　　　　　　　　　　　　参照 P.423

☑ システム監査は、情報システムが適切かどうかを検証・評価し報告する
こと　　　　　　　　　　　　　　　　　　　　　　　　　参照 P.424

☑ システム監査人は守秘義務と独立性が必要　　　　　　　　参照 P.424

☑ システム監査基準は監査人の行動規範。システムの安全性・信頼性・
効率性を監査　　　　　　　　　　　　　　　　　　　　　参照 P.425

☑ システム監査の流れは計画→予備調査→本調査→評価・結論→監査
報告書→フォローアップ　　　　　　　　　　　　　　　　参照 P.425

☑ 内部統制は、会社の内部で不正行為や不祥事が起きないよう体制を整
えること　　　　　　　　　　　　　　　　　　　　　　　参照 P.426

☑ 職務分掌は1つの業務を複数の人間で完成させること　　　参照 P.426

☑ レピュテーションリスクは、企業に対する否定的な評判が広まることによ
るリスク　　　　　　　　　　　　　　　　　　　　　　　参照 P.426

☑ ITガバナンスとは情報システム戦略を立て、しっかり実行・統制するた
めの組織能力　　　　　　　　　　　　　　　　　　　　　参照 P.426

過去問にTry!

解説動画はこちら

本章で学んだことをもとに、ITパスポート資格試験の過去問に挑戦してみよう！

問 1　　　　　　　　　　　　　　　　　　　　平成31年春期　問42

プロジェクト管理におけるプロジェクトスコープの説明として，適切なものはどれか。

ヒント P.415

- **ア**　プロジェクトチームの役割や責任
- **イ**　プロジェクトで実施すべき作業
- **ウ**　プロジェクトで実施する各作業の開始予定日と終了予定日
- **エ**　プロジェクトを実施するために必要な費用

問 2　　　　　　　　　　　　　　　　　　　　令和4年　問43

図のアローダイアグラムにおいて，作業Bが2日遅れて完了した。そこで，予定どおりの期間で全ての作業を完了させるために，作業Dに要員を追加することにした。作業Dに当初20名が割り当てられているとき，作業Dに追加する要員は最少で何名必要か。ここで，要員の作業効率は一律である。

ヒント P.416

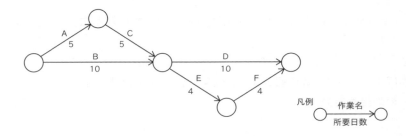

ア 2　　　　**イ** 3　　　　**ウ** 4　　　　**エ** 5

問 3　　　　　　　　　　　　　　　　　　　　　令和3年春期　問42

システム開発プロジェクトにおいて，利用者から出た要望に対応するために，プログラムを追加で作成することになった。このプログラムを作成するために，先行するプログラムの作成を終えたプログラマを割り当てることにした。そして，結合テストの開始予定日までに全てのプログラムが作成できるようにスケジュールを変更し，新たな計画をプロジェクト内に周知した。このように，変更要求をマネジメントする活動はどれか。　　　　　　　　　　　　　　ヒント P.415

　ア　プロジェクト資源マネジメント
　イ　プロジェクトスコープマネジメント
　ウ　プロジェクトスケジュールマネジメント
　エ　プロジェクト統合マネジメント

問 4　　　　　　　　　　　　　　　　　　　　　令和3年春期　問45

ITILに関する記述として，適切なものはどれか。　　ヒント P.420

　ア　ITサービスの提供とサポートに対して，ベストプラクティスを提供している。
　イ　ITシステム開発とその取引の適正化に向けて，作業項目を一つ一つ定義し，標準化している。
　ウ　ソフトウェア開発組織の成熟度を多段階のレベルで定義している。
　エ　プロジェクトマネジメントの知識を体系化している。

問 5　　　　　　　　　　　　　　　　　　　　　令和4年　問51

ITサービスマネジメントにおけるSLAに関する次の記述において，a，bに当てはまる語句の組合せとして，適切なものはどれか。　　ヒント P.421

SLAは，［　a　］と［　b　］との間で交わされる合意文書である。［　a　］が期待するサービスの目標値を定量化して合意した上でSLAに明記し，［　b　］はこれを測定・評価した上でサービスの品質を改善していく。

	a	b
ア	経営者	システム監査人
イ	顧客	サービスの供給者
ウ	システム開発の発注者	システム開発の受託者
エ	データの分析者	データの提供者

問 6　　　　　　　　　　　　　　　　　　　　　　　　　令和4年　問36

プロジェクトで作成するWBSに関する記述のうち，適切なものはどれか。

ヒント P.416

- ア　WBSではプロジェクトで実施すべき作業内容と成果物を定義するので，作業工数を見積もるときの根拠として使用できる。
- イ　WBSには，プロジェクトのスコープ外の作業も検討して含める。
- ウ　全てのプロジェクトにおいて，WBSは成果物と作業内容を同じ階層まで詳細化する。
- エ　プロジェクトの担当者がスコープ内の類似作業を実施する場合，WBSにはそれらの作業を記載しなくてよい。

問 7　　　　　　　　　　　　　　　　　　　　　　　　　令和4年　問44

ITサービスマネジメントにおけるインシデント管理の目的として，適切なものはどれか。

ヒント P.421

- ア　インシデントの原因を分析し，根本的な原因を解決することによって，インシデントの再発を防止する。
- イ　サービスに対する全ての変更を一元的に管理することによって，変更に伴う障害発生などのリスクを低減する。
- ウ　サービスを構成する全ての機器やソフトウェアに関する情報を最新，正確に維持管理する。
- エ　インシデントによって中断しているサービスを可能な限り迅速に回復する。

問 8　　　　　　　　　　　　　　　　　　　　　　令和2年秋期　問49

ある会社ではサービスデスクのサービス向上のために，チャットボットを導入することにした。
チャットボットに関する記述として，最も適切なものはどれか。　　ヒント P.423

ア　PCでの定型的な入力作業を，ソフトウェアのロボットによって代替することができる仕組み
イ　人の会話の言葉を聞き取り，リアルタイムに文字に変換する仕組み
ウ　頻繁に寄せられる質問とそれに対する回答をまとめておき，利用者が自分で検索できる仕組み
エ　文字や音声による問合せ内容に対して，会話形式でリアルタイムに自動応答する仕組み

問 9　　　　　　　　　　　　　　　　　　　　　　平成31年春期　問49

情報システムの施設や設備を維持・保全するファシリティマネジメントの施策として，適切なものはどれか。　　ヒント P.423

ア　インターネットサイトへのアクセス制限
イ　コンピュータウイルスのチェック
ウ　スクリーンセーバの設定時間の標準化
エ　電力消費量のモニタリング

問 10　　　　　　　　　　　　　　　　　　　　　　令和4年　問53

a〜dのうち，システム監査人が，合理的な評価・結論を得るために予備調査や本調査のときに利用する調査手段に関する記述として，適切なものだけを全て挙げたものはどれか。　　ヒント P.425

a　EA（Enterprise Architecture）の活用
b　コンピュータを利用した監査技法の活用
c　資料や文書の閲覧
d　ヒアリング

ア a, b, c　　**イ** a, b, d　　**ウ** a, c, d　　**エ** b, c, d

問 11　　　　　　　　　　　　　　　　　　　　平成31年春期　問43

内部統制の考え方に関する記述a〜dのうち, 適切なものだけを全て挙げたものはどれか。 ヒント P.426

a　事業活動に関わる法律などを遵守し, 社会規範に適合した事業活動を促進することが目的の一つである。

b　事業活動に関わる法律などを遵守することは目的の一つであるが, 社会規範に適合した事業活動を促進することまでは求められていない。

c　内部統制の考え方は, 上場企業以外にも有効であり取り組む必要がある。

d　内部統制の考え方は, 上場企業だけに必要である。

ア　a, c　　　　　　　　　　　　**イ**　a, d
ウ　b, c　　　　　　　　　　　　**エ**　b, d

問 12　　　　　　　　　　　　　　　　　　　　令和4年　問40

ITガバナンスに関する記述として, 最も適切なものはどれか。 ヒント P.426

ア　ITサービスマネジメントに関して, 広く利用されているベストプラクティスを集めたもの

イ　システム及びソフトウェア開発とその取引の適正化に向けて, それらのベースとなる作業項目の一つ一つを定義して標準化したもの

ウ　経営陣が組織の価値を高めるために実践する行動であり, 情報システム戦略の策定及び実現に必要な組織能力のこと

エ　プロジェクトの要求事項を満足させるために, 知識, スキル, ツール, 技法をプロジェクト活動に適用すること

正解

問11…ア	問12…ウ			
問6…イ	問7…エ	問8…エ	問9…エ	問10…エ
問1…イ	問2…エ	問3…エ	問4…ア	問5…イ

著者プロフィール

小菅賢太（こすげ・けんた）
ITとビジネススキルを専門とする研修会社、株式会社クレビュート取締役。IT系企業の社員に向けた各種IT研修、学生や公的な職業訓練生に向けたIT関連授業を行っている。特にITパスポート、基本情報技術者、応用情報技術者など情報処理試験対策の研修経験が豊富である。わかりやすい授業が好評で、最近はIT未経験者向けの研修依頼が多く、非IT部門の社員に向けた情報セキュリティ研修が増えている。また自社が展開する千葉県内の4つのビジネススクールの運営、各種ビジネス研修の企画・立案・運営の他、IT関連書籍の校正業務なども手掛けている。著書に『令和4年 絶対合格ITパスポート』（エムディエヌコーポレーション）、『情報処理教科書 けんた先生と受ける基本情報技術者試験』（翔泳社）、『就活学生のためのITパスポート楽々合格講座』（秀和システム）がある。

［装丁・本文デザイン］　赤松由香里（MdN Design）
［人物イラスト］　よしだみさこ
［編集・DTP］　株式会社トップスタジオ
［図版協力］　高木芙美

［編集長］　後藤憲司
［担当編集］　塩見治雄、後藤孝太郎

［令和5年］ **絶対合格 ITパスポート**

2023年3月1日　初版第1刷発行

［著者］　小菅賢太
［発行人］　山口康夫
［発行］　株式会社エムディエヌコーポレーション
　　　　　〒101-0051　東京都千代田区神田神保町一丁目105番地
　　　　　https://books.MdN.co.jp/
［発売］　株式会社インプレス
　　　　　〒101-0051　東京都千代田区神田神保町一丁目105番地

［印刷・製本］　中央精版印刷株式会社

Printed in Japan

【カスタマーセンター】
造本には万全を期しておりますが、万一、落丁・乱丁などがございましたら、
送料小社負担にてお取り替えいたします。お手数ですが、カスタマーセンターまでご返送ください。

落丁・乱丁本などのご返送先
〒101-0051　東京都千代田区神田神保町一丁目105番地
株式会社エムディエヌコーポレーション カスタマーセンター　TEL：03-4334-2915

書店・販売店のご注文受付
株式会社インプレス　受注センター　TEL：048-449-8040／FAX：048-449-8041

株式会社エムディエヌコーポレーション カスタマーセンター メール窓口
info@MdN.co.jp
本書の内容に関するご質問は、Eメールのみの受付となります。メールの件名は「令和5年　絶対合格ITパスポート　質問係」とお書きください。電話やFAX、郵便でのご質問にはお答えできません。ご質問の内容によりましては、しばらくお時間をいただく場合がございます。また、本書の範囲を超えるご質問に関しましてはお答えいたしかねますので、あらかじめご了承ください。

ISBN978-4-295-20488-6　C3055